高职高专"十二五"规划教材

食品理化检验项目化教程

王朝臣　吴君艳　主编
吴存兵　黄秀锦　副主编

U0359761

化学工业出版社

·北京·

本教材将企业工作任务转换为学习情境，以典型食品理化检验工作任务为载体，设置项目化的学习情境，主要包括：基本素质能力模块——食品理化检验的基础知识与技能；专业核心技能模块——食品理化检验的专业知识与技能；综合能力培养模块——综合实训；专业能力拓展模块——食品安全检测高新技术。

本书适合食品工程相关专业师生阅读参考。

图书在版编目（CIP）数据

食品理化检验项目化教程/王朝臣，吴君艳主编．
北京：化学工业出版社，2013.1（2025.2重印）
高职高专"十二五"规划教材
ISBN 978-7-122-16091-1

Ⅰ.①食…　Ⅱ.①王…②吴…　Ⅲ.①食品检验-高
等职业教育-教材　Ⅳ.①TS207.3

中国版本图书馆 CIP 数据核字（2012）第 304509 号

责任编辑：于　卉　　　　　　　　文字编辑：焦欣渝
责任校对：边　涛　　　　　　　　装帧设计：关　飞

出版发行：化学工业出版社（北京市东城区青年湖南街 13 号　邮政编码 100011）
印　　装：北京科印技术咨询服务有限公司数码印刷分部
787mm×1092mm　1/16　印张 15¼　字数 415 千字　　2025 年 2 月北京第 1 版第 7 次印刷

购书咨询：010-64518888　　　　　　售后服务：010-64518899
网　　址：http://www.cip.com.cn
凡购买本书，如有缺损质量问题，本社销售中心负责调换。

定　　价：42.00 元

前　言

　　根据教育部有关高职高专教材建设的文件精神，适应目前高职高专项目化课程教学法改革的要求，本教材采用了全新的编排结构，把原有的以章节为分段的学科体系式教学改为实践性和开放性的项目化教学体系，将企业工作任务转换为学习情境。以典型食品理化检验工作任务为载体，设置项目化的学习情境，将传统的课程体系知识点解构在细化的多个学习情境之中。强化项目导向的教学做一体化学习方法，充分调动学生学习的主动性、探究性与创造性，全面发挥学生的自主能力。

　　按照"工学结合＋教学工厂＋双证融通"三结合人才培养模式，根据就业岗位群的任职要求，通过与企业专家共同论证，参照国家职业资格标准，以职业能力培养为主线，书中内容体现了党的二十大报告中的"推进健康中国建设、坚持绿水青山就是金山银山的理念"等课程思政元素，把素质教育渗透到教学全过程，在岗位分析的基础上，设计出与人才培养目标紧密联系、适应技能型人才成长规律、以职业能力为主线的"双对接、双证融通、德能双修"的课程体系。达到人才培养与职业标准对接、人才培养与岗位技能对接，构建课程体系。本教材以项目化课程教学法改革传统教学法，以提高操作技能为主要目标，改变了传统的复杂专业知识教学方式；以提高学生学习的兴趣、学习动力、自觉性、主动性、自信心、主体性和专业能力、自学能力、创新能力、团队合作能力、与人交流能力、计划策划能力、信息获取与独立食品理化检验能力为目的。本教材的主要特色如下：

　　(1) 课程内容弘扬劳动精神、工匠精神；

　　(2) 以岗位需要为核心进行整体课程设计；

　　(3) 以学生为主体的设计理念；

　　(4) 课程教学突出能力目标；

　　(5) 课程内容的载体主要是项目和任务。

　　参加本书编写的有：江苏食品职业技术学院吴君艳、黄秀锦、孙兆远、师文添、焦云鹏；江苏财经职业技术学院吴存兵；天津职业大学张颖；天津渤海职业技术学院王朝臣；天津医学高等专科学校李磊。全书由王朝臣、吴君艳统稿。

　　本书在编写过程中，参考了很多食品理化检验技术方面的教材、专著和论文等资料，在此向有关专家、作者表示由衷的谢意。

　　由于编写时间仓促及编者水平、经验所限，书中难免存在不妥之处，敬请广大读者和专家批评指正，以便我们进一步研究、修改和完善。

编　者

目　录

模块一 基本素质能力模块
——食品理化检验的基础知识与技能

项目一 课程导入

一、食品理化检验概述

"民以食为天，食以安为先"，食品是人类赖以生存和发展的物质基础，食品安全直接关系到人民身体健康和社会稳定。

（一）概念

食品理化检验就是通过使用感官的、物理的、化学的方法对食品的感官特性、理化性能及卫生状况进行分析检测，并将结果与规定的标准进行比较，以确定每项特性合格情况的活动。食品理化检验技术是食品工业生产和食品科学研究的"眼睛"和"参谋"，是不可缺少的手段，在保证食品的营养与卫生，防止食物中毒及食源性疾病，确保食品的品质及食用安全，研究食品化学性污染的来源、途径，以及控制污染等方面都有着十分重要的意义。

（二）任务

食品理化检验的任务，简单地说，就是按照制定的标准，对食品原料、辅助材料、半成品及成品的质量进行检验，然后对食品质量进行评价，对开发新的食品资源、试制新的优质产品、改革生产工艺、改进产品包装和贮运技术等提供依据和方法建议。

1. 控制和管理生产

食品理化检验掌握生产过程情况和决定工艺条件，生产是否正常，工艺条件是否合适，往往要通过分析检验的数据来确定。例如在酒精发酵过程中，通过对发酵罐中残糖、有机酸及酒精含量的测定结果来判断发酵是否已经完成；啤酒生产中常通过对发酵和贮存酒工序中发酵液的发酵度和双乙酰等的测定，来判断发酵是否正常、啤酒成熟与否等。通过对食品生产所用原料、辅助材料的检验，可了解其质量是否符合生产的要求，使生产者做到胸中有数；通过对半成品和成品的检验，可以掌握生产情况，及时发现生产中存在的问题，便于采取相应的措施，以保证产品的质量，并可为工厂制订生产计划、进行经济核算提供基本数据。

2. 保证和监督食品的质量

各类食品，例如酒类、味精、乳品、饮料和罐头等，都有相应的国家质量标准。食品是否符合质量要求，必须通过分析来测定。食品质量的高低，也是一个生产企业技术水平、工艺过程好坏的综合标志之一。

3. 为科研与开发提供可靠的依据

为了不断开发新产品，探讨新工艺和提高产品质量，生产中需要进行经常性的科学实验，分析检验工作是科学实验中必不可少的手段。通过分析检验，判断产品质量提高的情况，评价新工艺、新设备的使用效果，为新产品的鉴定提供依据。例如在开发新的食品资源，试制新产品、新设备，改革生产工艺，改进产品包装、贮运技术等方面的研究中，常需选定适当的项目进行分析，再将分析结果进行综合对比得出结论。

（三）内容

食品的种类繁多，组成成分十分复杂，因分析目的不同，分析项目各异，包括感官检验、理化检验和微生物检验，其中理化检验主要包括以下方面：食品一般成分测定，食品添加剂的分析，食品中常见有害有毒物质的测定，食品中功能性成分的测定，食品包装材料的检验。具体如下：

1. 食品一般成分测定

食品是人类生存的要素之一。人类为了维持生命和健康，保证生产活动的正常进行，每天都必须从各种食品中摄取足量的、人体所需的营养成分。食品营养成分的分析包括对水及无机盐、酸、碳水化合物、脂肪、蛋白质、氨基酸、维生素等成分的分析。此外，食品工业生产中，对食品工艺配方的确定、生产过程的控制、成品质量的监测、食品加工工艺合理性的鉴定等，都离不开营养成分的分析。

2. 食品添加剂的分析

在食品工业生产中，为改善食品品质及感官性状，延长食品的货架寿命，或因食品加工工艺所需而加入一些辅助材料，这一类物质我们称为食品添加剂。目前所使用的食品添加剂大多是化学合成的工业产品，其中部分添加剂对人体具有一定的毒性，故对食品添加剂的使用，我国制定了严格的卫生标准。因此，食品添加剂的分析便成为食品分析中的一项重要检测内容。食品添加剂的种类很多，本书将重点介绍对甜味剂、防腐剂、护色剂、漂白剂、着色剂、抗氧化剂的分析手段。

3. 食品中常见有害有毒物质的分析

食品中的有害有毒物质，是指食品在生产、加工、包装、运输、贮存、销售等各个环节中产生、引入或污染的，对人体有毒害的物质。一般来说，食品中可能出现的有害因素，主要概括为以下几类：

（1）有害元素　有害元素是指在食物中存在的有机、无机化合物及重金属等引起的有害微量元素。这主要是指由于工业三废、生产设备、包装材料等造成的污染，主要有砷、镉、汞、铅、铜、铬、锡、锌、硒等。

（2）农药　农药污染主要是指因农药的不合理施用造成食物中农药的污染，或因动植物体对污染物的富集作用，或通过食物链传递而造成食品中农药的残留。

（3）细菌、霉菌及其毒素　这是由于食品的生产或贮藏环节不当而引起的微生物污染，此类污染物中，危害最大的是黄曲霉毒素。

（4）食品加工、贮藏中产生的有害物质　食品加工中产生的有害物质主要包括：酒精发酵产生的醛、酮类物质；在腌制中产生的亚硝胺；在油炸、烧烤中产生的 3,4-苯并芘等；因食品贮藏不当而引起食物组成成分的化学变化并产生的有害物质，如脂肪氧化并产生的过氧化物等。

4. 食品中功能性成分的测定

食品中的功能性成分有很多，根据对人体的生理调节功能，可分为 24 个类型，依据其生理活性成分可分为9个大类，本书将重点介绍活性低聚糖及活性多糖、生物抗氧化剂茶多酚、类黄酮的测定、牛磺酸的测定等。

5. 食品包装材料的检验

食品包装容器及包装材料，指用于盛放食品或为保护食品安全卫生、方便运输、促进销售，按一定的技术方法而采用的与食品直接接触的容器、材料及辅助物的总称。

二、食品理化检验的方法及发展趋势

（一）食品理化检验的方法

食品理化检验工作关系着人类的健康、生存以及人口素质的提高，在国计民生中占有重要的地位。食品理化检验方法的选择是对食品的卫生与质量进行正确、客观评价的关键。由于食品的种类繁多，组成复杂，检验的目的不同，检验的项目各异，测定方法又多种多样，故食品检验的范围很广。选择食品理化检验的方法，必须以中华人民共和国国家标准食品卫生检验方法（理化部分）为准绳。常用的方法有感官检查、相对密度分析法、质量分析法、滴定分析法、荧光光度法、原子吸收分光光度法、火焰光度法、电位分析法、气相色谱法、液相色谱法等。

食品理化检验主要是利用物理、化学以及仪器等分析方法对食品中的各种营养成分（如水及无机盐、碳水化合物、脂肪、蛋白质、氨基酸、维生素等）、添加剂、矿物质等进行检验；对食品中由于各种原因而携带的有毒有害化学成分进行检验。

1. 物理检验法

食品的物理检验是根据食品的一些物理常数与食品的组成成分及含量之间的关系，通过测定物理量，如对食品的密度、折射率、旋光度、沸点、凝固点、体积、气体分压等物理常数进行测定，从而了解食品的组成成分及其含量的检测方法。

物理检验法快速、准确，是食品工业生产中常用的检测方法。

2. 化学分析法

化学分析法是以物质的化学反应为基础的分析方法，它包括定性分析和定量分析两部分。定量分析法包括质量法及容量法。

化学分析法是食品分析的基础。即使是现代的仪器分析，也都是用化学方法对样品进行预处理及制备标准样品，而且仪器分析的原理大多数也是建立在化学分析的基础上的。为检验仪器分析的准确度和精密度，还必须用规定的或推荐的化学分析标准方法作对照，以确定两种方法分析结果的符合程度。因此，化学分析法是食品分析最基本、最重要的分析方法。在食品的常规检验中，相当部分项目都必须用化学分析法进行检测。

3. 物理化学分析法

物理化学分析法是以物质的物理及物理化学性质为基础的分析方法。由于必须借助一些分析仪器，故也称为仪器分析法。它具有灵敏、快速、操作简单、便于检测自动化等特点。对于食品中的一些微量成分，用化学分析法在检测的灵敏度、准确度等方面往往达不到要求，特别是存在干扰物质的情况下检测更加困难。

因此，现代食品分析已越来越多地使用物理化学分析法进行分析，如吸光光度法、原子吸收光度法、荧光法、色谱法等。

（二）食品理化检验的发展趋势

随着科学技术的迅猛发展，各种食品检验的方法不断得到完善、更新，在保证检测结果准确度的前提下，食品检验正向着微量、快速、自动化的方向发展。许多高灵敏度、高分辨率的分析仪器越来越多地应用于食品分析，为食品的开发与研究、食品的安全与卫生检验提供了更有力的手段。例如，在运用近红外自动测定仪对食品营养成分进行分析时，样品不需进行预处理可直接进样，经过微机系统迅速给出蛋白质、氨基酸、脂肪、碳水化合物、水分等各种成分的含量；另外，全自动牛乳分析仪能对牛乳中各组分进行快速自功检测。现代食品性验技术中涉及了各种仪器检验方法，许多新型、高效的仪器检验技术也在不断地产生，随着微电脑的普及应用，更使仪器分析方法提高到了一个新的水平。

三、食品质量标准

食品的质量是食品工业生产中至关重要的问题，如何衡量、评定及保证食品的质量，有赖于食品生产的标准化、食品质量管理与质量监督。

（一）食品标准

所谓标准就是经过一定的审批程序，在一定范围内必须共同遵守的规定，是企业进行生产技术活动和经营管理的依据。

食品企业标准化包括技术标准、管理标准和工作标准，而技术标准是直接衡量产品质量的尺度。它对产品的性能、规格以及检验方法作出统一的技术规定，是食品质量特性的定量表现，是企业开展质量管理的主要依据。

产品的技术标准即为质量标准，需要经常对产品的规格、理化指标、感官指标、卫生指标、微生物指标、包装材料、包装方法、贮藏条件、贮藏期及上述指标的检验分析方法作出规定。食品工业生产要求产品符合质量标准，同时要求用标准分析方法对其各项指标进行检测、验证，确定产品符合质量标准的程度。

（二）食品标准分类

根据标准性质和使用范围，食品技术标准可分为国际标准、国家标准、行业标准、地方标准和企业标准等多种。

1. 国际标准

国际标准是由国际标准化组织（ISO）制定的，除 ISO 标准外，由联合国粮农组织（FAO）和世界卫生组织（WHO）共同设立的食品法典委员会（CAC）也制定了有关的食品标准。目前，食品分析国际标准方法多采用 CAC 的标准。CAC 是一个政府间组织，它的宗旨是保护消费者的健康，促进食品的国际贸易，目前有包括我国在内的 173 个成员国和 1 个成员国组织（欧盟）加入。另外，美国公职分析家协会（AOAC）也制定有食品分析的标准方法，其在国际食品分析领域有较大影响，被许多国家所采纳。

2. 国家标准

我国的标准体制分国家、行业、地方、企业四级标准。国家标准是在全国范围内统一技术要求，由国务院标准化行政主管部门编制的标准，有"GB"字样。

3. 行业标准

行业标准是在全国某个行业范围内统一技术要求，由国务院有关行政主管部门编制的标准，如原轻工业部部颁标准为"QB"、"SG"，原商业部标准为"SB"、"GH"、"LS"，原农牧渔业部标准为"SC"，卫生部标准为"WS"。

4. 地方标准及企业标准

地方标准是在省、自治区、直辖市范围内统一技术要求，由地方行政主管部门编制的标准，只能规范本区域内食品的生产与经营。对企业生产的产品，尚没有国际标准、行业标准及地方标准的，如某些新开发的产品，企业必须自行组织制定相应的标准，报主管部门审批、备案，作为企业组织生产的依据。

标准经制定、审批、发布、实施，随着生产发展、科学的进步，当原标准已不利于产品质量的进一步提高时，就要对原标准进行修订或重新制定。为促进生产发展，应尽量采用国际标准和国外先进的标准。

四、食品理化检验课程的学习要求

本课程是一门实践性较强的专业技术课程，要求学生在具备一般化学分析技能的基础上，重点掌握对各类食品在分析前的样品处理方法；掌握食品分析中常用的各种化学分析法、感官检验、物理检验方法、常用的仪器分析方法；掌握食品营养成分分析的标准方法、食品添加剂、矿物质元素、部分有害有毒物质等常见项目的常用分析方法；进一步熟练掌握分析操作技能。

学习本课程时，要求学生树立辩证唯物主义的科学态度，理论与实际相结合。在课堂学习中，对各种分析方法及有关原理必须深刻理解、融会贯通。实验过程中要求耐心细致、实事求是，养成良好的工作作风。

通过本课程的学习，培养学生的动手能力、独立思考能力、分析问题和解决问题的能力，培养学生初步具备开展科学研究工作的能力。

> **相关知识链接：**
>
> 检验方案注意事项：
> 食品理化检验方案的设计必须由专人组织进行。
> 1. 对检验人员的要求：
> ① 具有良好的专业知识水平；
> ② 具有良好的职业道德；
> ③ 熟悉各种理化检验方法；
> ④ 可以根据实际问题正确选择检验方法和设计检验方案；
> ⑤ 具有较强的组织能力。
> 2. 根据试验目的的不同，组织不同检验方案。

项目二　检验准备

食品检验必须按一定的程序进行，根据检测要求，应先感官后理化及微生物检验，而实际上这三个检验过程往往是由各职能检测部门分别进行的。每一类检验过程，根据其检验目的、检验要求、检验方法的不同，都有其相应的检测程序。对于食品的理化检验来说，这一程序就显得更为复杂。食品的理化检验主要是一个定量的检测过程，整个检测程序的每一个环节都必须体现一个准确的量的概念，因此食品的理化检验不同于感官及微生物检验，它必须严格地按一定的定量程序进行。第一步，检测样品的准备过程，包括采样及样品的处理、制备过程；第二步，进行样品的预处理，使其处于便于检测的状态；第三步，选择适当的检测方法，进行一系列的检测，并进行结果的计算；第四步，对所获得的数据（包括原始记录）进行数理统计及分析；最后，将检测结果以报告的形式表达出来。本任务将具体介绍食品理化检验的样品采集、制备及预处理等步骤，下面对各步骤进行分别阐述。

一、食品样品的采集

样品的采集简称采样（也称取样、抽样等），是为了进行检验而从大量物料中抽取的一定量具有代表性的样品。所谓代表性，指采取的样品必须能代表全部被测物料的平均组成。实际工作中，要化验的物料常常是大量的，其组成有的比较均匀，有的却很不均匀。化验时所取的分析试样只需几克至几十毫克，甚至更少，而分析结果必须能代表全部物料的平均组成。因此，必须正确地采取具有足够代表性的"平均试样"，并将其制备成分析试样。

采样是分析工作中非常重要的第一步，一般应由分析人员亲自动手。了解样品的来源、数量、品质、包装及运输情况；对成品，应了解批号、生产日期、数量、存在状态，选择合适的采样方法。很多样品采集方法及采集数量应按规定方法采样，若无具体规定的，可按下面介绍的方法采样：

待检食品 —采样→ 检样 —混合→ 原始样品 —处理、缩分→ 平均样品 →试验样品
→保留样品
→复检样品

（一）基本概念

样品：从某一总体中抽出的一部分。

采样：从产品中抽取有一定代表性样品，供分析化验用，叫作采样。食品采样是指从较大批量食品中抽取能较好地代表其总体样品的方法。

检样：由整批食品的各个部分采取的少量样品称为检样。

原始样品：把许多份检样综合在一起，称为原始样品。其组成成分能代表全部物料的成分。

平均样品：原始样品经过处理再抽取其中一部分作检验用者，称为平均样品。

（二）采样目的

食品采样的主要目的是鉴定食品的营养价值和卫生质量，包括：食品中营养成分的种类、含量和营养价值；食品及其原料、添加剂、设备、容器、包装材料中是否存在有毒有害物质及其种类、性质、来源、含量、危害等。食品采样是进行营养指导、开发营养保健食品和新资源食品、强化食品的卫生监督管理、制定国家食品卫生质量标准以及进行营养与食品卫生学研究的基本手段和重要依据。

（三）采样原则

1. 代表性

在大多数情况下，待鉴定食品不可能全部进行检测，而只能抽取其中的一部分作为样品，通过对样品的检测来推断该食品总体的营养价值或卫生质量。因此，所采的样品应能够较好地代表待鉴定食品各方面的特性。若所采集的样品缺乏代表性，无论其后的检测过程和环节多么精确，其结果都难以反映总体的情况，常可导致错误的判断和结论。

2. 真实性

采样人员应亲临现场采样，以防止在采样过程中的做假或伪造食品。所有采样用具都应清洁、干燥、无异味、无污染食品的可能。应尽量避免使用对样品可能造成污染或影响检验结果的采样工具和采样容器。

3. 准确性

性质不同的样品必须分开包装，并应视为来自不同的总体；采样方法应符合要求，采样的数量应满足检验及留样的需要；可根据感官性状进行分类或分档采样；采样记录务必清楚地填写在采样单上，并紧附于样品。

4. 及时性

采样应及时，采样后也应及时送检。尤其是检测样品中水分、微生物等易受环境因素影响的指标，或样品中含有挥发性物质或易分解破坏的物质时，应及时赴现场采样，并尽可能缩短从采样到送检的时间。

（四）采样工具和容器

1. 一般常用工具

包括钳子、螺丝刀、小刀、剪刀、镊子、罐头及瓶盖开启器、手电筒、蜡笔、圆珠笔、

胶布、记录本、照相机等。常见采样工具见图 1-2-1。

2. 专用工具

如长柄勺，适用于散装液体样品采集；玻璃或金属采样器，适用于深型桶装液体食品采样；金属探管和金属探子，适用于采集袋装的颗粒或粉末状食品；采样铲，适用于散装粮食或袋装的较大颗粒食品；长柄匙或半圆形金属管，适用于较小包装的半固体样品采集；电钻、小斧、凿子等，可用于已冻结的冰蛋；搅拌器，适用于桶装液体样品的搅拌。

3. 盛样容器

盛装样品的容器应密封，内壁光滑、清洁、干燥，不含有待鉴定物质及干扰物质。容器及其盖、塞应不影响样品的气味、风味、pH 值及食物成分。

盛装液体或半液体样品常用防水防油材料制成的带塞玻璃瓶、广口瓶、塑料瓶等；盛装固体或半圆体样品可用广口玻璃瓶、不锈钢或铝制盒或盅、搪瓷盅、塑料袋等。

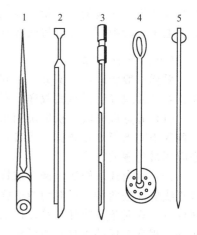

图 1-2-1　采样工具

1—固体脂肪采样器；2—谷物、糖类采样器；3—套筒式采样器；4—液体采样搅拌器；5—液体采样器

采集粮食等大宗食品时应准备搪瓷盘供现场分样用；在现场检查面粉时，可用金属筛筛选，检查有无蛀虫或其他机械杂质等。

（五）样品分类

1. 客观样品

在日常卫生监督管理工作过程中，为掌握食品卫生质量，对食品企业生产销售的食品应进行定期或不定期的抽样检验。这是在未发现食品不符合卫生标准的情况下，按照日常计划在生产单位或零售店进行的随机抽样。通过这种抽样，有时可发现存在的问题和食品不合格的情况，也可积累资料，客观反映各类食品的卫生质量状况。为此目的而采集供检验的样品称为客观样品。

2. 选择性样品

在卫生检查中发现某些食品可疑或可能不合格，或消费者提供情况或投诉时需要查清的可疑食品和食品原料；发现食品可能有污染，或造成食物中毒的可疑食物；为查明食品污染来源、污染程度、污染范围或食物中毒原因；以及食品卫生监督部门或企业检验机构为查清类似问题而采集的样品，称为选择性样品。

3. 制定食品卫生标准的样品

为制定某种食品卫生标准，选择较为先进、具有代表性的工艺条件下生产的食品进行采样，可在生产单位或销售单位采集一定数量的样品进行检测。

（六）采样步骤

1. 采样准备

采样前必须审查待鉴定食品的相关证件，包括商标、运货单、质量检验证明书、兽医卫生检疫证明书、商品检验机构或卫生防疫机构的检验报告单等。还应了解该批食品的原料来源、加工方法、运输保藏条件、销售中各环节的卫生状况、生产日期、批号、规格等；明确采样目的，确定采样件数，准备采样用具，制定合理可行的采样方案。

2. 现场调查

了解并记录待鉴定食品的一般情况，如种类、数量、批号、生产日期、加工方法、贮运条件（包括起运日期）、销售卫生情况等。观察该批食品的整体情况，包括感官性状、品质、储藏、包装情况等。进行现场感官检查的样品数量为总量的 1%～5%。有包装的食品，应检查包装物有无破损、变形、受污染；未经包装的食品要检查食品的外观，有无发霉、变质、虫害、污染等。并应将这些食品按感官性质的不同及污染程度的轻重分别采样。

（七）采样方法

采样一般皆取可食部分，不同食品应使用不同的采样方法。常用的取样方法有：五点取样、对角线取样、棋盘式取样、平行线取样、"Z"字形取样等。

（1）五点取样法 从田块四角的两条对角线的交驻点，即田块正中央，以及交驻点到四个角的中间点等 5 点取样。或者，在离田块四边 4～10 步远的各处，随机选择 5 个点取样，是应用最普遍的方法。

（2）对角线取样法 调查取样点全部落在田块的对角线上，可分为单对角线取样法和双对角线取样法两种。单对角线取样法是在田块的某条对角线上，按一定的距离选定所需的全部样点。双对角线取样法是在田块四角的两条对角线上均匀分配调查样点取样。两种方法可在一定程度上代替棋盘式取样法，但误差较大些。

（3）棋盘式取样法 将所调查的田块均匀地划成许多小区，形如棋盘方格，然后将调查取样点均匀分配在田块的一定区块上。这种取样方法，多用于分布均匀的病虫害调查，能获得较为可靠的调查。

（4）平行线取样法 在桑园中每隔数行取一行进行调查。本法适用于分布不均匀的病虫害调查，调查结果的准确性较高。

（5）"Z"字形取样法（蛇形取样） 取样的样点分布于田边多，中间少，对于田边发生多、迁移性害虫，在田边呈点片不均匀分布时，用此法为宜，如螨等害虫的调查。

根据样品的种类不同，可按照下面的方法进行采样：

1. 液体、半液体均匀食品

采样以一池、一缸、一桶为一个采样单位，搅拌均匀后采集一份样品；若采样单位容量过大，可按高度等距离分上、中、下三层，在四角和中央的不同部位每层各取等量样品，混合后再采样；流动液体可定时定量从输出的管口取样，混合后再采样；大包装食品，如用铝桶、铁桶、塑料桶包装的液体、半液体食品，采样前需用采样管插入容器底部，将液体吸出放入透明的玻璃容器内做现场感官检查，然后将液体充分搅拌均匀，用长柄勺或采样管取样。

2. 固体散装食品

大量的散装固体食品，如粮食、油料种子、豆类、花生等，可采用几何法、分区分层法采样。几何法即把一堆物品视为一种几何立体（如立方体、圆锥体、圆柱体等），取样时首先把整堆物品设定或想象为若干体积相等的部分，从这些部分中各取出体积相等的样品混合为初级样品。对在粮堆、库房、船舱、车厢里堆积的食品进行采样，可采用分层采样法，即分上、中、下三层或等距离多层，在每层中心及四角分别采取等量小样，混合为初级样品。对大面积平铺散装食品可先分区，每区面积不超过 $50m^2$，并各设中心、四角 5 个点。两区以上者相邻两区的分界线上的两个点为共有点，例如两区共设 8 个点，三区共设 11 个点，以此类推。边缘上的点设在距边缘 50cm 处。各点采样数量一致，混合为初级样品。对正在传送的散装食品，可从食品传送带上定时、定量采取小样。对数量较多的颗粒或粉末状固体食品，需用"四分法"采样，即把拟取的样品（或初级样品）堆放在干净的平面瓷盘、塑料盘或塑料薄膜上，然后从下面铲起，在中心上方倒下，再换一个方向进行，反复操作直至样品混合均匀。然后将样品平铺成正方形，用分样板画两条对角线，去掉其中两对角的样品，剩余部分再按上述方法分取，直到剩下的两对角样品数量接近采样要求为止。袋装初级样品也可事先在袋内混合均匀，再平铺成正方形分样。

小包装的样品，如罐头、瓶装奶粉等，连包装一起采样。

3. 完整包装食品

大桶、箱、缸的大包装食品于各部分按$\sqrt{总件数}/2$或$\sqrt{总件数}$取一定件数样品，然后打开包装，使用上述液体、半液体或固体样品的采样方法采样；袋装、瓶装、罐装的定型小包装食品（每包＜500g），可按生产日期、班次、包装、批号随机采样；水果可取一定的个数。

4. 不均匀食品

蔬菜、鱼、肉、蛋类等食品应根据检验目的和要求，从同一部位采集小样，或从具有代表性的各个部位采取小样，然后经过充分混合得到初级样品。肉类应从整体各部位取样（不包括骨及毛发）；鱼类，大鱼从头、体、尾各部位取样，小鱼可取 2～3 条；蔬菜，如葱、菠菜等可取整棵；蛋类，可按一定个数取样，也可根据检验目的将蛋黄、蛋清分开取样。

5. 变质、污染的食品及食物中毒可疑食品

可根据检验目的，结合食品感官性状、污染程度、特征等分别采样，切忌与正常食品相混。

（八）采样数量

采样数量应能反映该食品的卫生质量和满足检验项目对样品量的需要，一式 3 份，分别供检验、复验、备查或仲裁用，每份样品一般不应少于 0.5kg。同一批号的完整小包装食品，250g 以上的包装不得少于 6 个，250g 以下的包装不得少于 10 个。

（九）采样记录

作好现场采样记录，其内容包括：检验项目、品名、生产日期或批号、产品数量、包装类型及规格、贮运条件及感官检查结果；还应写明采样单位和被采样单位名称、地址、电话、采样日期、容器、数量、采样时的气象条件、检验项目、标准依据及采样人等。无采样记录的样品，不应接受检验。采样后填写采样收据一式两份，由采样单位和采样人签名盖章并分别保存。还应填写送检单，内容包括样品名称、生产厂名、生产日期、检验项目、采样日期，有些样品应简要说明现场及包装情况，采样时做过何种处理等。

（十）样品的运送

采好的样品应放在干燥洁净的容器内，密封、避光存放，并在尽可能短的时间内送至实验室。运送途中要防止样品漏、散、损坏、挥发、潮解、氧化分解、污染变质等。气温较高时，样品宜低温运送。送回实验室后要在适宜条件下保存。

如果送检样品经感官检查已不符合食品卫生标准或已有明显的腐败变质，可不必再进行理化检验，直接判为不合格产品。

二、样品的制备

（一）基本概念

许多食品各个部位的组分差异很大，所以采集的样品在化验之前，必须经过制备过程。样品的制备是指对采取的样品进行分取、粉碎及混匀等过程。

制备的目的是要保证样品十分均匀，在分析时取任何部分都能代表全部样品的成分。

用作检验的样品必须制成平均样品，其目的在于保证样品均匀，取任何部分都能较好地代表全部待鉴定食品的特征。应根据待鉴定食品的性质和检测要求采用不同的制备方法。样品制备时，必须先去除果核、蛋壳、骨和鱼鳞等非可食部分，然后再进行样品的处理。一般固体食品，可用粉碎机将样品粉碎，过 20～40 目筛；高脂肪固体样品（如花生、大豆等）需冷冻后立即粉碎，再过 20～40 目筛；高水分食品（如蔬菜、水果等）多用匀浆法；肉类用绞碎或磨碎法；能溶于水或有机溶剂的样品成分，则用溶解法处理；蛋类去壳后用打蛋器打匀；液体或浆体食品，如牛奶、饮料、植物油及各种液体调味品等，可用玻璃棒或电动搅拌器将样品充分搅拌均匀。

根据食品种类、理化性质和检测项目的不同，供测试的样品往往还需要做进一步的处理，如浓缩、灰化、湿法消化、蒸馏、溶剂提取、色谱分离和化学分离等。在制备过程中，应防止易挥发性成分的逸散及避免样品组成和理化性质的变化。

（二）制备方法

制备方法因产品类别不同而异。

（1）液体、浆体或悬浮液体，一般是将样品摇动和充分搅拌。常用的简便搅拌工具是玻璃搅拌棒，还有带变速器的电动搅拌器，可任意调节搅拌速度。

（2）互不相溶的液体，如油与水的混合物，分离后分别采取。

（3）固体样品应切细、捣碎，反复研磨或用其他方法研细。常用工具有绞肉机、磨粉机、研钵等。将原始样品按四分法对角取样，缩减至样品量不少于所有检测项目所需样品量总和的2倍，即得到平均样品。四分法是将散粒状样品由原始样品制成平均样品的方法，见图1-2-2。将原始样品充分混合均匀后，堆集在一张干净平整的纸或一块洁净的玻璃板上，用洁净的玻璃棒充分搅拌均匀后堆成一圆锥形，将锥顶压平成一圆台，使圆台厚度约为3cm，划"十"字等分成4份，取对角2份，其余弃去；将剩下2份按上法再行混合，四份取其二；重复操作至剩余量为所需样品量为止。

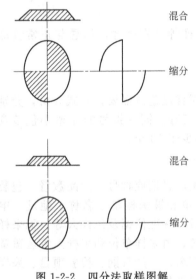

图1-2-2　四分法取样图解

（4）对于含水量低的样品，如粮食等，可用研钵或磨粉机。

（5）对于含水量高的样品，如水果和蔬菜类，一般先用水洗去泥砂，揩干表面附着的水分，从不同的可食部位切取少量物料，混合后放入高速组织捣碎机中充分捣匀（有时加等量蒸馏水）。动作迅速，防止水分蒸发，并尽可能对制备好的样品及时处理分析。

（6）对于蛋类，去壳后用打蛋器打匀。

（7）对于罐头食品，取其可食部分，并取出各种调味料（如辣椒、香辛料等）后再捣碎，常用高速组织捣碎机等。水果罐头在捣碎前须清除果核。肉禽罐头应预先清除骨头，鱼类罐头要将调味品（葱、辣椒及其他）分出后再捣碎。常用工具有高速组织捣碎机等。

三、样品的预处理

1. 干法灰化

干法灰化是指通过灼烧手段分解食品的方法。样品放在灰化炉中加热（一般550℃）被充分氧化。为了避免测定物质的散失，往往加入少量碱性或酸性物质（固定剂），通常称为碱性干法灰化或酸性干法灰化。例如某些金属离子的氯化物在灰化时容易散失，这时加入硫酸使金属离子转变为稳定的硫酸盐，用于食品中无机盐或金属离子的测定。在高温或强烈氧化条件下，使食品中有机物质分解，并在加热过程中成气态而散逸。

优缺点：干法灰化时间长，常需过夜完成，但无须工作者经常看管；由于试剂用量少，产品的空白值较少，但对挥发性物质的损失较湿法消化为大。

2. 湿法消化

湿法消化是加入强氧化剂（如浓硝酸、高氯酸、高锰酸钾等），使样品消化，而被测物质呈离子状态保存在溶液中。由于湿法消化是在溶液中进行的，反应也较缓和一些，所以被分析物质的散失就大大减少。湿法常用于某些极易挥发散失的物质。除了汞以外，大部分金属的测定都能得到良好的结果。

优缺点：湿法消化时间短；对挥发性物质损失较少；试剂用量较大，并须工作者经常看管。

3. 蒸馏法

蒸馏法是利用被测物质中各级分挥发性的差异来进行分离的方法。可以用于除去干扰组分，也可以将被测组分蒸馏逸出，收集馏出液进行分析。例如，常量凯氏定氮法测定蛋白质含量，就是将蛋白质经过一系列处理后，转变成为挥发性氨，再进行蒸馏，以硼酸溶液吸收馏出的氨，然后测定吸收液中氨的含量，再换算为蛋白质含量。一般的蒸馏装置见图 1-2-3。

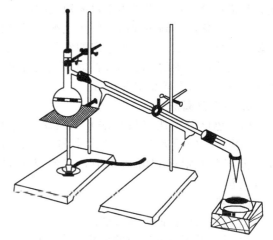

图 1-2-3 普通蒸馏装置

（1）蒸馏的概念　利用液体混合物中各组分挥发度的不同来分离为纯组分的方法叫蒸馏。

（2）常用方法

① 常压蒸馏　在常压条件下进行蒸馏。当被蒸馏的物质受热后不发生分解或在沸点不太高的情况下，可在常压进行蒸馏。

② 减压蒸馏　当常压蒸馏容易使蒸馏物质分解，或其沸点太高时，可以采用减压蒸馏的方法。减压装置可用水泵或真空泵。

③ 水蒸气蒸馏　将水和与水互不相溶的液体一起蒸馏，这种蒸馏的方法就称为水蒸气蒸馏。水蒸气蒸馏是用水蒸气来加热混合液体的。

④ 分馏　分馏是蒸馏的一种，是将液体混合物在一个设备内同时进行多次部分气化和部分冷凝，将液体混合物分离为各组分的蒸馏过程。

⑤ 扫集共蒸馏法　扫集共蒸馏法是在成套的专门装置中进行的，可用于农药的分离净化，速度快。先进的扫集共蒸馏器有 20 条管道，可在 2.5h 内净化 20 份样品提取液。

4. 溶剂提取法

（1）概念　溶剂提取法是利用混合物中各物质溶解度的不同进行分离的方法。在任一溶剂中，不同的物质具有不同的溶解度，因此可将混合物组分完全或部分分离，此过程也叫萃取。

（2）提取方法

① 溶剂分层法　要从溶液中提取某一组分时，所选用的溶剂必须与溶液中原溶剂互不相溶，但是能大量溶解被提取的溶质（或者与提取组分互溶），提取容器为分液漏斗。例如水中有一滴植物油，加入甘油，则液体出现分层，便可分离出。

② 浸泡法　从固体混合物或有机体中提取某种物质时，一般采用浸泡法，所以这种方法称为浸提。所采用的提取剂既能大量溶解被提取的物质，又要不破坏被提取物的性质。常用的仪器是索克斯特提取器（索氏提取器）。例如脂肪的提取即用此法。

③ 盐析法　向溶液中加入某一物质，使溶质在原溶剂中的溶解度大大降低，从而从溶

液中沉淀出来，这个方法叫作盐析。例如在蛋白质溶液中加入大量的重金属盐，蛋白质就沉淀出来。

5. 磺化法和皂化法

这是处理油脂或含脂肪样品时经常使用的方法。例如油脂被浓硫酸磺化，或者油脂被碱皂化，油脂由憎水性变成亲水性，这时油脂中那些要测定的非极性物质就能较容易地被非极性或弱极性溶剂提取出来。

（1）磺化法　油脂遇到浓硫酸就磺化成极性甚大且易溶于水的化合物，再用水洗除，此法就是磺化净化法。主要用于对酸稳定的有机氯农药（DDT、六六六）。

（2）皂化法　利用油脂与氢氧化钠、氢氧化钾反应生成溶于水的化合物，经水洗去除，这就是皂化净化法。用于碱稳定的农药（如艾氏剂、狄氏剂）的净化，又如在测定肉、鱼、禽类及其熏制品中的 3,4-苯并芘时（荧光分光光度法），可于样品中加入氢氧化钾，回流皂化 2～3h，以除去样品中的脂肪。

6. 色谱分离法

（1）色谱分离法（层析法）的概念　利用混合物中各组分的物理化学性质上的差异（如吸附力、分子极性、分子大小和形状、分子亲和力、分配系数等）使各组分以不同程度分布在固定相和流动相中，它们以不同的速度移动，最终彼此分开，此法称为色谱分离法。

（2）特点

① 应用最广泛的分离方法之一。

② 对一系列有机物质的分析测定、色层分离具有独特的优点。

③ 色层分离的最大特点是不仅分离效果好，而且分离过程也是鉴定过程。

相关知识链接：

样品的保存方法：

（1）升华干燥　又称冷冻干燥。先将样品冷冻到冰点以下，水分即变成固态水，然后在高真空下将冰升华以脱水，样品即被干燥，称升华干燥。所用真空度约为 0.1～0.3mmHg（1mmHg＝133.322kPa）的绝对压强，温度为 -10～-30℃。

（2）速冻　将样品温度迅速降到"共熔点"以下，叫速冻。

共熔点是指样品真正冻结成固体的温度，又称完全固化温度。对于不同的物质，其共熔点不同：梨 -33℃、番茄 -40℃、苹果 -34℃。

由于样品在低温下干燥，食品化学和物理结构变化极小，所以食品成分的损失比较少，可用于肉、鱼、蛋和蔬菜类样品的保存。保存时间可达数月或更长的时间。

项目三　分析检验中误差及数据处理

食品分析是一门实践性很强的学科，分析检验后要对大量的实验数据进行科学的处理，去伪存真，最后得到符合客观实际的正确结论。然而，在分析过程中许多因素都会影响到分析结果，如仪器的性能、玻璃量器的准确性、试剂的质量、分析测定的环境和条件、分析人员的素质和技术熟练程度、采样的代表性及选用分析方法的灵敏度等。即使是同一样品，用同样的方法、同一操作人员，在不改变任何条件的情况下，进行平行实验，也难以获得相同的数据。因此，误差的存在是客观的。如何减少分析过程产生的误差，提高分析结果的准确度和精密度，是保证分析数据准确性的关键措施。

一、误差及其控制

（一）误差

误差是指测定值和真实值之间的差异。按误差的性质与产生原因，可把误差分为系统误差与偶然误差两类。

1. 系统误差

由于某种确定的原因引起的，按照某一确定的规律发生的误差。主要来源于仪器误差、试剂误差、分析方法误差、操作误差等。

系统误差是由固定因素造成的，所以在多次测定中重复出现，使测得结果偏高总是偏高，偏低总是偏低。系统误差的大小基本恒定不变，并可检定，故又称之为可测误差。系统误差的原因可以发现，其数值大小可以测定，因此系统误差是可校正的。

2. 偶然误差

偶然误差又称为随机误差，是由于测量过程中的偶然因素而引起的误差。如实验室温度、湿度或电压波动等原因，而使某次测量值异于正常值。偶然误差的大小和正负都不固定，没有任何规律；但随着测定次数的增加，偶然误差具有统计规律性，一般服从正态分布规律，所以可通过增加平行测定次数来减少测量中出现的偶然误差。

（二）误差的表示方法

误差有两种表示方法，统计量准确度反映系统误差，而统计量精密度反映偶然误差。准确度和精密度是对某一检验结果的可靠性进行科学的综合性评价常用的指标。

1. 准确度

准确度指测定值与真实值的符合程度，它是反映测定系统中存在的系统误差和偶然误差的综合性指标。它决定了检验结果的可靠程度。准确度通常用误差来表示：

对单次测定值：

$$绝对误差 = x - x_t \tag{1-3-1}$$

$$相对误差 = \frac{x - x_t}{x_t} \times 100\% \tag{1-3-2}$$

对一组测定值：

$$绝对误差 = \overline{x} - x_t \tag{1-3-3}$$

$$相对误差 = \frac{\overline{x} - x_t}{x_t} \times 100\% \tag{1-3-4}$$

其中：

$$\overline{x} = \frac{1}{n} \sum_{i=1}^{n} x_i$$

式中 x——测定值；

$\quad x_t$——真实值；

$\quad \overline{x}$——多次测得的算术平均值；

$\quad n$——测定次数；

$\quad x_i$——各次测定值，$i = 1, 2, \cdots, n$。

真实值是客观存在的，但不可能直接测定，在食品分析中一般用试样多次测定值的平均值或标准样品配制实际值表示。此外，实验室常通过回收试验的方法确定准确度。多次回收试验还可以发现检验方法的系统误差。

加入标准物质的回收率，可按下式计算：

$$P = \frac{x_1 - x_0}{m} \times 100\% \tag{1-3-5}$$

式中　P——加入标准物质的回收率；

　　　x_1——加入标准物质的测定值；

　　　x_0——未知样品的测定值；

　　　m——加入标准物质的量。

2. 精密度

精密度指在一定的条件下，进行多次平行测定时，每一次测定结果相互接近的程度。精密度是由偶然误差造成的，它反映了分析方法的稳定性和重现性，通常用偏差来表示。测定值越集中，偏差越小，精密度越高；反之，测定值越分散，偏差越大，精密度越低。精密度的高低可用偏差、相对平均偏差、标准偏差（标准差）、变异系数来表示：

$$相对偏差 = \frac{x_i - \overline{x}}{\overline{x}} \times 100\% \tag{1-3-6}$$

$$相对平均偏差 = \frac{\sum |x_i - \overline{x}|}{n\overline{x}} \times 100\% \tag{1-3-7}$$

$$标准偏差（S）= \sqrt{\frac{\sum_{i=1}^{n}(x_i - \overline{x})^2}{n-1}} \tag{1-3-8}$$

$$变异系数（CV）= \frac{s}{\overline{x}} \times 100\% \tag{1-3-9}$$

式中　x_i——各次测定值，$i=1,2,\cdots,n$；

　　　$\overline{x}$——多次测定值的算术平均值；

　　　n——测定次数。

3. 准确度和精密度的关系

准确度和精密度是评价分析结果的两种不同的方法，精密度高不一定准确度高，而准确度高一定需要精密度高。但两者之间存在一定的关系，准确度高说明测定结果与真实值接近，精密度高说明测定结果稳定，重复性好。

（三）误差控制方法

误差的大小，直接关系到分析结果的精密度与准确度。误差虽然不能完全消除，但是通过选择适当的方法，采取必要的处理措施，可以降低和减少误差的出现，使分析结果达到相应的准确度。为此，在分析实验中，应注意以下几个方面：

1. 选择合适的分析方法

样品中待测成分的分析方法往往有多种，但各种分析方法的准确度和灵敏度是不同的。如质量分析及容量分析，虽然灵敏度不高，但对常量组分的测定，一般能得到比较满意的分析结果，相对误差在千分之几；相反，质量分析及容量分析对微量成分的检测却达不到要求。仪器分析方法灵敏度较高、绝对误差小，但相对误差较大，但微量或痕量组分的测定常允许有较大的相对误差，所以这时采用仪器分析是比较合适的。在选择分析方法时，需要了解不同方法的特点及适宜范围，要根据分析结果的要求、被测组分含量以及伴随物质等因素来选择适宜的分析方法。表 1-3-1 中列举了一般分析中允许相对误差的大致范围，供选择分析方法时参考。

表 1-3-1　一般分析中允许相对误差

含量/%	允许相对误差/%	含量/%	允许相对误差/%	含量/%	允许相对误差/%
80～90	0.4～0.1	10～20	1.2～1.0	0.1～1	20～5.0
40～80	0.6～0.4	5～10	1.6～1.2	0.01～0.1	50～20
20～40	1.0～0.6	1～5	5.0～1.6	0.001～0.01	100～50

2．正确选取样品量

样品中待测组分的含量多少，决定了测定时所取样品的量，取样量多少会影响分析结果的准确度，同时也受测定方法灵敏度的影响。例如比色分析中，样品中某待测组分与吸光度在某一范围内呈直线关系。所以只有正确选取样品的量，其待测组分含量在此直线关系范围内，并尽可能在仪器读数较灵敏的范围内，以提高准确度。这可以通过增减取样量或改变稀释倍数等来实现。

3．计量器具、试剂、仪器的检定、标定或校正

经常对分析用器具等定期送计量管理部门鉴定，以保证仪器的灵敏度和准确性。用作标准容量的容器或移液管等，最好经过标定，按校正值使用。各种标准溶液应按规定进行定期标定。

4．增加平行测定次数

测定次数越多，其平均值就越接近真实值，并且会降低偶然误差。一般每个样品应平行测定两次，结果取平均值。如误差较大，则应增加 1 次或 2 次。

5．做对照试验

在测定样品的同时，可用已知结果的标准样品与测定样品对照，样品和标准在完全相同的条件下进行测定，最后将结果进行比较。这样可检查发现系统误差的来源，并可消除系统误差的影响。

6．做空白试验

在测定样品的同时进行空白试验，即在不加试样的情况下，按测定样品相同的条件（相同的方法、相同的操作条件、相同的试剂加入量）进行实验，获得空白值，在样品测定值中扣除空白值，可消除或减少系统误差。

7．做回收试验

在样品中加入已知量的标准物质，然后进行对照试验，看加入标准物质是否定量的回收，根据回收率的高低可检验分析方法的准确度，并判断分析过程是否存在系统误差。

8．标准曲线回归

在用比色、荧光、色谱等方法进行分析时，常配制一定浓度梯度的标准样品溶液，测定其参数（吸光度、荧光强度、峰高），绘制参数与浓度之间的关系曲线，这种关系直线称为标准曲线。在正常情况下，标准曲线应是一条穿过原点的直线。但在实际工作中，常出现偏离直线的情况，此时可用回归法求出该直线方程，代表最合理的标准曲线。

用最小二乘法计算直线回归方程的公式如下：

$$y = ax + b \tag{1-3-10}$$

$$a = \frac{n \sum x_i y_i - \sum x_i \sum y_i}{n \sum x_i^2 - (\sum x_i)^2} \tag{1-3-11}$$

$$b = \frac{n \sum x_i^2 - \sum y_i - \sum x_i y_i \sum x_i}{n \sum x_i^2 - (\sum x_i)^2} \tag{1-3-12}$$

式中　x——自变量，各点在标准曲线上的横坐标值；

　　　y——因变量，各点在标准曲线上的纵坐标值；

　　　a——直线的斜率；

　　　b——直线在 y 轴上的截距；

　　　n——测定次数。

二、原始数据的记录与处理

在一般分析工作中，多采用简便的算术平均偏差或标准偏差表示精密度。而在需要对一组分分析结果的分散程度进行判断，或对一种分析方法所能达到的精密程度进行考察时，就需要对一组分析数据进行处理。校正系统误差，按一定的规则剔除可疑数据，计算数据的平均值和各数据对平均值的偏差和平均偏差，最后按要求的置信度求出平均值的置信区间。

1. 数据的记录、运算

在分析数据的记录、运算与报告时，要注意有效数字问题，有效数字就是实际能测量到的数字，它表示了数字的有效意义准确程度。

在数据处理中必须遵守下列基本规则：

① 记录数值时只保留一位可疑数字，在结果报告中，也只能保留一位可疑数字，不能列入后面无意义的数字。

② 可疑数字后面可根据四舍五入奇进偶舍的原则修约。

③ 数据相加减时，各数所保留的小数点后的位数应与所给的各数中小数点后位数最少的相同；在乘除运算中，各因子位数应以有效数字位数最少的为准。

④ 在计算平均值时，若为 4 个或超过 4 个数相平均时，则平均值的有效数字可增加一位。

⑤ 在所有计算式中，常数、稀释倍数以及乘数为 1/3 等的有效数字，可认为无限制。

⑥ 表示分析方法的准确度与精密度时大都取 1～2 位有效数字。

⑦ 对常量组分测定一般要求分析结果为 4 位有效数字；对微量组分测定，一般要求分析结果为 2 位有效数字，通常以此报告分析结果。

2. 置信区间

在多次测定中，测定值 x 将随机地分布在其平均值 $\bar{x}$ 的两边，若以测定值的大小为横坐标，以其相应重现的次数为纵坐标作图，可得到一个正态分布曲线，如图 1-3-1，曲线与横坐标在 $-\infty \sim +\infty$ 之间所包围的面积，代表了具有各种大小误差的测定值出现的概率的总和，设为 100%。由数学计算可知：测定值在 $\bar{x} \pm \delta$ 区间的占 68.27%；测定值在 $\bar{x} \pm 2\delta$ 区间的占 95.45%；测定值在 $\bar{x} \pm 3\delta$ 区间的占 99.73%。

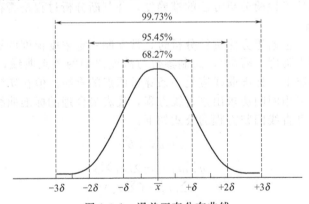

图 1-3-1　误差正态分布曲线

由此可见，测定值偏离平均值 $\bar{x}$ 越大的，出现的概率越小。分析结果在某一范围内出现的概率称为置信度，而测定值所处的区间，称之为置信区间。

前面介绍了在有限次测定时的标准偏差 S，而当测定次数 $n \to \infty$ 时，则：

$$\lim \bar{x} = \mu$$

标准偏差

$$\delta = \sqrt{\frac{\sum(x-\mu)^2}{n}} \tag{1-3-13}$$

式中　δ——无限多次测定的标准偏差；

　　　μ——无限多次测定的平均值。

μ 也称总体平均值。显然，在校正了系统误差的情况下，μ 即为真值。由统计学可以推导出，有限测定次数的平均值 $\bar{x}$ 与总体平均值 μ（真值）的关系为：

$$\mu = \bar{x} \pm \frac{tS}{\sqrt{n}} \tag{1-3-14}$$

式中　S——标准偏差；

　　　　n——测定次数；

　　　　t——在选定某一置信度下的概率系数，可根据测定次数从表 1-3-2 获得。

表 1-3-2　对不同测定次数及不同置信度的 t 值

测定次数 n	置信度					测定次数 n	置信度				
	50%	90%	95%	99%	99.5%		50%	90%	95%	99%	99.5%
2	1.000	6.314	12.076	63.657	127.32	8	0.711	1.895	2.365	3.500	4.029
3	0.816	2.920	4.303	9.925	14.089	9	0.706	1.860	2.306	3.355	3.832
4	0.765	2.353	3.182	5.841	7.453	10	0.703	1.833	2.262	3.250	3.690
5	0.741	2.132	2.776	4.604	5.598	11	0.700	1.812	2.228	3.169	3.581
6	0.727	2.015	2.571	4.032	4.773	12	0.687	1.725	2.086	2.845	3.153
7	0.718	1.943	2.447	3.707	4.317	∞	0.674	1.645	1.960	2.576	2.087

3. 可疑数据的取舍

在分析得到的数据中，常有个别数据特大或特小，偏离其他数值较远的情况，处理这类数据应慎重，不可为单纯追求分析结果的一致性而随便舍弃，应遵循 Q 检验法。

当测定次数 $n=3\sim10$ 时，根据所要求的置信度（如取 90%），按以下步骤检验可疑数据是否应舍弃：

(1) 将各数按递增顺序排列 $x_1, x_2, \cdots, x_n$；

(2) 求出最大与最小之差 $x_n x_1$；

(3) 求出可疑数据与临近数据之差，$x_n - x_{n-1}$ 或 $x_2 - x_1$；

(4) 求出 $Q = \dfrac{x_n - x_{n-1}}{x_n - x_1}$ 或 $Q = \dfrac{x_2 - x_1}{x_n - x_1}$；

(5) 根据测定次数 n 和要求的置信度（如 90%），查表 1-3-3 得 $Q_{0.90}$。

表 1-3-3　不同置信度下舍弃可疑数据的 Q 值表

测定次数 n	置信度			测定次数 n	置信度		
	90%	96%	99%		90%	96%	99%
3	0.94	0.98	0.99	7	0.51	0.59	0.68
4	0.76	0.85	0.93	8	0.47	0.54	0.63
5	0.64	0.73	0.82	9	0.44	0.51	0.60
6	0.56	0.64	0.74	10	0.41	0.48	0.57

(6) 比较 Q 与 $Q_{0.90}$，若 $Q \geqslant Q_{0.90}$ 则弃去可疑值，若 $Q < Q_{0.90}$ 则予以保留。

项目四　检测报告的撰写及结果判定

一、分析结果的表示方法

检验结果表示应采用法定计量单位并尽量与食品卫生标准一致。物质含量可用 g/kg（或 g/L）、mg/kg（或 mg/L）、μg/kg（或 μg/L）表示，即每千克（或每升）样品中含物质的质量（g、mg、μg）。检验结果的表示应采用法定计量单位并尽量与食品标准一致。

一般有以下几种表示方法：

（1）百分含量（%）　以每100g（或每100mL）样品所含被测组分的质量（g）来表示。单位为g/100g，g/100mL（也可写为%）。

（2）千分含量（‰）　以每千克（或每升）样品所含被测组分的质量（g）来表示。单位是g/kg，g/L（也可写为‰）。

（3）百万分含量（ppm）　以每千克（或每升）样品所含被测组分的质量（mg）来表示。单位是mg/kg，mg/L（ppm现已停止使用）。

（4）十亿分含量　以每千克（或每升）样品所含被测组分的质量（μg）来表示；或以每克（或每毫升）样品所含被测组分的质量（ng）来表示。单位是μg/kg，μg/L；或ng/g，ng/mL。

（5）国际单位（IU）　食品中常用来表示维生素A、维生素D等的剂量单位。如1IU维生素A相当于0.3μg维生素A_1或相当于0.6μg β-胡萝卜素；1IU维生素D相当于0.025μg胆钙化醇（维生素D_3）。

二、检测报告的撰写及结果判定

（一）检测报告的撰写

检验报告是检验工作的终结，工作人员根据原始记录，将得到的检验数据进行适当的处理，写出相应的检验报告，并得出真实客观的结论。

食品理化检验的最后一项工作是写出检验报告。写检验报告时应该做到以下几点：

① 实事求是、真实无误；

② 按照国家标准进行公正仲裁；

③ 认真负责签字盖章。

检验报告书的格式没有统一要求，以两种检测报告样式为例，简要说明检测报告包括的主要内容及填写的项目。如下：

食品理化检测报告单（1）

产品名称		规格和外观	
送检单位		生产单位	
生产日期：			
样品等级		商标	
采样时间和地点：			
样品数量：			
样品收到时间　　年　月　日		检验开始时间　　年　月　日	
检验项目：			
检验依据及检验方法：			
检验结果：			
检验者		报告日期	
结论：			
结论时间：			
检验单位负责人：			

送验单存根	送检单	食品理化检验报告	
样品名称_____	样品名称_____	报告日期_____	原始记录编号_____
样品数量_____	样品数量_____	检验项目及结果_____	
检验项目_____	检验项目_____		
说明_____	说明_____		
送检单位_____	送检单位_____		
收检者_____	收检者_____		
送检日期_____	送检日期_____	核验者_____ 核对_____ 检验章_____	

（二）食品品质和质量检测结果的判定

食品理化检验的目的就是在检验测定过程中实行全面质量控制程序，根据测定的分析数据对被检食品的品质和质量作出正确客观的判断和评定。

一般情况下，经过上述工作步骤，应该能作出食品卫生质量鉴定的最后结论，即食品中是否存在有害因素，有害因素的来源、种类、性质、含量、作用和危害，该食物可否食用，或可以食用的具体技术条件，结论应尽可能明确。对食品进行处理基本上可分以下三种情况：

1. 正常食品

即符合广泛食品卫生条件标准，可以食用。

2. 条件可食食品

即经一定的方法处理或在一定条件下方可食用。这类食品存在一定问题，对人体健康有一定危害，但经可靠措施，消除危害，即无害化处理后，允许销售和食用，如高温加热加工重制。某些食品处理方法还可采用掺入大量正常食品的混掺稀释法。这些处理只能由食品企业集中进行，不能让食用者自行处理。必要时在食品无害化后再次进行卫生鉴定，以确保安全。

3. 禁止食用的食品

这类食品对人体有明显的危害，应禁止食用，可销毁或工业用，但不能用于食品工业。在食品卫生鉴定过程中，如发现某种污染食品对人体健康已造成明显危害，除认真处理剩余食品外，食品卫生部门应依法处理。

项目五 食品理化检验实验室的设置与管理

一、食品理化检验实验室的设置

食品理化检验实验室包括样品处理室、化学分析操作室、试剂贮藏室、试剂配制准备室、天平室、一般仪器与精密仪器室等几个部分。

实验室的选址应合理，如选灰尘少、震动小的地方。房屋结构应考虑能防震、防尘、防火、防潮，且隔热良好，光线充足，室内设施及仪器设备的安装、布置应利于分析人员高效率工作，并注意工作人员的健康与安全，同时还应保护仪器及保障安全。理化实验室应配置办公室、档案室（报告编制室）、收样及样品储藏室、大型仪器室、小型仪器室、天平室（玻璃量器检定室）、化学实验及样品前处理室、电烤室、洗涤室、实验用水（超纯水）制备室、暗房、试剂储藏室等。

食品理化实验室布局见图 1-5-1。

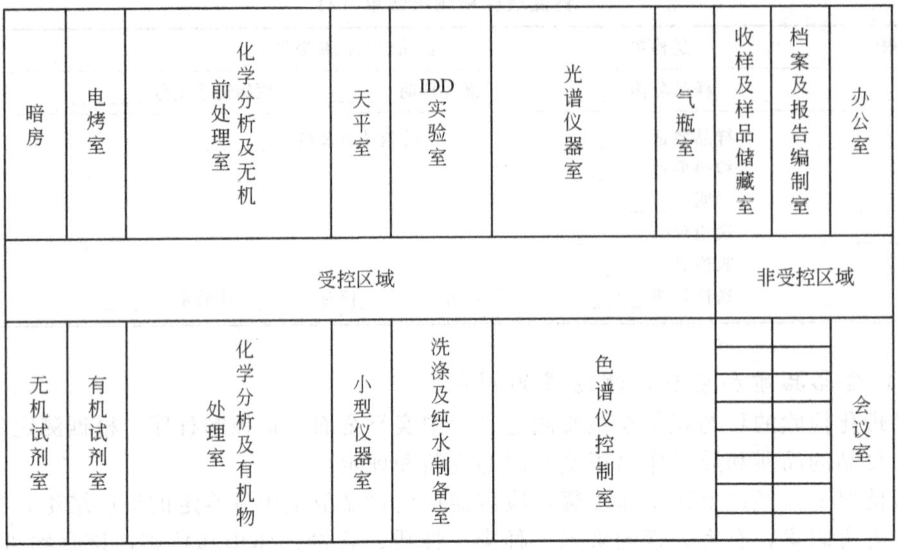

暗房	电烤室	化学分析及无机前处理室	天平室	IDD实验室	光谱仪器室	气瓶室	收样及样品储藏室	档案及报告编制室	办公室
		受控区域					非受控区域		
无机试剂室	有机试剂室	化学分析及有机物处理室	小型仪器室	洗涤及纯水制备室	色谱仪控制室				会议室

图 1-5-1 食品理化实验室布局图

实验室内的主要设施有实验台、药品架、通风柜、电源、地线源、水源，并具有防火、防毒设备。室内地面和墙裙可采用水磨石，或铺耐酸陶瓷板、塑料地板等。实验台面可贴耐酸的养木板或橡胶板；放置精密仪器的工作台两侧设水槽，便于清洗；下水管耐腐蚀。精密仪器室可配备防潮吸湿装置及空调装置等。

实验室的水源除用于洗涤外，还用于抽滤、蒸馏、冷却等，所以水槽上要多装几个水龙头，如普通龙头、尖嘴龙头、高位龙头等。下水管的水平段倾斜度要稍大些，以免管内积水；弯管处宜用三通，留出一端用堵头堵塞，便于疏通。此外，实验室内应有地漏。

实验室的供电电源功率应根据用电总负荷设计，设计时要留有余地。进户线要用三相电源，整个实验室要有总闸，各间实验室应设分闸，每个实验台都应有插座。凡是仪器用电，即使是单相，也应采用三头插座，零线与地线分开，不要短接。精密仪器要单设地线，以保证仪器稳定运行。

实验室应保持良好的通风，可安装排风扇，通过机械通风进行实验室换气，或室内设通风柜，或利用自然通风换气。通风柜一般长 1.5～1.8m（单个），深 80～90cm，空间高度大于 1.5m。前门及侧壁安装玻璃，前门可开启。内有照明、加热、冷却水装置。排气口应高于屋顶 2m。排气管最好用不燃性物质制作，内壁用防腐涂层。通风机应有减震和减少噪声的措施。排气口应高于屋顶 2m 以上。

二、实验室的安全管理

1. 防止中毒与污染

（1）对剧毒试剂（如氰化钾、砒霜等）及有毒菌种或毒株必须制定保管、使用登记制度，并由专人、专柜保管。

（2）有腐蚀、刺激及有毒气体的试剂或实验，必须在通风柜内进行工作，并有防护措施（如戴橡皮手套、口罩等）。

（3）一切盛装药品的试剂瓶，要有完整的标签。

（4）严禁用嘴吸吸管取试剂，或用手代替药匙取试剂。

（5）严禁在实验室内喝水、用餐及吸烟等。

（6）实验完毕要用肥皂洗手，微生物检验结束后还应用消毒液浸泡，再用水冲洗，并脱下工作服。

2. 防止燃烧或爆炸

（1）妥善保存易燃、易爆、自燃、强氧化剂等试剂，使用时必须严格遵守操作规程。

① 对易燃气体（如甲烷、氢气等）钢瓶应放在安全无人进出的地方，绝不允许直接放于工作室内使用，最好有单独贮藏室。

② 严禁氧化剂与可燃物质一起研磨。爆炸性药品，如苦味酸、高氯酸和高氯酸盐、过氧化氢以及高压气体等应放在低温处保管，不得与其他易燃物放在一起，移动时不得剧烈振动。

（2）实验过程中，如需加热蒸除易挥发和易燃的有机溶剂，应在水浴锅或密封式电热板上缓慢进行，严禁用火焰或电炉等明火直接加热，应在通风橱中进行。

（3）开启易挥发的试剂瓶时，不可使瓶口对着自己或他人的脸部，以免引起伤害事故。当室温较高时，打开密封的、盛装易挥发试剂瓶塞前，应先把试剂瓶放在冷水中冷却后再开。

（4）严格遵守安全用电规则，定期检验电器设备、电源线路，防止因电火花、短路、超负荷引起线路起火。

（5）室内必须配置灭火器材，并要定期检查其性能。实验室用水灭火应十分慎重，因有的有机溶剂比水轻，浮于水面，反而会扩大火势；有的试剂与水反应，会引起燃烧，甚至爆炸。

（6）要健全岗位责任制，离开实验室或下班前必须认真检查电源、煤气、水源等，以确保安全。

3. "三废"处理与回收

食品检验过程中产生的废气（如 SO_2）、废液（如 KCN 溶液）、废渣（如 AFT、细菌及病毒残渣）都是有毒有害的，其中有些是剧毒物质和致癌物质及致病菌，如直接排放，会污染环境，损害人体健康与传播疾病。因此，对实验室产生的"三废"仍应认真处理后才能排放。对一些试剂（如有机溶剂、$AgNO_3$ 等）还可进行回收或再利用等。

有毒气体量少时，可通过排风设备排出室外。毒气量大时须经吸收液吸收处理。如 SO_2、NO 等酸性气体可由碱溶液吸收，对废液按不同化学性质给予处理，如 KCN 废液集中后，先加强碱（NaOH 溶液）调 pH 为 10 以上，再加入 $KMnO_4$（以 3% 计算加入量）使 CN 氧化分解。又如，受 AFT 污染的器皿、台面等，须用 5% $NaClO_4$ 溶液浸染或擦抹干净。

三、实验室的日常管理

实验室必须健全管理制度，设立专职或兼职管理人员，以科学方法管理，制定切实可行的规章制度，以便遵照执行。

1. 实验室工作要求

（1）设立岗位责任制，由实验室负责人全权管理本室工作，制订工作计划、人员分工、安排，定期检查、督查原始检测记录、工作日志、精密仪器保养与添置，以及人员培训、进修与考核、检验报告的复核等。

（2）对取样、接收样品应做好登记及保存工作。

（3）实验前要有充分准备，切勿忙乱，应有良好工作作风，实验严谨、认真、仔细，以科学态度写出检测数据与报告。

（4）检验人员操作必须规范化、标准化，切勿马虎。

（5）做好实验室资料保存与存档工作。

（6）检验人员进入实验室必须穿白色工作服，实验前后均应洗手。

（7）实验室要定期打扫，保持清洁卫生与整齐。

2. 试剂管理要求

（1）危险品应按国家公安部规定管理，严格执行。

（2）要求管理人员熟悉化学试剂的性质、用途、保管方式、方法。

（3）试剂应贮存在朝北房间，室内应干燥通风，严禁明火，避免阳光照射。

（4）易燃试剂贮温不允许超过28℃，易爆试剂贮温不超过30℃。

3. 精密仪器管理要求

（1）精密仪器应按其性质、灵敏度要求、精密程度，固定房间及位置，必须做到防震、防晒、防潮、防灰尘。

（2）应定期检查仪器性能，在梅雨季节更应该经常通电试机。

（3）精密仪器要建立"技术档案"，包括使用记录卡、维修记录卡、安装调试及验收记录、说明书、线路图、装箱单等。

（4）初学者必须有专人指导、示范、辅导上机。

模块二 专业核心技能模块
——食品理化检验的专业知识与技能

项目一 食品物理检验法

典型工作任务 ▶▶▶

物理检验法是根据食品的物理参数与食品组成成分、含量、质量之间的关系，通过测定某些食品特有的物理性质，从而确定食品的组分、含量或品质的检测方法。

物理检验法快速、准确、便捷，是食品生产中常用的检测方法。物理检验法的两种类型：

1. 测定某些食品的物理常数，间接检测食品组成成分及其含量。如密度、相对密度、折射率、旋光度等，与食品的组成成分及其含量之间存在着一定的数学关系。

2. 直接测定与食品的质量指标密切联系的物理量，判断食品的质量。如罐头的真空度；固体饮料的颗粒度、比体积；面包的比体积；冰激凌的膨胀率；液体的色度、浊度、黏度等。

国家相关标准 ▶▶▶

GB/T 5009.2—2003《食品的相对密度的测定》

任务驱动 ▶▶▶

1. 任务分析

通过本项目的学习，能够通过实际的任务引导和实践操作，使学生掌握密度和相对密度、光的折射现象和折射率、物质的旋光性等概念；了解液体的浊度、色度等基本概念；了解密度计、折光仪、旋光计等仪器的原理和与结构，掌握常用物理检验法的工作原理；掌握仪器的使用技能和测定方法。

2. 能力目标

(1) 熟悉物理检验法的内容和常用检测方法。

(2) 掌握相关仪器的使用方法，并能熟练进行食品样品的物理常数的测定。

教学步骤	时间安排	教学方式(供参考)
课外查阅并阅读材料	课余	学生自学,查资料,相互讨论
知识点讲授 (含课堂演示)	2课时	在课堂学习中,应结合多媒体课件讲解食品物理检验法,重点讲授食品中一些物理指标的检测方法,使学生对食品物理法测定有良好的认识
任务操作 (含评估检测)	8课时	完成典型食品中的相对密度、旋光度、折射率、色度和浊度等理化指标的检测实训任务,学生边学边做,同时教师应该在学生实训中有针对性地向学生提出问题,引发思考
		教师与学生共同完成任务的检测与评估,并能对问题进行分析及处理

知识一　密度与相对密度

1. 定义

密度是指物质在一定温度下单位体积的质量,以符号 ρ 表示,其单位为 g/cm^3。

相对密度是指某一温度下物质的质量与同体积某一温度下水的质量之比,以符号 d 表示。

因为物质一般都具有热胀冷缩的性质,所以密度和相对密度的值都随温度的改变而改变。故密度应标示出测定时物质的温度,表示为 ρ_t。而相对密度应标示出测定时物质的温度及水的温度,表示为 $d_{t_2}^{t_1}$（如 d_4^{20}）,其中 t_1 表示物质的温度, t_2 表示水的温度。

2. 计算

当用密度瓶或密度天平测定液体的相对密度时,以测定溶液对同温度水的相对密度比较方便,通常测定液体在20℃时相对于水在20℃时的相对密度,以 d_{20}^{20} 表示。 d_4^{20} 和 d_{20}^{20} 之间可以用下式换算:

$$d_4^{20}=d_{20}^{20}\times0.99823 \tag{2-1-1}$$

式中　0.99823——水在20℃时的密度, g/cm^3。

同理,若要将 $d_{t_2}^{t_1}$ 换算为 $d_4^{t_1}$,可按下式计算:

$$d_4^{t_1}=d_{t_2}^{t_1}\times\rho_{t_2} \tag{2-1-2}$$

式中　 ρ_{t_2} ——温度 t_2 时水的密度, g/cm^3。

3. 测定相对密度的意义

各种液态食品都有其一定的相对密度,当其组成成分及浓度发生改变时,相对密度也发生改变,故测定液态食品的相对密度可以检验食品的纯度和浓度。

知识二　液态食品相对密度的测定方法

（一）密度瓶法

1. 测定原理

密度瓶是测定液体相对密度的专用精密仪器,是容积固定的玻璃称量瓶,其种类和规格有多种。常用的有带温度计的精密度瓶和带毛细管的普通密度瓶（图2-1-1）。

在一定温度下,同一密度瓶分别称取等体积的样品溶液和蒸馏水的质量,两者之比即为该样品溶液的相对密度。

2. 测定方法

先把密度瓶洗干净,再依次用乙醇、乙醚洗涤,烘干并冷却后,精密称重。装满样液,

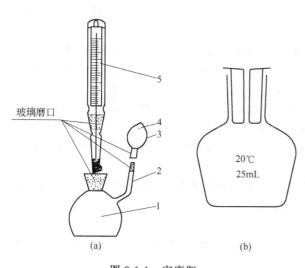

图 2-1-1　密度瓶

（a）带温度计的精密度瓶；（b）带毛细管的普通密度瓶

1—密度瓶主体；2—侧管；3—侧孔；4—罩；5—温度计

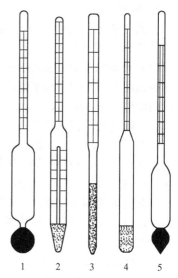

图 2-1-2　各种常见密度计

1,2—锤度计；3,4　波美计

5—乳稠计

盖上瓶盖，置 20℃ 水浴内浸 0.5h。使内容物的温度达到 20℃，用滤纸吸去支管标线上的样液，盖上侧管帽后取出。用滤纸把瓶外擦干，置天平室内 30min 后称重。将样液倾出，洗净密度瓶，装入煮沸 30min 并冷却到 20℃ 以下的蒸馏水，按上法操作。测出同体积 20℃ 蒸馏水的质量。

3. 计算

$$d_{20}^{20} = \frac{m_2 - m_0}{m_1 - m_0}$$ (2-1-3)

式中　m_0——空密度瓶的质量，g；

m_1——密度瓶和水的质量，g；

m_2——密度瓶和样品的质量，g。

4. 说明

① 本法适用于测定各种液体食品的相对密度，特别适合于样品量较少的场合，对挥发性样品也适用，结果准确，但操作较烦琐。

② 测定较黏稠样液时，宜使用具有毛细管的密度瓶。

③ 水及样品必须装满密度瓶，瓶内不得有气泡。

④ 拿取已达恒温的密度瓶时，不得用手直接接触密度瓶球部，以免液体受热流山。应戴隔热手套取拿瓶颈或用工具夹取。

⑤ 水浴中的水必须清洁无油污，防止瓶外壁被污染。

⑥ 天平室温度不得高于 20℃，以免液体膨胀流出。

（二）密度计法

1. 原理和结构

密度计是根据阿基米德原理制成的，其种类很多，但结构和形式基本相同，都是由玻璃外壳制成。其头部呈球形或圆锥形，里面灌有铅珠、水银或其他重金属，使其能立于溶液中，中部是胖肚空腔，内有空气，故能浮起，尾部是一细长管，内附有刻度标记，刻度是利用各种不同密度的液体标度的。

2. 种类

食品工业中常用的密度计按其标度方法的不同，可分为普通密度计、锤度计、乳稠计、波美计等，如图 2-1-2。

（1）普通密度计　普通密度计是直接以 20℃时的密度值为刻度的。一套通常由几支组成，每支的刻度范围不同，刻度值小于 1 的（0.700～1.000）称为轻表，用于测量密度比水小的液体；刻度值大于 1 的（1.000～2.000）称为重表，用来测量密度比水大的液体。

（2）锤度计　锤度计是专用于测定糖液糖度的密度计。它是以蔗糖溶液质量分数为刻度的，以符号°Bx 表示。其刻度方法是以 20℃为标准温度，在蒸馏水中为 0°Bx，在 1%蔗糖溶液中为 1°Bx（即 100g 蔗糖溶液中含 1g 蔗糖），以此类推。锤度计的刻度范围有多种，常用的有 0～6、5～11、10～16、15～21 等。

当测定温度高于 20℃时，因糖液体积膨胀导致相对密度减小，即锤度降低，故应加上相应的温度校正值；反之，则应减去相应的温度校正值。

例如：

在 17℃时观测锤度为 22.00，查表得校正值为 0.18，则标准温度（20℃）时糖锤度为 22.00－0.18＝21.82（°Bx）

在 24℃时观测锤度为 16.00°Bx，查表得校正值为 0.24，则标准温度（20℃）时糖锤度为 16.00＋0.24＝16.24（°Bx）。

（3）乳稠计　乳稠计是专用于测定牛乳相对密度的密度计，测量相对密度的范围 1.015～1.045。

它是将相对密度减去 1.000 后再乘以 1000 作为刻度，以度（符号：数字右上角标"°"）表示，其刻度范围为 15°～45°。使用时把测得的读数按上述关系可换算为相对密度值。乳稠计按其标度方法不同分为两种：一种是按 20°/4°标定的；另一种是按 15°/15°标定的。两者的关系为，后者读数是前者读数加 2，即：

$$d_{15}^{15}=d_4^{20}+0.002$$

使用乳稠计时，若测定的温度不是标准温度，应将读数校正为标准温度下的读数。对于 20°/4°乳稠计，在 10～25℃范围内，温度每升高 1℃，乳稠计读数平均下降 0.2°，即相当于相对密度值平均减小 0.0002。故当乳温高于标准温度 20℃时，每高一度应在得出的乳稠计读数上加 0.2°，乳温低于 20℃时，每降低 1℃应减去 0.2°。

例 1：16℃时 20°/4°乳稠计读数为 31°，换算为 20℃应为：
$$31-(20-16)\times0.2=31-0.8=30.2°$$

即牛乳的相对密度：$d_4^{20}=1.0302$

$$d_{15}^{15}=1.0302+0.002=1.0322$$

例 2：25℃时 20°/4°乳稠计读数为 29.8°，换算为 20℃应为：
$$29.8+(25-20)\times0.2=29.8+1.0=30.8°$$

即牛乳的相对密度：$d_4^{20}=1.0308$

$$d_{15}^{15}=1.0308+0.002=1.0328$$

例 3：18℃时用 15℃/15℃乳稠计，测得读数为 30.6，查表换算为 15℃为 30.0，即牛乳相对密度：

$$d_{15}^{15}=1.0300$$

（4）波美计　以波美度（以°Bé 表示）来表示液体浓度大小。按标度方法的不同，可将波美计分为多种类型。常用的波美计的刻度方法是以 20℃为标准，在蒸馏水中为 0°Bé；在 15%氯化钠溶液中 15°Bé；在纯硫酸（相对密度为 1.8427）中为 66°Bé；其余刻度等分。

波美计分为轻表和重表两种，分别用于测定相对密度小于 1 的和相对密度大于 1 的液体。

3. 密度计测定方法

将混合均匀的被测样液沿筒壁徐徐注入适当容积的清洁量筒中，注意避免起泡沫。将密度计洗净擦干，缓缓放入样液中，待其静止后，再轻轻按下少许，然后待其自然上升，静止并无气泡冒出后，从水平位置读取与液平面相交处的刻度值。同时用温度计测量样液的温度，如测得温度不是标准温度，应对测得值加以校正。

4. 说明

(1) 该法操作简便迅速，但准确性差，需要样液量多，且不适用于极易挥发的样品。

(2) 操作时应注意不要让密度计接触量筒的壁及底部，待测液中不得有气泡。

(3) 读数时应以密度计与液体形成的弯月面的下缘为准。若液体颜色较深，不易看清弯月面下缘时，则以弯月面上缘为准。

（三）韦氏比重天平法

韦氏比重天平法适用于易挥发液体相对密度的测定。

1. 原理

韦氏天平法测定密度的基本依据是阿基米德定律，即当物体完全进入液体时，它所受到的浮力或所减轻的质量，等于其排开的液体的质量。因此，在一定的温度下（20℃）分别测定同一物体（玻璃浮锤）在水及试样中的浮力。由于浮锤排开的水和试样的体积相同，而浮锤排开水的体积为：

$$V = \frac{m_B}{\rho_B} \tag{2-1-4}$$

则试样的密度为：

$$\rho = \frac{m_Y \times \rho_B}{m_B} \tag{2-1-5}$$

式中　ρ——试样在20℃时的密度，g/cm³；

m_Y——浮锤浸于试样中时的质量（骑码读数），g；

m_B——浮锤浸于水中的质量（骑码读数），g；

ρ_B——水在20℃时的密度，g/cm³。

2. 测定仪器

(1) 韦氏天平（见图2-1-3）　它主要由支架、横梁、玻璃浮锤及骑码等组成。天平横梁用支架支持在刀座上，梁的两臂形状不同且不等长。长臂上刻有分度，末端有悬挂玻璃浮锤的钩环，短臂末端有指南针，当两臂平衡时，指针应和固定指针水平对齐。旋松支柱紧定螺钉，可使支柱上下移动，水平调节器可用于调节韦氏天平在空气中的平衡。

韦氏天平附有两套骑码。最大的骑码的质量等于玻璃浮锤在20℃的水中所排开水的质量（约5g），其他骑码为最大骑码的1/10、1/100、1/1000。各个骑码的读数见表2-1-1。

表2-1-1　不同骑码在各个位置读数

骑码位置	一号骑码	二号骑码	三号骑码	四号骑码
放在第10位时	1	0.1	0.0	0.001
放在第9位时	0.9	0.09	0.009	0.0009
……	……	……	……	……
放在第1位时	0.1	0.01	0.001	0.0001

例如，一号骑码在第8位上，二号骑码在第7位上，三号骑码在第6位上，四号骑码在第3位上，则读数为0.8763。

(2) 恒温水浴　准确度为0.1℃。

3. 操作方法

① 检查仪器各部件是否完整无损。用清洁的细布擦净金属部分，用乙醇擦净玻璃筒、温

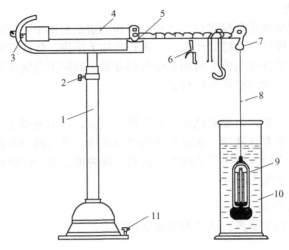

图 2-1-3 韦氏天平

1—支架；2—调节器；3—指针；4—横梁；5—刀口；6—游码；
7—小钩；8—细白金丝；9—浮锤；10—玻璃筒；11—调整螺钉

度计、玻璃浮锤，并干燥。

② 将仪器置于稳固的平台上，旋松支柱紧定螺钉，将其调整至适当高度，旋紧螺丝。将天平横梁置于玛瑙刀座上，钩环置于天平横梁右端刀口上，将等重砝码挂于钩环上，调整水平调节螺钉，使天平横梁左端指针与固定指针水平对齐，以示平衡。

注意在测定过程中不得再变动水平调节螺钉。若无法调节平衡时，则可用螺丝刀将平衡调节器上的定位小螺钉松开，微微转动平衡调节器，使天平平衡，旋紧平衡调节器上的定位小螺钉，在测定中严防松动。

③ 取下等重砝码，换上玻璃浮锤，此时天平仍保持平衡（允许有±0.0005 的误差）。

④ 向玻璃筒内缓慢注入预先煮沸并冷却至约 20℃的蒸馏水，将浮锤全部浸入水中，不得带入气泡，浮锤不得与筒壁或筒底接触，玻璃筒置于（20.0±0.1）℃的恒温浴中，恒温 20min，然后由大到小把骑码加在横梁的 V 形槽上，使指针重新水平对齐，记录骑码的读数。

⑤ 将玻璃浮锤取出，倒出玻璃筒内的水，玻璃筒及浮锤用乙醇洗涤后，并干燥。

⑥ 以试样代替水重复④的操作。

4. 结果计算

用公式（2-1-5）计算。

5. 说明

① 测定过程中必须注意严格控制温度。取用玻璃浮锤时必须十分小心，轻取轻放，一般最好是右手用镊子夹住吊钩，左手垫绸布或清洁滤纸托住玻璃浮锤，以防摔坏。

② 当要移动天平位置时，应该将易于分离的零件、部件及横梁等拆卸分离，以免损坏刀口。

③ 根据使用的频率程度，要定期进行清洁工作和计量性能检定。当发现天平失衡或有疑问时，在未清除故障前，应停止使用，待检修合格后方可使用。

知识三 关于折射的几个基本概念

折射率是物质的物理常数之一，在食品检验中常用于测定液态食品的纯度或浓度。比如测定牛乳的含量、糖液的浓度。通过测量物质的折射率来鉴别物质组成、确定物质的纯度、浓度及判断物质的品质的分析方法称为折光法。折射率测定法具有操作简便、快速、消耗试样少等优点。

1. 光的反射现象与反射定律

一束光线照射在两种介质的分界面上时，要改变它的传播方向，但仍在原介质上传播，这种现象叫光的反射，见图 2-1-4。光的反射遵守以下定律：

（1）入射线、反射线和法线总是在同一平面内，入射线和反射线分居于法线的两侧。

（2）入射角等于反射角。

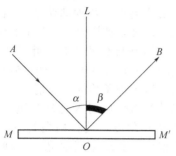

图 2-1-4 光的反射

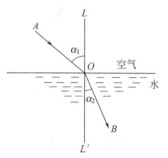

图 2-1-5 光的折射

2. 光的折射现象与折射定律

（1）光的折射现象 当光线从一种介质射到另一种介质时，在分界面上，光线的传播方向发生了改变，一部分光线进入第二种介质，这种现象称为折射现象。

（2）光的折射 光线从一种介质（如空气）射到另一种介质（如水）时，除了一部分光线反射回第一种介质外，另一部分进入第二种介质中并改变它的传播方向，见图 2-1-5。

（3）光的折射定律

① 入射线、法线和折射线在同一平面内，入射线和折射线分居法线的两侧。

② 无论入射角怎样改变，入射角正弦与折射角正弦之比，恒等于光在两种介质中的传播速度之比：

$$\frac{\sin\alpha_1}{\sin\alpha_2} = \frac{v_1}{v_2} \tag{2-1-6}$$

式中 v_1——光在第一种介质中的传播速度；

v_2——光在第二种介质中的传播速度；

α_1——入射角；

α_2——折射角。

（4）折射率 光在真空中的速度 C 和在介质中的速度 v 之比，叫做介质的绝对折射率（简称折射率，折射率），以 n 表示，即：

$$n = \frac{C}{v} \tag{2-1-7}$$

显然

$$n_1 = \frac{C}{v_1} \qquad n_2 = \frac{C}{v_2} \tag{2-1-8}$$

式中 n_1——第一介质的绝对折射率；

n_2——第二介质的绝对折射率。

故折射定律可表示为：

$$\frac{\sin\alpha_1}{\sin\alpha_2} = \frac{n_2}{n_1} \tag{2-1-9}$$

3. 全反射与临界角

（1）光密介质与光疏介质 两种介质相比较，光在其中传播速度较快的叫光疏介质，其折射率较小；反之叫光密介质，其折射率较大。

（2）全反射与临界角 当光线从光疏介质进入光密介质（如光从空气进入水中，或从样

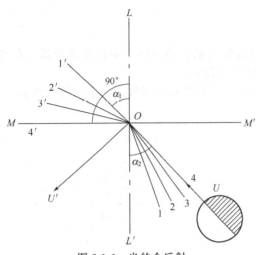

图 2-1-6　光的全反射

液射入棱镜中）时，因 $n_1 < n_2$，由折射定律可知折射角 α_2 恒小于入射角 α_1，即折射线靠近法线；反之，当光线从光密介质进入光疏介质（如从棱镜射入样液）时，因 $n_1 > n_2$，折射角 α_2 恒大于入射角 α_1，即折射线偏离法线。在后一种情况下，如逐渐增大入射角，折射线会进一步偏离法线，当入射角增大到某一角度，如图 2-1-6 中 4 的位置时，其折射线 4′ 恰好与 OM 重合，此时折射线不再进入光疏介质而是沿两介质的接触面 OM 平行射出，这种现象称为全反射。

即光从光密介质射入光疏介质。当入射角增大到某一角度，使折射角达 90°时，折射光完全消失，只剩下反射光，这种现象称为全反射。

发生全反射的入射角称为临界角。

因为发生全反射时折射角等于 90°，所以：

$$n_1 = n_2 \times \sin\alpha_{临} \qquad (2\text{-}1\text{-}10)$$

式中　n_2——棱镜的折射率，是已知的。

因此，只要测得了临界角 $\alpha_{临}$，就可求出被测样液的折射率 n_1。

知识四　测定折射率的意义

折射率是物质的一种物理性质。它是食品生产中常用的工艺控制指标，通过测定液态食品的折射率，可以鉴别食品的组成，确定食品的浓度，判断食品的纯净程度及品质。

蔗糖溶液的折射率随浓度增大而升高。通过测定折射率可以确定糖液的浓度及饮料、糖水罐头等食品的糖度，还可以测定以糖为主要成分的果汁、蜂蜜等食品的可溶性固形物的含量。

各种油脂具有其一定的脂肪酸构成，每种脂肪酸均有其特定的折射率。含碳原子数目相同时不饱和脂肪酸的折射率比饱和脂肪酸的折射率大得多；不饱和脂肪酸分子量越大，折射率也越大；酸度高的油脂折射率低。因此，测定折射率可以鉴别油脂的组成和品质。

正常情况下，某些液态食品的折射率有一定的范围，如正常牛乳乳清的折射率在 1.34199～1.34275 之间。当这些液态食品因掺杂、浓度改变或品种改变等原因而引起食品的品质发生了变化时，折射率常常会发生变化，所以测定折射率可以初步判断某些食品是否正常。如牛乳掺水，其乳清折射率降低，故测定牛乳乳清的折射率即可了解乳糖的含量，判断牛乳是否掺水。

必须指出的是：折光法测得的只是可溶性固形物含量，但对于番茄酱、果酱等个别食品，先用折光法测定可溶性固形物含量，即可查出总固形物的含量。

知识五　常用的折光仪

折光仪是利用临界角原理测定物质折射率的仪器。大多数的折光仪是直接读取折射率，不必由临界角间接计算。除了折射率的刻度尺外，通常还有一个直接表示出折射率相当于可溶性固形物百分数的刻度尺，使用很方便。食品工业中常用的有阿贝折光仪、手提式折光仪、数字阿贝折光仪等。

（一）阿贝折光仪

1. 结构及原理

阿贝折光仪的结构见图2-1-7。其光学系统由观测系统和读数系统两部分组成。

阿贝折光仪的目镜金属筒上，有一个供校准仪器用的示值调节螺钉，通常用20℃的水校正仪器（其折射率$n_D^{20}=1.3330$）。也可用已知折射率的标准玻璃校正。

2. 影响折射率测定的因素

（1）光波长的影响　物质的折射率因光的波长而异，波长较长折射率较小，波长较短折射率较大。测定时光源通常为白光。当白光经过棱镜和样液发生折射时，因各色光的波长不同，折射程度也不同，折射后分解成为多种色光，这种现象称为色散。光的色散会使视野明暗分界线不清，产生测定误差。为了消除色散，在阿贝折光仪观测镜筒的下端安装了色散补偿器。

（2）温度的影响　溶液的折射率随温度而改变，温度升高折射率减小，温度降低折射率增大。折光仪上的刻度是在标准温度20℃下刻制的，所以最好在20℃下测定折射率。否则，应对测定结果进行温度校正。超过20℃时，加上校正数；低于20℃时，减去校正数。

3. 阿贝折光仪的使用方法

（1）折光仪的校正　通常用测定蒸馏水折射率的方法进行校准，在20℃下折光仪应表示出折射率为1.33299或可溶性固形物为0%。若校正时温度不是20℃，应查出该温度下蒸馏水的折射率再进行核准。

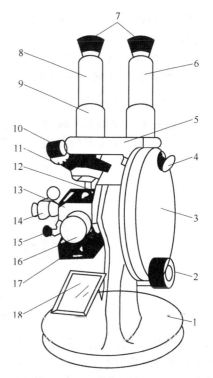

图2-1-7　阿贝折光仪

1—底座；2—棱镜转动轮；3—圆盘组（内有刻度板）；4—小反光镜；5—支架；6—读数镜筒；7—目镜；8—观察镜筒；9—分界线调节旋钮；10—色散镜镜手轮；11—色散刻度尺；12—棱镜锁紧扳手；13—棱镜组；14—温度计插座；15—恒温器接头；16—保护罩；17—主轴；18—反光镜

对于高刻度值部分，用具有一定折射率的标准玻璃块（仪器附件）校准。

校正方法是打开进光棱镜，在校准玻璃块的抛光面上滴一滴溴化萘，将其粘在折射棱镜表面上，使标准玻璃块抛光的一端向下，以接受光线，测得的折射率应与标准玻璃块的折射率一致。校准时若有偏差，可先使读数指示于蒸馏水或标准玻璃块的折射率值，再调节分界线调节螺钉，使明暗分界线恰好通过十字线交叉点。

（2）使用方法

① 以脱脂棉球蘸取酒精擦净棱镜表面，挥干乙醇。滴加1～2滴样液于进光棱镜磨砂面上，迅速闭合两块棱镜，调节反光镜，使镜筒内视野最亮。

② 由目镜观察，转动棱镜旋钮，使视野出现明暗两部分。

③ 旋转色散补偿器旋钮，使视野中只有黑白两色。

④ 旋转棱镜旋钮，使明暗分界线在十字线交叉点。

⑤ 从读数镜筒中读取折射率或质量分数。

⑥ 测定样液温度。

⑦ 打开棱镜，用水、乙醇或乙醚擦净棱镜表面及其他各机件。在测定水溶性样品后，用脱脂棉吸水洗净，若为油类样品，必须用乙醇或乙醚、二甲苯等擦拭。

（3）仪器的维护

① 仪器应放于干燥、空气流通的室内，防止受潮后光学零件发霉。

② 仪器使用完毕后，必须做好清洁工作，并放入箱内，木箱内应贮有干燥剂，防止湿气及灰尘进入。

③ 严禁油手或汗手触及光学零件，如光学零件不清洁，先用汽油后用二甲苯擦干净。

④ 仪器应避免强烈振动或撞击，以防止光学零件损伤，影响精度。

（二）手提式折光仪

手提式折光仪由折光棱镜、盖板及观测镜筒三部分组成，见图 2-1-8，利用反射光测定。其光学原理与阿贝折光仪相同。该仪器操作简单，便于携带，常用于生产现场检验。

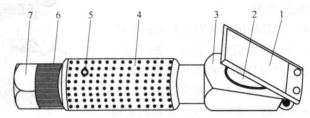

图 2-1-8　手提式折光仪结构

1—盖板；2—检测棱镜；3—棱镜座；4—望远镜筒和外套；
5—调节螺钉；6—视度调节圈；7—目镜

使用方法：使用时，先打开棱镜盖板，用擦镜纸将折光镜擦净，取一滴待测糖液置于折光棱镜上，使溶液均匀涂布在棱镜表面，合上盖板，将光窗对准光源，调节观测镜筒，使视场内划线清晰可见，视场中明暗分界线相应读数即为糖溶液质量分数。手提式折光计的测定范围为 0～90%，其刻度标准温度为 20℃，若测量时在非标准温度时，则需查附录一进行温度校正。

知识六　自然光与偏振光

光是一种电磁波，即光波的振动方向与其前进方向互相垂直。自然光有无数个与光的前进方向互相垂直的光波振动面。若光线前进的方向指向我们，则与之互相垂直的光波振动平面可表示为如图 2-1-9(a)，图中箭头表示光波振动的方向。若使自然光通过尼科尔棱镜，由于振动面与尼科尔棱镜的光轴平行的光波才能通过尼科尔棱镜，所以通过尼科尔棱镜的光，只有一个与光的前进方向互相垂直的光波振动面，如图 2-1-9(b)。这种仅在一个平面上振动的光叫偏振光。

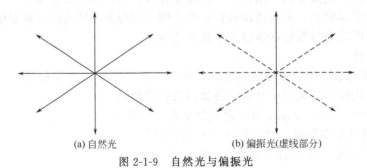

(a) 自然光　　　　　　　　　　(b) 偏振光(虚线部分)

图 2-1-9　自然光与偏振光

知识七　偏振光的产生

通常用以下两种方法产生偏振光：尼科尔棱镜或偏振片。

1. 尼科尔棱镜

把一块方解石的菱形六面体末端的表面磨光，使镜角等于 68°，将之对角切成两半，把切面磨成光学平面后，再用加拿大树胶粘起来，便成为一个尼科尔棱镜（图 2-1-10）。由于方解石的光学特性，当自然光 L 射入棱镜中时，发生双折射，产生两道振动面互相垂直的平面偏振光。其中 MO 称为寻常光线，MP 称为非常光线。方解石对它们的折射率不同，对寻常光线的折射率是 1.658，对非常光线的折射率是 1.486。加拿大树胶对两种光线的折射率都是 1.55。寻常光线由方解石到加拿大树胶是由光密介质到光疏介质，因其入射角（76°25′）大于临界角（69°12′），发生全反射而被涂黑的侧面吸收。非常光线由方解石到加拿大树胶是由光疏介质到光密介质，必将发生折射通过加拿大树胶，由棱镜的另一端面射出，从而产生了平面偏振光。

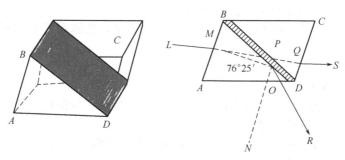

图 2-1-10 尼科尔棱镜示意图

2. 偏振片

利用偏振片也能产生偏振光。它是利用某些双折射晶体（如电气石）的二色性，即可选择性吸收寻常光线，而让非常光线通过的特性，把自然光变成偏振光。

知识八 旋光度

旋光法：应用旋光仪测量旋光性物质的旋光度，以确定其含量的分析方法。

旋光度和比旋光度是旋光性物质的主要物理性质。通过对旋光度和比旋光度的测定，可以检查光学活性化合物的纯度，也可以定量分析有关化合物溶液的浓度。

1. 旋光性、旋光性物质

分子结构中有不对称碳原子，能把偏振光的偏振面旋转一定角度的物质称为光学活性物质。许多食品成分都具有光学活性，如单糖、低聚糖、淀粉以及大多数的氨基酸和羟酸等。其中能把偏振光的振动平面向右旋转的，称为"具有右旋性"，以"＋"表示；反之，称为"具有左旋性"，以"－"表示。

2. 旋光度

偏振光通过光学活性物质的溶液时，其振动平面所旋转的角度叫做该物质溶液的旋光度，以 α 表示。旋光度的大小与光源的波长、温度、旋光性物质的种类、溶液的浓度及液层的厚度有关。对于特定的光学活性物质，在光源波长和温度一定的情况下，其旋光度 α 与溶液的浓度 c 和液层的厚度 L 成正比。

即：

$$\alpha = KcL \tag{2-1-11}$$

3. 比旋光度

当旋光性物质的浓度为 1g/mL，液层厚度为 1dm 时所测得的旋光度称为比旋光度，以 $[\alpha]_\lambda^t$ 表示。由上式可知：

$$[\alpha]_\lambda^t = K \times 1 \times 1 = K \tag{2-1-12}$$

即：

$$[\alpha]_\lambda^t = \frac{\alpha}{Lc} \tag{2-1-13}$$

式中　　$[\alpha]_\lambda^t$——比旋光度；

　　　　t——温度，℃；

　　　　λ——光源波长，nm；

　　　　α——旋光度，度；

　　　　L——液层厚度或旋光管长度，dm；

　　　　c——溶液浓度，g/mL。

比旋光度与光的波长及测定温度有关。通常规定用钠光 D 线（波长 589.3nm）在 20℃时测定，在此条件下，比旋光度用 $[\alpha]_D^{20}$ 表示。

因在一定条件下比旋光度 $[\alpha]_\lambda^t$ 是已知的，L 为一定，故测得了旋光度就可计算出旋光质溶液中的浓度 c。

4. 旋光仪

（1）WGX 型半阴旋光仪

① 结构和原理　起偏棱镜一般用尼科尔（Nicol）棱镜，以获得偏振光。

旋光管盛装待测液的玻璃管。

检偏棱镜仍用尼科尔棱镜，用以检测从旋光管射出的偏振光振动平面与原来相比较的角度（可由刻度盘上的数值读出）。

② 测定方法（比旋光度的测定）

a. 旋光仪的校准　将旋光管洗净、盛装蒸馏水后恒温，放入旋光仪中。调整检偏镜角度，使三分视野消失，将此读数作为零点。

b. 测定待测液旋光度　旋光管（干燥清洁）装入待测液（应澄清且无气泡）恒温后，置入旋光仪。调整检偏棱镜使出现的三分视野恰好消失，此角即旋光角，可由刻度盘上读出。往往重复两次，再测定比稀释 1 倍的溶液旋光度，以确定其真实的旋光度。实验过程中应注意温度恒定。

c. 比旋光度的计算和记录　根据记录，用公式计算待测溶液的比旋光度：

$$[\alpha]=\frac{\alpha}{Lc} \tag{2-1-14}$$

在记录时，应同时记录旋光方向和所用溶剂。

例如测 d-酒石酸时，$[\alpha]=+14.40$（水）。

③ 旋光度的测定　旋光仪测出的第一遍读数不一定是准确的旋光度数值，它可能是测出值 $\pm n \cdot 180°$（$n=1,2,3,\cdots$）。因此，可用稀释 1 倍的溶液或使旋光管缩短 1/2，以原值的 1/2 和 $\pm n \cdot 180°$ 的关系计算求出。

（2）检糖计　检糖计专用于糖类的测定。故刻度数值直接表示为蔗糖的浓度（质量/体积），其测定原理与旋光计相同。

在结构上，起偏器、半棱镜和检偏器都是固定不动的，三者的光轴之间所成的角度与半影式旋光计在零点时的情况相同。在检偏器前装有一个石英补偿器，它由一块左旋石英板和两块右旋石英楔组成，两边的石英片固定，中间的可上下移动，且与刻度尺相联系。移动中间的石英楔可调节右旋石英的总厚度。当右旋石英的厚度与左旋石英的厚度相等时，整个石英补偿器对偏振光无影响，偏振光进行情况与半影式旋光计在零点时的情况完全一样，视野两半圆的明暗程度相同，此为检糖计的零点。在零点的情况下，若在光路中放入左（或右）旋性糖液，则视野两半圆明暗程度会不同。这时可移动中间石英楔以增加（或减小）右旋石英的厚度，使整个补偿器为右（或左）旋，便可补偿糖液的旋光度，使视野两半圆明暗程度又变相同。根据中间石英楔移动的距离，在刻度尺上就反映出了糖液的旋光度。

检糖汁的另一个特点是以白光作为光源。这是利用石英和糖液对偏振白光的旋光色散程度相近这一性质。偏振白光通过左（或右）旋性糖液发生旋光色散后，再通过右（或左）旋性石英补偿器时又发生程度相近但方向相反的旋光色散。这样又产生了原来的偏振白光，尚存的轻微色散采用滤光片即可消除。

检糖计读数尺的刻度是以糖度表示的。最常用的是国际糖度尺，以°S 表示。其标定方法是：在 20℃ 时，把 26.000g 纯蔗糖配成 100mL 的糖液，用 200mm 观测管以波长 $\lambda = 589.4400nm$ 的钠黄光为光源测得的读数定为 100°S。1°S 相当于 100mL 糖液中含有 0.26g 蔗糖。读数为 x°S，表示 100mL 糖液中含有 $0.26x$g 蔗糖。

检糖计与旋光计的读数之间换算关系为：1°S $= 0.34626$°；1° $= 2.888$°S。

（3）自动旋光仪

① 仪器　WZZ-2B 自动旋光仪，附 20W 钠光灯；容量瓶（100mL）；烧杯（250mL）；分析天平。

② 步骤

$$配制糖液及样液 \longrightarrow 仪器预热 \longrightarrow 校正 \longrightarrow 测试$$

知识九　液体的色度、浊度、透明度

液体食品如饮料、矿泉水、啤酒、各种酒类都有其相应的色度、浊度、透明度等感官指标，色度、浊度、透明度是液体的物理特性，浊度表现了液体中悬浮物对光线透过时所发生的阻碍程度。色度是由液体中的溶解物质所引起的，而浊度则是由于液体中不溶解物质引起的。透明度是指液体的澄清程度，液体中悬浮物和胶体颗粒物越多，透明度就越低。对某些食品来说，这些物理特性往往是决定其产品质量的关键所在。

1. 密度计的类型有哪些？如何正确使用密度计？
2. 试述密度瓶的使用注意事项。
3. 影响折射率测定的因素有哪些？
4. 如何对折光仪进行校正？

任务一　食品相对密度的测定

通常测定液体食品试样密度的方法有密度瓶法、密度计法和韦氏天平法。GB/T 5009.2—2003 规定测定液体食品的密度，第一法为密度瓶法，第二法为密度天平法（韦氏天平法），第三法为密度计法。

密度瓶测定啤酒的密度

（一）原理

密度瓶具有一定的容积，在一定温度下，用同一密度瓶分别称取等体积的样品溶液与蒸馏水的质量，两者的质量之比即为该样品溶液的相对密度。

（二）仪器

全玻璃蒸馏器（500mL）；高精度恒温水浴锅；附温度计密度瓶（25mL）。

（三）操作步骤

1. 制备啤酒样品

用反复注流等方式除去啤酒中的二氧化碳。

2. 测定

(1) 密度瓶的准备　将密度瓶洗净、干燥、称重，反复操作，直至恒重。

(2) 密度瓶和蒸馏水质量的测定　将煮沸冷却至15℃的蒸馏水注满恒重的密度瓶，插上带温度计的瓶塞（瓶中应无气泡），立即浸于（20.0±0.1）℃的高精度恒温水浴中，待内容物温度达20℃，并保持30min不变后取出。用滤纸吸去溢出支管的水，立即盖好小帽，擦干后，称重。

(3) 密度瓶和样品质量的测定　将水倒去，用样品反复冲洗密度瓶三次，然后装满制备的样品，按上步同样操作。

（四）计算

$$\rho_{相对} = \frac{m_1 - m_0}{m_2 - m_0} \tag{2-1-15}$$

式中　m_0——空密度瓶质量，g；

m_1——空密度瓶与样品溶液的质量，g；

m_2——空密度瓶与蒸馏水的质量，g。

计算出20℃下啤酒的相对密度。

密度计测定蔗糖溶液的浓度

（一）原理

糖锤度计是专门用来测定糖液浓度的密度计，其刻度用已知浓度的纯蔗糖溶液标定，以°Bx表示。其刻度的标定方法是：温度以20℃为标准，在蒸馏水中为0°Bx，在1‰蔗糖溶液中为1°Bx（即100g糖液中含糖1g）。

（二）仪器

糖锤度计；250mL量筒。

（三）操作步骤

(1) 先用自来水和蒸馏水冲洗量筒，而后用样品冲洗量筒内壁2～3次，弃去。

(2) 量筒盛满样品溶液，静置至气泡溢出，泡沫上浮至液面，将泡沫除去。

(3) 把糖锤度计擦干后用样品溶液冲洗，然后徐徐插入量筒中，正确读数并记录。

(4) 用温度计测量样品溶液的温度。

(5) 由附录一查得温度校正值。

（四）计算

计算出校正锤度，即蔗糖溶液的浓度。

任务二　食品折射率的测定

以下介绍饮料中固形物含量的测定。

（一）仪器

手提式折光仪，温度计。

（二）操作步骤

1. 制备样品

(1) 透明液体软饮料　将样品混合均匀后直接测定。

(2) 半黏稠软饮料　先将样品充分混合均匀，然后用4层纱布挤出滤液，弃去最初几滴，最后将滤液收集在一起供测定使用。

（3）含悬浮物质软饮料　将样品放置于组织捣碎机中捣碎，然后用 4 层纱布挤出滤液，弃去最初几滴，最后将滤液收集在一起供测定使用。

2. 固形物含量测定

（1）用手提式折光仪测饮料固形物含量。

（2）温度校正。

任务三　液体食品色度和浊度的测定

色度的测定

色度是液体食品的一个重要的质量指标，测定啤酒的色度，通常采用 EBC 比色法。

（一）原理

EBC 以有色玻璃系列确定了比色标准，其色度范围是 2～27 单位。比色范围：淡黄色麦芽汁和啤酒为下限；深色麦芽汁和啤酒、焦糖为上限。将试样置于一比色器皿中，在一固定强度光源的反射光照射下，与一组标准有色玻璃相比较，以在 25mm 比色皿装试样时颜色相当的标准有色玻璃确定试样的色度。

（二）仪器

比色计的组成：

（1）色标盘　由 4 组 9 块有色玻璃组成，称为 EBC 色标盘。共分 27 个 EBC 单位，从 2 到 10，每差半个 EBC 单位有一块有色玻璃，从 10 到 27，每差 1 个 EBC 单位有 1 块有机玻璃。

（2）光学比色皿　有 5mm、10mm、25mm、40mm 四种规格。

（3）比色器　可以放置色标盘和装试样的比色皿。

（4）光源　发光强度 343cd/m²、377cd/m²。通过反射率大于 95％的白色反射面反射，用于照明的比色器灯泡在使用 100h 后须更换。

（三）操作方法

（1）样品处理

方法一　取预先在冰箱中冷却至 10～15℃的啤酒 500～700mL 于清洁、干燥的 1000mL 的搪瓷杯中，以细流注入同样体积的另一个搪瓷杯中，注入时两搪瓷杯之间的距离为 20～30cm，反复注流 50 次，以充分除去酒中二氧化碳，静置。

方法二　取预先在冰箱中冷却至 10～15℃的啤酒，启盖后经快速滤纸滤至锥形瓶中，稍加振荡，静置，以充分除去酒中二氧化碳。

（2）样品保存　除气后的啤酒，用表面玻璃盖住，其温度应保持在 15～20℃，备用。啤酒除气操作时的室温应不超过 25℃。

（3）色度测定　淡色啤酒或麦芽汁可使用 25mm 或 40mm 比色皿比色，其色度一般在 10～20EBC 单位；深色啤酒或麦芽汁可使用 5mm 或 10mm 比色皿比色，或适当稀释后使其色度在 20～27 单位，然后比色。

其结果均应按 25mm 比色皿及稀释倍数换算。

（四）结果计算

$$色度（EBC 单位）= \frac{实测色度 \times 25}{比色皿厚度} \times 稀释倍数 \qquad (2\text{-}1\text{-}16)$$

（五）说明

（1）色标应定期用哈同溶液进行检验。此溶液使用 40mm 比色皿比色，其标准读数 15EBC 单位。个别结果可能稍高或稍低于此值，其测定值可根据它与标准读数的差别（％）

进行调整，本检验应每周进行一次。

（2）EBC 单位与美国 ASBC 单位的换算关系如下：

$$EBC 单位=2.65ASBC 单位-1.2$$
$$ASBC 单位=0.375EBC 单位+0.46$$

浊度的测定

（一）原理

国家标准规定，啤酒浊度使用 EBC 浊度计来测定，它是利用光学原理来测定啤酒由于老化或受冷而引起的浑浊的一种方法。

测量指示盘均按照 EBC Formazin 浊度单位进行刻度，可直接测出样品的浊度。

（二）仪器

EBC 浊度计。

（三）操作方法

取已经制备好的酒样倒入标准杯中，用 EBC 浊度计进行测定，直接读出样品的浊度，所得结果应表示至一位小数。

平行试验测定值之差不得超过 0.2EBC。

班级：_____ 组别：_____ 姓名：_____

项目考核		评价内涵与标准	项目内权重/%	学生自评 20%	学生互评 30%	教师评价 50%
考核内容	指标分解					
知识内容	食品物理检验法的基础知识及常规检测方法	结合学生自查资料，熟练掌握食品物理检验法的基础知识，常用的检测方法原理、操作及计算方法	10			
	各种测量方法的理解	能够掌握相关仪器的操作及使用流程	10			
项目完成度	检验流程分析	实验前物质、设备准备、预备情况，正确分析检验流程	10			
	检验方案设计	能够选择合适的分析方法，并能正确设计相关成分的检测方案	20			
	检验过程	知识应用能力，应变能力，能正确地分析和解决遇到的问题	20			
	检验结果分析及优化	检验结果分析的表达与展示，能准确表达制定的合成方案，准确回答师生提出的疑问	10			
表现	团队协作	能正确、全面获取信息并进行有效的归纳	5			
		能积极参与合成方案的制定，进行小组讨论，提出自己的建议和意见	5			
		善于沟通，积极与他人合作完成任务，能正确分析和解决遇到的问题	5			
		遵守纪律、着装与总体表现	5			
综合评分						
综合评语						

思考题

1. 什么是相对密度？测定相对密度的方法有哪些？有何测定意义？
2. 简述折光法、旋光法测定原理、仪器、方法。
3. 理解并解释下列概念：偏振面、偏振光、旋光度、比旋光度、变旋光作用。
4. 温度对密度、折射率和旋光度有何影响？

项目小结

物理检测的内容主要有相对密度、折射率、旋光度、色度和浊度等，通过测定食品的这些物理常数，可以指导食品的生产过程、保证产品质量、鉴别食品组成、确定食品浓度、判断食品纯度及品质。同时，由于这些物理特性常数测定便捷、方便，从而成为食品工业生产管理中常用工艺指标控制、市场管理中防止假冒伪劣食品进入市场常用的、不可或缺的检测手段和监控手段。

项目二　食品中一般成分的检验

典型工作任务 ▶▶▶

食品的一般成分包括水分、灰分、酸类物质、脂肪、碳水化合物、蛋白质、氨基酸和维生素等基本组成成分，它们是食品的固有成分，在人体中起着提供热量和能量、建造和修补人体组织、帮助控制人体的许多变化过程（矿物质的吸收、血块凝结过程等）等作用。这些成分的含量高低、均衡与否是衡量食品的重要指标，也是确定食品品质的关键指标。食品的一般成分的测定是食品检验的重要内容，它贯穿于产品开发、生产、市场监督的全过程，是食品检验人员必须掌握的基础知识和基本技能，也是企业品管部门主要的工作任务。

国家相关标准 ▶▶▶

GB/T 5009.3—2010《食品中水分的测定》

GB/T 5009.4—2010《食品中灰分的测定》

GB/T 12456—2008《食品中总酸的测定》

GB/T 5009.6—2003《食品中脂肪的测定》

GB/T 5009.5—2010《食品中蛋白质的测定》

GB/T 5009.7—2008《食品中还原糖的测定》

GB/T 5009.8—2008《食品中蔗糖的测定》

GB/T 5009.9—2008《食品中淀粉的测定》

GB/T 5009.10—2003《植物类食品中粗纤维的测定》

GB/T 5009.88—2003《食物中不溶性膳食纤维的测定》

GB/T 5009.86—2003《蔬菜、水果及其制品中总抗坏血酸的测定》

GB/T 5009.82—2003《食品中维生素 A 和维生素 E 的测定》

任务驱动 ▶▶▶

1. 任务分析

通过本项目的学习和实际任务的引导，使学生掌握食品中的水分、灰分、酸类物质、脂肪、碳水化合物、蛋白质、氨基酸和维生素等一般成分的测定方法。要求学生在学习时，要注意各种分析方法的原理及操作要求。熟悉食品中一般成分的测定原理和方法的适用范围；

熟悉干燥箱、马弗炉、pH 计、脂肪测定仪、凯氏定氮仪、分光光度计等仪器的使用和维护；掌握食品中水分、灰分、酸度、脂类、碳水化合物、蛋白质、维生素等成分的测定方法。

2. 能力目标

（1）能根据样品的特性选择合适的分析方法。

（2）能准确测定食品中的水分、灰分、酸度、脂类、碳水化合物、蛋白质、维生素等成分含量。

（3）能正确处理检验数据并依据相关标准正确评价食品品质。

任务教学方式 ▶▶▶

教学步骤	时间安排	教学方式（供参考）
课外查阅并阅读材料	课余	学生自学,查资料,相互讨论
知识点讲授 （含课堂演示）	12 课时	在课堂学习中,应结合多媒体课件讲解食品中一般成分的作用、性质及测定方法,重点讲授相关检测方法,使学生对食品功能性成分测定有良好的认识
任务操作 （含评估检测）	36 课时	完成典型食品中的水分、灰分、酸类、脂肪、碳水化合物、蛋白质、维生素等理化指标的检测实训任务,学生边学边做,同时教师应该在学生实训中有针对性地向学生提出问题,引发思考
		教师与学生共同完成任务的检测与评估,并能对问题进行分析及处理

知识一　食品中水分的测定

水是食品的天然成分,不同食品中水分含量差别较大。控制食品的水分含量,对于保持食品的感官性质、维持食品各组分的平衡关系、防止食品的腐败变质等起着重要的作用。水分含量是食品的重要卫生指标,是许多食品的法定标准。水分含量的测定是食品检验的重要项目之一,它贯穿于产品开发、生产、市场监督等过程。

水在食品中有游离水和结合水两种存在形式。游离水又称自由水,主要指存在于动植物的细胞外各种毛细管和腔体中的水（包括吸附于食品表面的吸附水）。自由水能作溶剂,易结冰,食品干燥时易从食品中蒸发出来,也容易被细菌、酶或化学反应所触及和利用,故称有效水分。结合水又称束缚水,结合水与食品中蛋白质、糖类、盐类等以氢键结合起来而不能自由运动。

食品中水分含量可以用总水分、水分活度或食品中的固形物等表示。食品在 105℃干燥至恒重所减少的水分叫总水分；食品中可以自由蒸散的水分叫水分活性,以 A_w 表示,在食品防腐保藏、脱水、复水方面都有重要意义；食品中的固形物指食品内将水分排出后的全部残留物,包括蛋白质、脂肪、粗纤维、无氮抽出物、灰分等。

水分的测定可分成直接测定法和间接测定法两类。直接测定法是利用水分本身的物理性质和化学性质去掉样品中的水分,再对其进行定量分析的方法,一般采用烘干、蒸馏等方法去掉或收集样品中的水分,从而获得分析结果,如烘干法、化学干燥法、蒸馏法和卡尔·费休法。间接测定法则是利用食品的密度、折射率、电导率、介电常数等物理性质测定水分的方法。

（一）直接干燥法

1. 原理

利用食品中水分的物理性质,在 101.3kPa、温度 101～105℃条件下采用挥发方法测定样品中干燥减失的重量（吸湿水、部分结晶水和该条件下能挥发的物质），再通过干燥前后的称量数值计算出水分的含量。对于浓稠态样品，可加入海砂或无水硫酸钠进行搅拌，使样品增大蒸发面积，使其不致表面结壳而造成内部水分蒸发受阻，从而影响测定。

2. 试剂和材料

6mol/L 盐酸；6mol/L 氢氧化钠；海砂（取用水洗去泥土的海砂或河砂，先用 6mol/L 盐酸煮沸 0.5h，用水洗至中性，再用氢氧化钠溶液煮沸 0.5h，用水洗至中性，经 105℃ 干燥备用）。

3. 仪器与设备

铝制或玻璃制扁形称量瓶（内径 60～70mm，高 35mm 以下）；电热恒温干燥箱；干燥器（内附有效干燥剂）；分析天平（感量为 0.1mg）。

4. 操作方法

（1）固体试样　取洁净铝制或玻璃制的扁形称量瓶，置于 101～105℃ 干燥箱中，瓶盖斜支于瓶边，加热 1.0h，取出盖好，置干燥器内冷却 0.5h，称量，重复干燥至前后两次质量差不超过 2mg，即为恒重。将混合均匀的试样迅速磨细至颗粒小于 2mm，不易研磨的样品应尽可能切碎，称取 2～10g 试样（精确至 0.0001g），放入此称量瓶中，试样厚度不超过 5mm，如为疏松试样，厚度不超过 10mm。加盖，精密称量后，置 101～105℃ 干燥箱中，瓶盖斜支于瓶边，干燥 2～4h 后，盖好取出，放入干燥器内冷却 0.5h 后称量。然后再放入 101～105℃ 干燥箱中干燥 1h 左右，取出，放入干燥器内冷却 0.5h 后再称量。重复以上操作至前后两次质量差不超过 2mg，即为恒重。

（2）半固体或液体试样　取洁净的蒸发皿，内加 10g 海砂及一根小玻棒，置于 101～105℃ 干燥箱中，干燥 1.0h 后取出，放入干燥器内冷却 0.5h 后称量，并重复干燥至恒重。然后称取 5～10g 试样（精确至 0.0001g），置于蒸发皿中，用小玻棒搅匀放在沸水浴上蒸干，并随时搅拌，擦去皿底的水滴，置 101～105℃ 干燥箱中干燥 4h 后盖好取出，放入干燥器内冷却 0.5h 后称量。以下按"（1）固体试样"自"然后再放入 101～105℃ 干燥箱中干燥 1h 左右……"起依法操作。

5. 计算

试样中水分的含量按下式进行计算：

$$X = \frac{m_1 - m_2}{m_1 - m_3} \times 100 \qquad\qquad (2\text{-}2\text{-}1)$$

式中　X——试样中水分的含量，g/100g；

　　　m_1——称量瓶（加海砂、玻棒）和试样干燥前的质量，g；

　　　m_2——称量瓶（加海砂、玻棒）和试样干燥后的质量，g；

　　　m_3——称量瓶（加海砂、玻棒）的质量，g。

水分含量 ≥1g/100g 时，计算结果保留三位有效数字；水分含量 <1g/100g 时，结果保留两位有效数字；在重复性条件下获得的两次独立测定结果的绝对差值不得超过算术平均值的 5%。

6. 说明

（1）本法为食品中水分的测定国家标准第一法，适用于热稳定性好的样品，对遇热易氧化分解及在测定条件下含其他易挥发成分的样品，不宜采用此法。对于热稳定的谷物等，干燥温度可以提高到 120～130℃。糖含量高的样品，高温下（>70℃）长时间加热，可因氧化分解而致明显误差，宜用低温（50～60℃）干燥 0.5h，再用 100～105℃ 干燥。对于氨基酸、蛋白质及羰基化合物含量高的样品，长时间加热则会发生羰氨反应析出水分；香料油、低醇饮料含较多易挥发成分，不宜采用此法。

（2）测定时样品的量一般控制在其干燥后的残留物质量为 3～5g。故固体或半固体样品称样数量控制在 3～5g，而液体样品，如果汁、牛乳等，则控制在 15～20g。

（3）称量皿的选择应以样品置于其中平铺开后厚度不超过皿高的 1/3 为宜。

（4）固体样品须磨碎，全部经过 20～40 目筛，混匀。样品：制备过程中须防止水分变化。水分含量 14％以下为安全水分含量，实验室条件下粉碎过筛处理，水分含量不会变化，但要求动作要迅速。制备好的样品应放入洁净干燥的磨口瓶中备用。对于含水量大于 16％的样品，则常采用二步干燥法测定，即将样品先自然风干后使其达到安全水分含量标准，再用干燥法测定。

（二）减压干燥法

1. 原理

利用低压下水的沸点降低的原理，在达到 40～53kPa 压力后加热至 55～65℃，采用减压烘干方法去除试样中的水分，再通过烘干前后的称量数值计算出水分的含量。

2. 仪器与设备

扁形铝制或玻璃制称量瓶（内径 60～70mm，高 35mm 以下）；真空干燥箱（带真空泵、干燥瓶、安全瓶）；干燥器（内附有效干燥剂）；天平（感量为 0.1mg）。

3. 操作方法

（1）试样的制备　粉末和结晶试样直接称取；较大块硬糖经研钵粉碎，混匀备用。

（2）测定　取已恒重的称量瓶称取约 2～10g（精确至 0.0001g）试样，放入真空干燥箱内，将真空干燥箱连接真空泵，抽出真空干燥箱内空气（所需压力一般为 40～53kPa），并同时加热至所需温度（60±5）℃。关闭真空泵上的活塞，停止抽气，使真空干燥箱内保持一定的温度和压力，经 4h 后，打开活塞，使空气经干燥装置缓缓通入真空干燥箱内，待压力恢复正常后再打开。取出称量瓶，放入干燥器中 0.5h 后称量，并重复以上操作至前后两次质量差不超过 2mg，即为恒重。

4. 计算

同（一）5。在重复性条件下获得的两次独立测定结果的绝对差值不得超过算术平均值的 10％。

5. 说明

（1）本法为食品中水分的测定国家标准第二法，适用于在较高温度下易氧化、分解或不易除去结合水的样品，不适用于添加了其他原料的糖果，不适用于水分含量小于 0.5g/100g 的样品。

（2）真空干燥箱内各部位温度要求均匀一致，若干燥时间短时，更应严格控制。

（3）减压干燥时，自干燥箱内部压力降至规定真空度时起计算干燥时间。一般每次干燥时间为 2h，但有的样品需要 5h。恒重一般以减量不超过 0.5mg 为标准，但对受热易分解的样品，则可以减量不超过 1～3mg 为标准。

（三）蒸馏法

1. 原理

基于两种互不相溶的液体组成的二元体系的沸点低于各组分的沸点的性质，使用水分测定器将食品中的水分与甲苯或二甲苯共同蒸出，冷凝并收集馏液。由于密度不同，馏出液在收集管中分层，根据馏出液中水的体积即可求出样品中水分含量。

2. 试剂和材料

甲苯或二甲苯（化学纯）：取甲苯或二甲苯，先以水饱和，然后分去水层，进行蒸馏，收集馏出液备用。

3. 仪器与设备

水分测定器如图 2-2-1 所示，带可调电热套，水分接收管容量 5mL（最小刻度值

0.1mL，容量误差小于 0.1mL）。天平（感量 0.1mg）。

4. 操作方法

准确称取适量试样（应使最终蒸出的水为 2～5mL，但最多取样量不得超过蒸馏瓶的 2/3），放入 250mL 锥形瓶中，加入新蒸馏的甲苯（或二甲苯）50～75mL（以浸没样品为宜），连接冷凝管与水分接收管，从冷凝管顶端注入甲苯，装满水分接收管。加热慢慢蒸馏，使每秒钟的馏出液为 2 滴，待大部分水分蒸出后，加速蒸馏，约每秒钟 4 滴；当水分全部蒸出后，接收管内的水分体积不再增加时，从冷凝管顶端加入甲苯冲洗。如冷凝管壁附有水滴，可用附有小橡皮头的铜丝擦下，再蒸馏片刻至接收管上部及冷凝管壁无水滴附着，接收管水平面保持 10min 不变为蒸馏终点，读取接收管水层的容积。

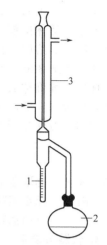

图 2-2-1　水分测定器
1—水分接收管，有刻度；
2—250mL 蒸馏瓶；
3—冷凝管

5. 计算

试样中水分的含量按下式进行计算：

$$X = \frac{V}{m} \times 100 \qquad (2\text{-}2\text{-}2)$$

式中　X——样品中的水分含量，mL/100g（或按水在 20℃ 时的密度 0.9982g/mL 计算）；

　　　V——接收管内水的体积，mL；

　　　m——样品的质量，g。

以重复性条件下获得的两次独立测定结果的算术平均值表示，计算结果保留三位有效数字；在重复性条件下获得的两次独立测定结果的绝对差值不得超过算术平均值的 10%。

6. 说明

（1）本法为食品中水分的测定国家标准第三法，适用于含较多其他挥发性物质的食品（油脂、香辛料）中水分的测定，特别是对于香料，蒸馏法是唯一的、公认的水分检验分析方法，避免了挥发性物质以及脂肪氧化造成的误差。

（2）有机溶剂的选择：考虑能否完全湿润样品、适当的热传导、化学惰性、可燃性以及样品的性质等因素，对热不稳定的食品，一般不采用甲苯和二甲苯（沸点高），常选用低沸点的有机溶剂（苯）。

（3）对分层不理想的情况，易造成读数误差，可加少量戊醇或异丁醇，防止出现乳浊液。为了防止水分附集于蒸馏器内壁，须充分清洗仪器。

（四）卡尔·费休法

1. 原理

根据碘能与水和二氧化硫发生化学反应，在有吡啶和甲醇共存时，1mol 碘只与 1mol 水作用，反应式如下：

$$I_2 + SO_2 + 3C_5H_5N + CH_3OH + H_2O \longrightarrow 2C_5H_5N \cdot HI + C_5H_5N \cdot HSO_4CH_3$$
　　　　　　　吡啶　　　　　　　　　　　氢碘酸吡啶　　　甲基硫酸吡啶

卡尔·费休法又分为库仑法和容量法。库仑法测定的碘是通过化学反应产生的，只要电解液中存在水，所产生的碘就会和水以 1:1 的关系按照化学反应式进行反应。当所有的水都参与了化学反应，过量的碘就会在电极的阳极区域形成，反应终止。容量法测定的碘是作为滴定剂加入的，滴定剂中碘的浓度是已知的，根据消耗滴定剂的体积，计算消耗碘的量，从而计量出被测物质水的含量。

2. 试剂和材料

无水甲醇（优级纯）；无水吡啶（要求其含水量在 0.01% 以下）；碘（置于硫酸干燥器

内干燥48h以上）；二氧化硫（采用钢瓶装的二氧化硫或用硫酸分解亚硫酸钠而制得）。

卡尔·费休试剂：取无水吡啶133mL、碘42.33g，置于具塞烧瓶中，注意冷却；摇动烧瓶至碘全部溶解，再加无水甲醇333mL，称重；待烧瓶充分冷却后，通入干燥的二氧化硫至质量增加32g，然后加塞摇匀；在暗处放置24h后使用。

标定：准确称取蒸馏水约30mg，放入干燥的反应瓶中，加入无水甲醇2～5mL，不断搅拌，用卡尔·费休试剂滴定至终点；另做试剂空白。

卡尔·费休试剂对水的滴定度 T（mg/mL）按下式计算：

$$T = \frac{W}{V_1 - V_2} \tag{2-2-3}$$

式中　W——称取蒸馏水的质量，mg；

V_1——标定消耗滴定剂的体积，mL；

V_2——空白消耗滴定剂的体积，mL。

3. 仪器与设备

卡尔·费休水分测定仪（见图2-2-2），主要部件包括反应瓶、自动注入式滴定管、磁力搅拌器及适合于永停测定终点的电位测定装置。天平（感量为0.1mg）。

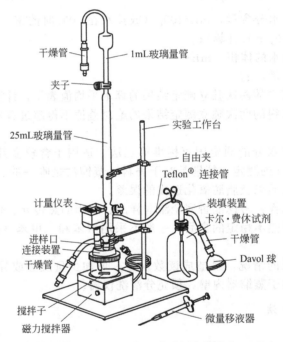

图2-2-2　卡尔·费休水分测定仪

4. 操作方法

（1）试样前处理　可粉碎的固体试样要尽量粉碎，使之均匀。不易粉碎的试样可切碎。

（2）试样中水分的测定　于反应瓶中加一定体积的甲醇或卡尔·费休测定仪中规定的溶剂浸没铂电极，在搅拌下用卡尔·费休滴定杯进行加热或加入已测定水分的其他溶剂辅助溶解后，用卡尔·费休试剂滴定至终点。

建议采用库仑法测定试样中的含水量应大于 $10\mu g$，容量法应大于 $100\mu g$。对于某些需要较长时间滴定的试样，需要扣除其漂移量。

（3）漂移量的测定　在滴定杯中加入与测定样品一致的溶剂，并滴定至终点，放置不少于10min后再滴定至终点，两次滴定之间的单位时间内的体积变化即为漂移量（D）。

5. 计算

固体试样中水分的含量按式（2-2-4），液体试样中水分的含量按式（2-2-5）进行计算：

$$X = \frac{(V_1 - D \times t) \times T}{m} \times 100 \qquad (2\text{-}2\text{-}4)$$

$$X = \frac{(V_1 - D \times t) \times T}{V_2 \times \rho} \times 100 \qquad (2\text{-}2\text{-}5)$$

式中　X——试样中水分的含量，g/100g；

　　　T——卡尔·费休试剂的滴定度，g/mL；

　　　m——样品质量，g；

　　　D——漂移量，mL/min；

　　　t——滴定时所消耗的时间，min；

　　　V_1——滴定样品时卡尔·费休试剂体积，mL；

　　　V_2——液体样品体积，mL；

　　　ρ——液体样品的密度，g/mL。

水分含量≥1g/100g 时，计算结果保留三位有效数字；水分含量＜1g/100g 时，计算结果保留两位有效数字。在重复性条件下获得的两次独立测定结果的绝对差值不得超过算术平均值的 10%。

6. 说明及注意事项

（1）本法为食品中水分的测定国家标准第四法，适用于食品中糖果、巧克力、油脂、乳糖和脱水果蔬类等样品。

（2）样品的颗粒大小非常重要。固体样品粒度为 40 目，最好用破碎机处理，不用研磨机，以防止水分损失。

（3）如果食品中含有氧化剂、还原剂、碱性氧化物、氢氧化物、碳酸盐、硼酸等，都会与卡尔·费休试剂所含组分起反应，干扰测定。含有强还原性物料（包括维生素 C）的样品不宜用此法。

（4）滴定操作要求迅速，加试剂的间隔时间应尽可能短。

（5）卡尔·费休法不仅可测得样品中的自由水，而且可测出结合水，即此法测得结果能更客观地反映出样品中的总水分含量。

（五）其他方法

1. 介电容量法

根据样品的介点常数与含水率有关，以含水食品作为测量电极间的充填介质，通过电容的变化达到对食品水分含量的测定。需要使用已知水分含量的样品（标准方法测定）制定标准曲线进行校准；同时需要考虑样品的密度、样品的温度等因素。

2. 电导率法

当样品中水分含量变化时，可导致其电流传导性随之变化，因此通过测量样品的电阻来确定水分含量，就成为一种具有一定精确度的快速分析方法。必须保持温度恒定，每个样品的测定时间必须恒定为 1min。

3. 红外吸收光谱法

红外线是一种电磁波，一般指波长为 $0.75 \sim 1000 \mu m$ 的光。

根据水分对某一波长的红外光的吸收强度与其在样品中的含量存在一定的关系，建立了红外吸收光谱法测定水分。

4. 折光法

通过测量物质的折射率来鉴别物质的组成，确定物质的纯度、浓度，以及判断物质的品质的分析方法称为折光法。

知识二　食品中灰分的测定

食品的组成很复杂，除含有大量有机物质外，还含有丰富的无机成分。当这些组分在高温（500～600℃）下灼烧时，水分和挥发性物质以气态直接逸出；有机物中的碳、氢、氮等元素与空气中的氧生成二氧化碳、水分和氮的氧化物而散失；有机酸的金属盐转换为金属氧化物或碳酸盐；有些特殊组分转变为氧化物或生成磷酸盐、卤化物、硫酸盐等；而无机成分（主要是无机盐和氧化物）则以灰分形式残留下来。

目前，常用的灰化方法主要有干法灰化（用于测定大量样品）、湿法灰化（用于高脂样品中元素含量分析）和低温等离子干法灰化（用于挥发性元素分析）。目前已经研制出可用于干法灰化或湿法灰化的微波系统。

（一）食品中总灰分的测定

1. 原理

将一定量经炭化后的样品放入马弗炉内灼烧，使有机物质被氧化分解，而无机物质以硫酸盐、磷酸盐、碳酸盐、氯化物等无机盐和金属氧化物的形式残留下来，称量残留物的质量即可计算出样品中总灰分的含量。

2. 试剂与材料

盐酸、80g/L乙酸镁溶液或240g/L乙酸镁溶液等。

3. 仪器和设备

马弗炉（温度＞600℃）、天平（感量为0.1mg）、石英坩埚或瓷坩埚、干燥器（内有干燥剂）、电热板、水浴锅。

4. 操作方法

（1）坩埚的灼烧　取大小适宜的石英坩埚或瓷坩埚置马弗炉中，在（550±25）℃下灼烧0.5h，冷却至200℃左右，取出，放入干燥器中冷却30min，准确称量。重复灼烧至前后两次称量相差不超过0.5mg为恒重。

（2）称样　灰分含量大于10g/100g的试样称取2～3g（精确至0.0001g）；灰分含量小于10g/100g的试样称取3～10g（精确至0.0001g）。

（3）测定

① 一般食品　液体和半固体试样应先在沸水浴上蒸干。固体或蒸干后的试样，先在电热板上以小火加热使试样充分炭化至无烟，然后置于马弗炉中，在（550±25）℃中灼烧4h，冷却至200℃左右取出，放入干燥器冷却30min。称量前如发现灼烧残渣有炭粒时，应向试样中滴入少许水湿润，使结块松散，蒸干水分，再次灼烧至无炭粒，即表示灰化完全，方可称量。重复灼烧至前后两次称量相差不超过0.5mg为恒重。

② 含磷量较高的豆类及其制品、肉禽制品、蛋制品、水产品、乳及乳制品　称取试样后，加入1.00mL 240g/L乙酸镁溶液（或3.00mL 80g/L乙酸镁溶液），使试样完全润湿。放置10min后，在水浴上将水分蒸干，以下步骤按（3）①自"先在电热板上以小火加热……"起操作。

吸取3份与②相同浓度和体积的乙酸镁溶液，做3次试剂空白试验。当3次试验结果的标准偏差小于0.003g时，取算术平均值作为空白值。若标准偏差超过0.003g时，应重新做空白值试验。

5. 计算

试样中灰分按下式计算：

测定时未加乙酸镁溶液
$$X_1 = \frac{m_1 - m_2}{m_3 - m_2} \times 100\%$$
(2-2-6)

测定时加入乙酸镁溶液
$$X_2 = \frac{m_1 - m_2 - m_0}{m_3 - m_2} \times 100\%$$
(2-2-7)

式中　X_1，X_2——试样中灰分的含量，%；

　　　　m_0——氧化镁（乙酸镁灼烧后生成物）的质量，g；

　　　　m_1——坩埚和灰分的质量，g；

　　　　m_2——坩埚的质量，g；

　　　　m_3——坩埚和试样的质量，g。

试样中灰分含量≥10g/100g 时，保留三位有效数字；试样中灰分含量＜10g/100g 时，保留二位有效数字。在重复性条件下获得的两次独立测定结果的绝对差值不得超过算术平均值的 5%。

6. 说明

（1）本法为食品中总灰分测定的国标法，适用于除淀粉及其衍生物之外的食品中灰分含量的测定。

（2）样品炭化时要注意热源强度，防止产生大量泡沫溢出坩埚。

（3）把坩埚放入马弗炉或从炉中取出时，要放在炉口停留片刻，使坩埚预热或冷却，防止因温度剧变而使坩埚破裂。

（4）灼烧后的坩埚应冷却到 200℃ 以下再移入干燥器中，否则因热的对流作用，易造成残灰飞散，且冷却速度慢，冷却后干燥器内形成较大真空，盖子不易打开。

（5）用过的坩埚经初步洗刷后，可用粗盐酸或废盐酸浸泡 10～20min，再用水冲刷洁净。

（二）水溶性灰分和水不溶性灰分的测定

水溶性灰分人多是钾、钠、钙、镁等的氧化物和可溶性盐；水不溶性灰分除泥砂外，还有铁、钼等元素的氧化物和碱土金属的碱式磷酸盐。两者也可作为某些食品的控制指标。如水溶性灰分可指示果酱、果冻等制品的水果含量。

1. 原理

将总灰分用水溶解，过滤，所得残渣即为水不溶性灰分。由总灰分减去水不溶性灰分，即为水溶性灰分。

2. 试剂与材料

同（一）2。

3. 仪器和设备

同（一）3。

4. 操作方法

将测定总灰分所得的灰分，加水约 25mL，盖上表面皿，加热至近沸，以无灰滤纸过滤，用 25mL 热水分次洗涤坩埚、残渣和滤纸。将残渣连同滤纸一起移回坩埚中，先用小火烧至无烟，再置马弗炉中，500～600℃ 灼烧至灰分呈白色。取出坩埚冷却至 200℃，放入干燥器中，冷却至室温，称重。重复灼烧至前后两次称量差不超过 0.2mg。

5. 计算

水不溶性灰分含量（%）按下式计算：

$$水不溶性灰分含量 = \frac{m_1 - m_0}{m_2 - m_0} \times 100\%$$
(2-2-8)

式中　m_0——坩埚的质量，g；

　　　　m_1——坩埚和水不溶性灰分的质量，g；

m_2——坩埚和试样的质量，g。

试样中水溶性灰分含量（%）：

$$水溶性灰分含量(\%)=总灰分含量(\%)-水不溶性灰分含量(\%)$$

（三）酸溶性灰分和酸不溶性灰分的测定

1. 原理

将总灰分（或水不溶性灰分）用稀盐酸溶解，过滤，所得残渣即为酸不溶性灰分，由总灰分减去酸不溶性灰分即为酸溶性灰分。

2. 仪器

马弗炉。

3. 测定

酸溶性灰分和酸不溶性灰分的测定方法与水溶性灰分和水不溶性灰分的测定方法相同，只是用 0.1mol/L HCl 代替水。

4. 计算

试样酸不溶性灰分含量（%）按下式计算：

$$酸不溶性灰分含量=\frac{m_1-m_0}{m_2-m_0}\times100\%\qquad(2\text{-}2\text{-}9)$$

式中　m_0——坩埚的质量，g；

m_1——坩埚和酸不溶性灰分的质量，g；

m_2——坩埚和试样的质量，g。

试样中酸溶性灰分含量（%）：

$$酸溶性灰分含量(\%)=总灰分含量(\%)-酸不溶性灰分含量(\%)$$

知识三　食品中酸类物质的测定

食品中的酸味成分主要包括溶解于水的一些有机酸和无机酸。这些酸味物质有的是天然成分，有的是人为加入的，都是食品重要的呈味物质，对食品的风味有着较大的影响，也影响食品的稳定性，并在维持人体的酸碱平衡方面起着重要的作用。通过食品中酸度的检验，可以了解植物的成熟度；在食品的加工、储存、运输过程中，可了解食品的变化情况，确定其品质。

测定食品的酸度，必须区分总酸度、有效酸度、挥发酸等几种不同概念。总酸度是指食品中所有酸性成分的总量，包括未离解酸的浓度和已离解酸的浓度，其大小可借标准碱滴定来测定，又称"可滴定酸度"，主要以食品中主要的有机酸表示；有效酸度是指被测溶液中 H^+ 的浓度（严格地说，应该是 H^+ 的活度），所反映的是已离解酸的浓度，常用 pH 表示，其大小可用酸度计（即 pH 计）来测定；挥发酸是指食品中易挥发的有机酸，如甲酸、乙酸及丁酸等低碳链的直链脂肪酸，其大小可通过蒸馏法分离，再以标准碱滴定来测定。

（一）食品中总酸的测定

1. 原理

食品中的有机酸用标准碱滴定时，被中和生成盐类。用酚酞作指示剂，滴定至溶液呈淡红色，半分钟不褪色为终点。根据消耗标碱的浓度和体积，计算出样品中总酸含量。其反应式如下：

$$RCOOH+NaOH\longrightarrow RCOONa+H_2O$$

此法适用于果蔬制品、饮料、乳制品、酒、蜂产品、淀粉制品、谷物制品和调味品等食品中总酸的测定，不适用于深色或浊度大的食品。

2. 试剂和溶液

0.10mol/L、0.01mol/L、0.05mol/L 氢氧化钠标准滴定溶液；1%酚酞溶液（称取 1g 酚酞，溶于 100mL 95%乙醇中）。

所有试剂均使用分析纯；分析用水应符合 GB/T 6682 规定的二级水规格或蒸馏水，使用前应经煮沸、冷却。

3. 仪器和设备

组织捣碎机；研钵；水浴锅；滴定分析用玻璃器皿；分析天平。

4. 操作方法

（1）试样的制备

① 液体样品　不含 CO_2 的样品，充分混合均匀，置于密闭玻璃容器内。含 CO_2 的样品，按下述方法排除 CO_2：取至少 200mL 充分混匀的样品，置于 500mL 锥形瓶中，旋摇至基本无气泡，装上冷凝管，置于水浴锅中，待水沸腾后保持 10min，取出，冷却。

② 固体样品　去除不可食部分，取有代表性的样品至少 200g，置于研钵或组织捣碎机中，加入与试样等量的水，研碎或捣碎，混匀。面包应取其中心部分，充分混匀，直接供制备试液。

③ 固液体样品　按样品的固、液体比例至少取 200g，去除不可食部分，用研钵或组织捣碎机研碎或捣碎，混匀。

（2）试液的制备　取 25～50g 卜述试样，精确至 0.001g，置于 250mL 容量瓶中，用水稀释至刻度。含固体的样品至少放置 30min（摇动 2～3 次）。用快速滤纸或脱脂棉过滤，收集滤液于 250mL 锥形瓶中备用。（总酸低于 0.7g/kg 的液体样品，混匀后可直接取样测定。）

（3）测定　取 25.00～50.00mL 上述试液，使之含 0.035～0.070g 酸，置于 150mL 烧杯中，加 40～60mL 水及 2 滴 1%酚酞指示剂（1g/100mL），用 0.10mol/L 氢氧化钠标准滴定溶液（如样品酸度较低，可用 0.010mol/L 或 0.05mol/L 氢氧化钠标准滴定溶液）滴定至微红色 30s 不褪。记录消耗 0.10mol/L 氢氧化钠标准滴定溶液的体积（V_1），平行测定两次。同时做空白试验，记录消耗 0.10mol/L 氢氧化钠标准滴定溶液的体积（V_2）。

5. 分析结果表述

总酸以每千克（或每升）样品中酸的质量（g）表示，按下式计算：

$$X = \frac{c(V_1 - V_2) \times K \times F}{m} \times 1000 \qquad (2\text{-}2\text{-}10)$$

式中　X——总酸度，g/kg（或 g/L）；

$\quad c$——NaOH 标准溶液的浓度，mol/L；

$\quad V_1$——滴定试液时消耗 NaOH 标准溶液的体积，mL；

$\quad V_2$——空白试验时消耗 NaOH 标准溶液的体积，mL；

$\quad F$——试液的稀释倍数；

$\quad m$——试样的质量（或体积），g 或 mL；

$\quad K$——酸的换算系数，即与 1mmol NaOH 所相当的主要酸的质量（克），g/mmol。苹果酸为 0.067，酒石酸为 0.075，乙酸为 0.060，草酸为 0.045，乳酸为 0.090，柠檬酸为 0.064，柠檬酸（含 1 分子结晶水）为 0.070，磷酸为 0.033，盐酸为 0.036。

如两次测定结果差在允许范围内，则取两次测定结果的算术平均值报告结果。同一样品的两次测定值之差，不得超过两次测定平均值的 2%。

6. 说明

（1）样品浸渍、稀释用蒸馏水不能含有 CO_2，含有 CO_2 饮料、啤酒等样品在测定之前亦须除去 CO_2。

（2）试液稀释用水量应依样品中总酸含量来选择，为使误差不超过允许范围，一般要求滴定时消耗 0.10mol/L NaOH 标准溶液不得少于 5mL，最好在 10～15mL。

（3）若样液有颜色，在滴定前用与样液同体积的不含 CO_2 蒸馏水稀释之，或采用试验滴定法，即对有色样液，用适量无 CO_2 蒸馏水稀释，并按 100mL 样液加入 0.3mL 酚酞的比例加入酚酞指示剂。用标准 NaOH 溶液滴定至近终点时，取此溶液 2~3mL 移入盛有 20mL 无 CO_2 蒸馏水的小烧杯中（此时，样液颜色相当浅，易观察酚酞的颜色）。若实验表明还没有达到终点时，将特别稀释的样液倒回原样液中，继续滴定直至终点出现为止。用这种在小烧杯中特别稀释的办法，能观察几滴 0.10mol/L NaOH 溶液所产生的酚酞颜色差别。

（4）各类食品的酸度以主要酸表示，有些食品（如乳品，面包等）亦可用中和 100g（mL）样品所需 0.10mol/L（乳品）或 1mol/L（面包）NaOH 溶液的体积（mL）表示，符号为°T。鲜牛乳的酸度为 16~18°T，面包酸度一般为 3~9°T。

（二）有效酸度（pH）的测定

1. 原理

有效酸度的测定常用酸度计法。以玻璃电极为指示电极、甘汞电极为参比电极组成原电池，它们在溶液中产生一个电动势，其大小与溶液中的氢离子浓度有直接关系：

$$E = E_0 - 0.0591pH \tag{2-2-11}$$

即每相差 1 个 pH 单位就产生 59.1mV 的电极电位，故可在酸度计上读出样品溶液的 pH。

2. 仪器

酸度计（pH 计）、pH 复合电极、电磁搅拌器（带磁性搅拌棒）、高速组织捣碎机等。

3. 试剂

pH4.01 标准缓冲溶液（20℃）、pH6.86 标准缓冲溶液（20℃）（均直接购买）。

4. 操作方法

（1）样品处理　果蔬类样品榨汁后，取汁液直接测定；鱼、肉等固体类样品捣碎后用无二氧化碳的蒸馏水（按 1∶10 加水）浸泡、过滤，取滤液进行测定。

（2）pH 计标定

① 拔掉测量电极插座处的短路插头，插入 pH 复合电极插头。

② 打开电源开关，按"pH/mV"按钮，使仪器进入 pH 测量状态。

③ 按"温度"按钮，使显示为溶液温度值，再按"确认"键，仪器确定溶液温度后回到 pH 测量状态。

④ 把用蒸馏水洗过的电极插入 pH 6.86 的标准缓冲溶液中，待读数稳定后按"定位"键使读数为该溶液当时温度下的 pH 值，然后按"确认"键，仪器进入 pH 测量状态，pH 指示灯停止闪烁。

⑤ 把蒸馏水清洗过的电极插入 pH 4.01 的标准缓冲溶液中，待读数稳定后按"斜率"键使读数为该溶液当时温度下的 pH 值，然后按"确认"键，仪器进入 pH 测量状态，pH 指示灯停止闪烁，标定完成。

⑥ 用蒸馏水清洗电极后即可对被测溶液进行测量。

（3）测量 pH 值

① 用蒸馏水清洗电极头部，再用被测溶液清洗一次。

② 用温度计测出被测溶液的温度。

③ 按"温度"键，使仪器显示为被测溶液温度值，然后按"确认"键。

④ 把电极插入被测溶液中，用玻璃棒搅拌溶液，均匀后读出该溶液的 pH 值。

5. 注意事项

（1）第一次使用或长期停用的 pH 电极，使用前须在 3mol/L 氯化钾溶液中浸泡 24h。

（2）经标定后，"定位"键及"斜率"键不能再按，如果触动此键，仪器 pH 指示灯闪烁，可按"pH/mV"键，使仪器重新进入 pH 测量即可。

（3）标定的缓冲溶液第一次采用 pH6.86 的 pH 缓冲溶液，第二次用接近被测溶液 pH

的缓冲溶液。一般情况下，在 24h 内仪器不需再标定。

（三）挥发酸的测定

1. 原理

挥发酸的测定，一般采用水蒸气蒸馏法。样品经适当处理，加入适量的磷酸使结合态的挥发酸游离出来，用水蒸气蒸馏分离出总挥发酸，经冷凝收集，以酚酞作为指示剂，用标准碱液滴定馏分至终点，根据标准碱消耗量计算出样品中的挥发酸含量。适用于各类饮料、果蔬及其制品（如发酵制品、酒等）中总挥发酸含量的测定。

2. 仪器

水蒸气蒸馏装置，见图 2-2-3。

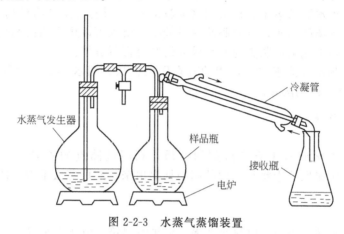

图 2-2-3　水蒸气蒸馏装置

3. 试剂

10g/L 酚酞指示剂、0.10mol/L NaOH 标准溶液、100g/L 磷酸溶液。

4. 操作方法

（1）样品处理　一般果蔬及饮料可直接取样测定；对含 CO_2 的饮料或发酵酒类，须将称取的样品除去 CO_2 后再测定；对固体样品（2～3g）加入适量水后，用组织捣碎机捣成浆状，加水定容后取样。

（2）测定　准确称取经上述处理的样品 25mL，置于蒸馏瓶中，加入 25mL 无 CO_2 蒸馏水和 100g/L 的磷酸溶液 1mL，连接水蒸气发生装置，加热蒸馏，至馏出液达 300mL 为止。将馏出液加热至 60～65℃，加入 3 滴酚酞指示剂，用 0.10mol/L NaOH 标准溶液滴定至微红色 30s 不褪即为终点。用相同的条件做空白试验。

5. 结果计算

食品中的挥发酸含量常以醋酸表示，按下式计算：

$$X = \frac{c(V_1 - V_0)}{m} \times 0.06 \times 100 \qquad (2\text{-}2\text{-}12)$$

式中　X——挥发酸含量（以醋酸计），g/100g（或 g/100mL）；

c——NaOH 标准溶液的浓度，mol/L；

V_1——滴定样液消耗 NaOH 标准溶液的体积，mL；

V_0——滴定空白消耗 NaOH 标准溶液的体积，mL；

m——样品的质量（或体积），g 或 mL；

0.06——换算为乙酸的系数，即 1mmol NaOH 相当于醋酸的质量（g），g/mmol。

6. 说明

（1）水蒸气发生器内的水在蒸馏前须预先煮沸。

（2）滴定前将馏出液加热至 60～65℃，能加速反应速度，缩短滴定时间，减少溶液与空气的接触，提高测定精度。

知识四　食品中脂肪的测定

脂肪作为食品中重要的营养成分之一，具有较高的能量，能为人体提供必需脂肪酸，也有助于脂溶性维生素的吸收；脂肪与蛋白质结合生成的脂蛋白，还可调节人体生理机能。但摄入含脂肪过多的动物性食品，会使人体内胆固醇增高而导致心血管疾病的发生。食品在加工生产中，原料、半成品、成品的脂肪含量对产品的风味、组织结构、品质、外观、口感等都有直接的影响。测定食品的脂肪含量，对于评价食品的品质、衡量食品的营养价值及加工生产过程的质量管理、食品的储藏、运输条件等都将起到重要的指导作用。

脂肪一般不溶于水而易溶于有机溶剂（少数例外），其存在形式有游离态和结合态两种。大多数食品主要含游离的脂肪，结合脂肪含量较少，所以可以用有机溶剂直接提取；而对于结合脂的测定，必须事先破坏脂类与非脂成分的结合再行提取。

食品中的脂肪测定方法很多，常用的有索氏抽提法、酸水解法、罗紫·哥特里法、氯仿-甲醇提取法、巴布科克法等。

（一）索氏提取法

1. 原理

根据脂肪不溶于水而溶于有机溶剂的性质，利用低沸点的乙醚（34.6℃）或石油醚（50～60℃），在索氏提取器中将样品中的脂肪抽提出来，然后蒸去溶剂，所得到的残留物即为粗脂肪。

2. 仪器

索氏提取器（见图 2-2-4）、电热水浴锅、电热恒温箱、电子天平等。

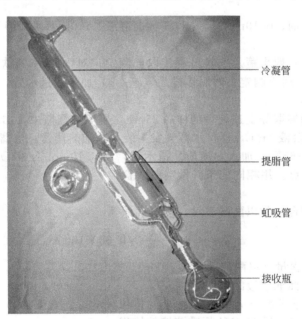

图 2-2-4　索氏提取器

（标注：冷凝管、提脂管、虹吸管、接收瓶）

3. 试剂与材料

无水乙醚或石油醚（分析纯）、海砂（处理方法同水分测定）、滤纸。

4. 操作方法

（1）滤纸筒的制备　取 1 张 8cm×15cm 滤纸，用直径为 2.00cm 的大试管将滤纸制成圆筒形，把底端封口，内放一小片脱脂棉，用白细线扎好定型。在 $100 \sim 105℃$ 烘箱中烘干至恒重（准确到 0.0002g）。

（2）试样处理

① 固体试样　谷物或干燥制品用粉碎机粉碎过 40 目筛；肉用绞肉机绞两次；一般用组织捣碎机捣碎后，称取 $2.00 \sim 5.00g$（可取测定水分后的试样），必要时拌以海砂，全部移入滤纸筒内，上加盖棉花，用棉线扎好。

② 液体或半固体试样　称取 $5.00 \sim 10.00g$，置于蒸发皿中，加入约 20g 海砂于沸水浴上蒸干后，在 $(100 \pm 5)℃$ 干燥，研细，全部移入滤纸筒内。蒸发皿及附有试样的玻棒，均用蘸有乙醚的脱脂棉擦净，并将棉花放入滤纸筒内。

（3）索氏提取器的准备　由回流冷凝管、提脂管、提脂烧瓶（接收瓶）三部分组成，抽提脂肪前应将各部分洗涤干净并干燥，提脂烧瓶需烘干并称至恒重。

（4）抽提　将滤纸筒放入脂肪抽提器的抽提管内，连接已干燥至恒重的接收瓶，由抽提器冷凝管上端加入无水乙醚或石油醚至接收瓶内容积的 2/3 处，于水浴上加热，使乙醚或石油醚不断回流提取（$6 \sim 8$ 次/h，控制 80 滴/min 左右，一般夏天约控制 65℃，冬天 80℃。抽提用滤纸或毛玻璃检查，由抽提管下口滴下的乙醚在滤纸或玻璃上挥发后不留下痕迹为止），一般抽提 $6 \sim 12h$。

（5）回收溶剂与称量　取出滤纸筒，用抽提器回收乙醚或石油醚，当溶剂在提脂管内即将虹吸时，立即取下提脂管，将其下口放到盛乙醚的试剂瓶口，使之倾斜，使液由超过虹吸管，溶剂即经虹吸管流入瓶内。按同法继续回收，待接收瓶内乙醚剩 $1 \sim 2mL$ 时，取下提脂烧瓶，于水浴上蒸去残留乙醚。用纱布擦净烧瓶外部，于 $(100 \pm 5)℃$ 干燥 2h，放干燥器内冷却 0.5h 并称重，重复以上操作直至恒重。

或将滤纸筒置于小烧杯内，挥干乙醚，在 $(100 \pm 5)℃$ 烘箱中烘至恒重，放干燥器内冷却 0.5h 后并准确称量。滤纸筒及试样所减少的质量即为脂肪的质量。所用滤纸应事先用乙醚浸泡挥干处理，滤纸筒应预先恒重。

5. 计算

试样中的脂肪含量按下式计算：

$$X = \frac{m_1 - m_0}{m_2} \times 100\%$$

（2-2-13）

式中　X——试样中脂肪的质量分数，%；

m_0——接收瓶的质量，g；

m_1——接收瓶和脂肪的质量，g；

m_2——试样的质量（如是测定水分后的试样，按测定水分前的质量计），g。

6. 说明

（1）本方法是 GB/T 5009.3—2003《食品中脂肪的测定》第一法，适用于脂类含量较高且主要含游离脂类的食品中粗脂肪的测定，不适用于乳及乳制品。

（2）水分含量高的样品必须脱水。因水分含量高，乙醚难以渗入组织中，抽提时间延长；抽提后水分含量高则烘干时间增长，脂肪易氧化。

（3）乙醚约可饱和 2% 的水分，含水的乙醚将会同时抽提出糖分等非脂类成分，所以使用的乙醚必须是无水乙醚。

（4）乙醚中不得有过氧化物、水分或醇类：含水分或醇可以提取出试样中的糖和无机盐等水溶性物质，含有过氧化物可氧化脂肪，使质量增加，而且在烘烤接收瓶时，易发生爆炸事故。

（5）滤纸包必须包裹严密，松紧适度，其高度不得超过虹吸管高度的 2/3，否则因上部脂肪不能提净而影响测定结果。

（6）试样和醚浸出物在烘箱中干燥的时间不能过长，反复加热会因脂类氧化而增重。

（7）乙醚易燃，勿近明火，实验室要通风，加热提取时要用水浴。

（二）酸水解法

1. 原理

将试样与盐酸溶液一起加热进行水解，使结合或包藏在组织内的脂肪游离出来，再用有机溶剂提取，经回收溶剂并干燥后，称量提取物质量，即为试样中所含的游离及结合脂肪总量。

2. 仪器

100mL 具塞刻度量筒、恒温水浴锅。

3. 试剂

盐酸、95％乙醇、乙醚（不含过氧化物）、石油醚（30～60℃）。

4. 操作方法

（1）试样处理

① 固体试样　称取约 2.00g，置于 50mL 大试管内，加 8mL 水，混匀后再加 10mL 盐酸。

② 液体试样　称取 10.00g，置于 50mL 大试管内，加 10mL 盐酸。

（2）水解　将试管置于 70～80℃ 水浴中，每隔 5～10min 以玻璃棒搅拌一次，至试样消化完全为止，约 40～50min。

（3）提取　取出试管，加入 10mL 乙醇，混合。冷却后将混合物移入 100mL 具塞量筒中，以 25mL 乙醚分次洗试管，一并倒入量筒中。待乙醚全部倒入量筒后，加塞振摇 1min，小心开塞，放出气体，再塞好，静置 12min，小心开塞，并用石油醚-乙醚等量混合液冲洗塞及筒口附着的脂肪。静置 10～20min，待上部液体清晰，吸出上清液于已恒重的锥形瓶内；再加 5mL 乙醚于具塞量筒内，振摇，静置后，仍将上层乙醚吸出，放入锥形瓶内。

（4）烘干、称重　将锥形瓶置水浴上蒸干，置（100±5）℃烘箱中干燥 2h，取出放干燥器内冷却 0.5h 后称重，重复以上操作直至恒重。

5. 计算

同索氏抽提法。

6. 说明

（1）本法是 GB/T 5009.3—2003《食品中脂肪的测定》第二法。适用于各类食品总脂的测定，特别对于易吸潮、结块、难以干燥的食品应用本法测定效果较好，但此法不宜用于高糖类食品及含较多磷脂的蛋及其制品、鱼类、贝类及其制品。

（2）固体试样必须充分磨细，液体试样必须充分混匀，以便充分水解。

（3）开始加入 8mL 水是为防止加盐酸时干试样固化。水解后加入乙醇可使蛋白质沉淀，降低表面张力，促进脂肪球聚合，同时溶解一些碳水化合物如糖、有机酸等。后面用乙醚提取脂肪时因乙醇可溶于乙醚，故需加入石油醚，以降低乙醇在乙醚中的溶解度，使乙醇溶解物残留在水层，使分层清晰。

（4）挥干溶液后残留物中若有黑色焦油状杂质，是分解物与水一同混入所致，会使测定值增大造成误差，可用等量的乙醚及石油溶解后，过滤，再次进行挥干溶剂的操作。

知识五　食品中碳水化合物的测定

碳水化合物（糖类）是由碳、氢、氧三种元素组成的一大类化合物，是人体的重要能源物质。一些糖类还能与蛋白质或脂肪结合形成糖蛋白或糖脂等具有重要生理功能的物质。

糖类按其组成分成单糖（葡萄糖、果糖）、寡糖（包括双糖、三糖、四糖等，双糖以蔗糖和麦芽糖最常见）和多糖（淀粉、果胶、纤维素等）。单糖和双糖都能溶于水，又称可溶性糖，在食品工业中应用广泛。

碳水化合物是食品工业的主要原料和辅助材料，是大多数食品的主要成分之一。在食品加工工艺中，糖类对改变食品的形态、组织结构、物化性质及色、香、味等感官指标起着重要作用。食品中糖类含量也标志着食品营养价值的高低，是某些食品的主要质量指标。

测定食品中糖类的方法很多。测定单糖和双糖常用的方法有物理法、化学法、色谱法和酶法。物理法常用于高含量糖类物质的测定。对常量含糖物质测定常采用化学法（还原糖法、碘量法、缩合反应法）。酶法测定糖类也有一定的应用。对食品中多糖的测定，常先使其水解成单糖，用测定单糖的方法测出总生成的单糖量后再进行折算。

一、还原糖的测定

还原糖是指具有还原性的糖类，如葡萄糖、果糖、乳糖和麦芽糖等。部分双糖（如蔗糖等）、三糖以及多糖（如糊精、淀粉）本身不具还原性，但可以通过水解而生成相应的还原性单糖，通过测定水解液的还原糖含量就可以求得试样中相应糖类的含量。还原糖是一般糖类定量的基础。还原糖的测定方法很多，目前主要采用斐林试剂直接滴定法和高锰酸钾滴定法。

（一）直接滴定法

1. 原理

试样经除去蛋白质后，在加热条件下，以亚甲基蓝作指示剂，直接滴定已经标定过的碱性酒石酸铜溶液，还原糖将溶液中的二价铜还原成氧化亚铜，稍过量的还原糖使亚甲基蓝指示剂褪色，表示终点到达。根据试样溶液消耗体积，计算还原糖量。

2. 试剂

（1）碱性酒石酸铜甲液　称取 15g 硫酸铜（$CuSO_4 \cdot 5H_2O$）及 0.05g 亚甲基蓝，溶于水中并稀释至 1000mL。

（2）碱性酒石酸铜乙液　称取 50g 酒石酸钾钠及 75g 氢氧化钠，溶于水中，再加入 4g 亚铁氰化钾，完全溶解后，用水稀释至 1000mL，贮存于橡胶塞玻璃瓶内。

（3）乙酸锌溶液　称取 21.9g 乙酸锌，加 3mL 冰醋酸，加水溶解并稀释至 100mL。

（4）亚铁氰化钾溶液　称取 10.6g 亚铁氰化钾，加水溶解并稀释至 100mL。

（5）葡萄糖标准溶液　准确称取 1.000g 经（96±2）℃干燥 2h 的纯葡萄糖，加水溶解后加入 5mL 盐酸，并以水稀释至 1000mL。此溶液每毫升相当于 1.0mg 葡萄糖。

3. 仪器

酸式滴定管（25mL）；可调电炉（带石棉板）；恒温水浴锅。

4. 测定方法

（1）试样处理

① 乳类、乳制品及含蛋白质的冷食类　称取约 2.5～5g 固体试样（或吸取 25～50mL 液体试样），置于 250mL 容量瓶中，加 50mL 水，摇匀后慢慢加入 5mL 乙酸锌溶液，混匀放置片刻。加入 5mL 亚铁氰化钾溶液，加水至刻度，混匀，沉淀，静置 30min，用干燥滤纸过滤，弃去初滤液，滤液备用。

② 酒精性饮料　吸取 100.0mL 试样，置于蒸发皿中，用氢氧化钠（40g/L）溶液中和至中性，在水浴上蒸发至原体积的 1/4 后，移入 250mL 容量瓶中，加水至刻度。

③ 含大量淀粉的食品　称取 10.00～20.00g 试样，置于 250mL 容量瓶中，加 200mL 水，在 45℃水浴中加热 1h，并时时振摇。冷后加水至刻度，混匀，静置、沉淀。吸取 20mL 上清液于另一 250mL 容量瓶中，以下按①自"慢慢加入 5mL 乙酸锌溶液……"起依法操作。

④ 汽水等含有二氧化碳的饮料　吸取 100.0mL 试样置于蒸发皿中，在水浴上除去二氧化碳后，移入 250mL 容量瓶中，并用水洗涤蒸发皿，洗液并入容量瓶中，再加水至刻度，混匀后备用。

（2）标定碱性酒石酸铜溶液　吸取碱性酒石酸铜甲液 5.0mL 及乙液 5.0mL，置于 150mL 锥形瓶中，加水 10mL，加入玻璃珠 2 粒，从滴定管滴加约 9mL 葡萄糖，控制在 2min 内加热至沸，趁沸以每 2s 1 滴的速度继续滴加葡萄糖标准溶液，直至溶液蓝色刚好褪去为终点，记录消耗葡萄糖标准溶液的总体积。同时平行操作三份，取其平均值，计算每 10mL（甲、乙液各 5mL）碱性酒石酸铜溶液相当于葡萄糖的质量或其他还原糖的质量（mg）。

$$A = \rho V \tag{2-2-14}$$

式中　A——10mL（甲、乙液各 5mL）碱性酒石酸铜溶液相当于葡萄糖的质量，mg；

　　　ρ——葡萄糖标准溶液的浓度，mg/mL；

　　　V——标定时消耗葡萄糖标准溶液的体积，mL。

（3）试样溶液预测　吸取 5.0mL 碱性酒石酸铜甲液及 5.0mL 乙液，置于 150mL 锥形瓶中，加水 10mL，加入玻璃珠 2 粒，控制在 2min 内加热至沸，趁沸以先快后慢的速度，从滴定管中滴加试样溶液，并保持溶液沸腾状态。待溶液颜色变浅时，以每 2s 1 滴的速度滴定，直至溶液蓝色刚好褪去为终点，记录样液消耗体积。当样液中还原糖浓度过高时，应适当稀释，再进行正式测定，使每次滴定消耗样液的体积控制在与标定碱性酒石酸铜溶液时消耗的还原糖标准溶液的体积相近，约为 10mL 左右。

（4）试样溶液测定　吸取碱性酒石酸铜甲液 5.0mL 及乙液 5.0mL，置于 150mL 锥形瓶中，加水 10mL，加入玻璃珠 2 粒，从滴定管滴加比预测体积少 1mL 的试样溶液至锥形瓶中，使在 2min 内加热至沸。趁沸继续以每 2s 1 滴的速度滴定，直至蓝色刚好褪去为终点，记录样液消耗体积。同法平行操作 3 份，得出平均消耗体积。

5. 结果计算

试样中还原糖的含量以葡萄糖计，按下式计算：

$$X = \frac{A}{m \times \dfrac{V}{V_0} \times 1000} \times 100 \tag{2-2-15}$$

式中　X——试样中还原糖（以葡萄糖计）含量，g/100g；

　　　A——与 10mL 碱性酒石酸铜溶液（甲、乙液各 5mL）相当的葡萄糖的质量，mg；

　　　m——试样质量，g；

　　　V——测定时平均消耗试样溶液体积，mL；

　　　V_0——试样溶液总体积，mL。

计算结果保留到小数点后一位。在重复性条件下获得的两次独立测定结果的绝对差值不得超过算术平均值的 10%。

6. 说明

（1）本法是 GB/T 5009.7—2003 中的第一法，操作和计算都较简便、快捷，试剂用量少，终点明显，适用于各类食品中还原糖的测定（对深色样品终点不明显）。

（2）碱性酒石酸铜甲液和乙液应分别配制储存，用时才混合。

（3）碱性酒石酸铜的氧化能力较强（将醛糖和酮糖都氧化），测得的数据是总还原糖量。

（4）测定时需保持沸腾状态。

（5）要求还原糖浓度控制在 0.1% 左右（浓度过高或过低都会增加测定误差）。须先进行样液预测，正式测定时可预先加入大部分样液与碱性酒石酸铜溶液共沸，充分反应，仅留 1mL 左右样液在续滴定时加入，保证在 1min 内完成滴定，提高准确度。

（6）本法不宜用氢氧化钠和硫酸铜作澄清剂；采用乙酸锌和亚铁氰化钾作澄清剂可形成白色的氰亚铁酸锌沉淀，吸附样液中的蛋白质，用于乳品及富含蛋白质的浅色糖液。

（7）测定中锥形瓶壁厚度、热源强度、加热时间、滴定速度、反应酸碱度对测定精密度影响很大，故预测及正式测定时，应力求实验条件一致。平行试验中，样液消耗量相差不应超过 0.10mL。

（二）高锰酸钾滴定法

1. 原理

将一定的样液与过量的碱性酒石酸铜溶液完全反应后，还原糖生成定量的氧化亚铜沉淀，过滤并清洗沉淀后，用过量的酸性硫酸铁溶解氧化亚铜，而硫酸铁则被还原成硫酸亚铁，再用高锰酸钾标准溶液滴定生成的硫酸亚铁，终点为粉红色。根据高锰酸钾标准溶液的消耗量计算出氧化亚铜的质量，查附录三，即可计算出还原糖的含量。

2. 仪器

25mL 古氏坩埚或 G_4 垂融坩埚；真空泵或水泵。

3. 试剂

（1）碱性酒石酸铜甲液　取 34.639g 硫酸铜晶体，加适量水溶解，加 0.5mL 硫酸，再加水稀释至 500mL，用精制石棉过滤。

（2）碱性酒石酸铜乙液　取 173g 酒石酸钾钠与 50g 氢氧化钠，加适量水溶解，并稀释至 500mL，用精制石棉过滤，贮存于橡胶塞玻璃瓶内。

（3）精制石棉　取石棉先用 3mol/L 盐酸浸泡 2～3 天，用水洗净；然后加 100g/L 氢氧化钠溶液浸泡 2～3 天，倾去溶液；再用热碱性酒石酸铜乙液浸泡数小时，用水洗净；以 3mol/L 盐酸浸泡数小时，以水洗至不呈酸性；加水振摇，使成微细的浆状软纤维，用水浸泡并贮存于玻璃瓶中，即可用于填充古氏坩埚。

（4）0.1000mol/L 高锰酸钾标准溶液。

（5）40g/L 氢氧化钠溶液　称取 4g 氢氧化钠，加水溶解并稀释至 100mL。

（6）50g/L 硫酸铁溶液　称取 50g 硫酸铁，加入 200mL 水溶解后，慢慢加入 100mL 硫酸，冷后加水稀释至 1000mL。

4. 操作方法

（1）试样处理

① 乳类、乳制品及含蛋白质的冷饮类　称取 2.00～5.00g 固体试样（吸取 25.00～50.00mL 液体试样），置于 250mL 容量瓶中，加 50mL 水，摇匀后加 10mL 碱性酒石酸铜甲液及 4mL 氢氧化钠溶液（40g/L），加水至刻度，混匀。静置 30min，用干燥滤纸过滤，弃去初滤液，取中间滤液备用。

② 酒精性饮料　吸取 100.0mL 试样，置于蒸发皿中，用氢氧化钠溶液（40g/L）中和至中性，在水浴上蒸发至原体积的 1/4 后，移入 250mL 容量瓶中。加 50mL 水，混匀。以下从"加 10mL 碱性酒石酸铜甲液……"起同①操作。

③ 富含淀粉的食品　称取 10.00～20.00g 试样，置于 250mL 容量瓶中，加 200mL 水，在 45℃ 水浴中加热 1h，并时时振摇。冷后加水至刻度，混匀，静置。吸取 200mL 上清液于另一只 250mL 容量瓶中，以下从"加 10mL 碱性酒石酸铜甲液……"起同①操作。

④ 汽水等含有二氧化碳的饮料　吸取 100.0mL 试样置于蒸发皿中，在水浴上除去二氧化碳后，移入 250mL 容量瓶中，并用水洗涤蒸发皿，洗液并入容量瓶中，再加水至刻度，混匀后备用。

（2）测定　吸取 50.00mL 处理后的试样溶液，于 400mL 烧杯内，加入碱性酒石酸铜甲液 25mL 及乙液 25mL。烧杯上盖一表面皿，加热，控制在 4min 内沸腾，再煮沸 2min，趁热用铺好石棉的古氏坩埚或 G_4 垂融坩埚抽滤，并用 60℃ 热水洗涤烧杯及沉淀，至洗液不呈碱性为止。将古氏坩埚或垂融坩埚放回原 400mL 烧杯中，加 25mL 硫酸铁溶液及 25mL 水，用玻棒搅拌使氧化亚铜完全溶解，以高锰酸钾标准溶液[$c(1/5KMnO_4)=0.1000mol/L$]滴定至微红色为终点。

同时吸取 50mL 水，加入与测定试样时相同量的碱性酒石酸铜甲液、乙液、硫酸铁溶液及水，按同一方法做空白试验。

5. 结果计算

试样中还原糖质量相当于氧化亚铜的质量，按下式进行计算：

$$A=(V-V_0)\times c\times 71.54 \tag{2-2-16}$$

式中　A——试样中还原糖质量相当于氧化亚铜的质量，mg；

　　　V——测定用试样液消耗高锰酸钾标准溶液的体积，mL；

　　　V_0——试剂空白消耗高锰酸钾标准溶液的体积，mL；

　　　c——高锰酸钾标准溶液的实际浓度，mol/L；

　71.54——1mL 高锰酸钾标准溶液[$c(1/5KMnO_4)=0.1000mol/L$]相当于氧化亚铜的质量，mg/mmol。

根据式（2-2-16）中计算所得氧化亚铜质量，查附录三，再计算试样中还原糖含量，按下式进行计算：

$$X=\frac{A}{m\times \dfrac{V}{250}\times 1000}\times 100 \tag{2-2-17}$$

式中　X——试样中还原糖的含量，g/100g 或 g/100mL；

　　　A——查表得还原糖的质量，mg；

　　　m——试样质量或体积，g 或 mL；

　　　V——测定用试样溶液的体积，mL；

　　250——试样处理后的总体积，mL。

6. 说明

（1）本法适用于各类食品中还原糖的测定，有色试样溶液也不受限制。

（2）此法以高锰酸钾滴定反应过程中产生的定量的硫酸亚铁为结果计算的依据，因此，在试样处理时，不能用乙酸锌和亚铁氰化钾作为糖液的澄清剂，以免引入 Fe^{2+}，造成误差。

（3）测定时必须严格按规定的操作条件进行，必须使加热至沸腾时间及保持沸腾时间严格保持一致。即必须控制好热源强度，保证在加入碱性酒石酸铜甲液、乙液后，在 4min 内加热至沸，并使每次测定的沸腾时间保持一致，否则误差较大。

（4）此法所用碱性酒石酸铜溶液是过量的，即保证把所有的还原糖全部氧化后，还有过剩的 Cu^{2+} 存在，所以，煮沸后的反应液应呈蓝色。在煮沸过程中如发现溶液蓝色消失，说明糖液浓度过高，应减少试样溶液取用体积，重新操作，不能增加酒石酸铜甲液、乙液用量。

（5）试样中既有单糖又有麦芽糖或乳糖时，还原糖测定结果偏低。

（6）抽滤时要防止氧化亚铜沉淀暴露在空气中，应使沉淀始终在液面以下，以免被氧化。

（7）此法的准确度高，重现性好，准确度和重现性都优于上述的直接滴定法，但操作复杂、费时。

（8）垂融滤器又称玻砂滤器，是利用玻璃粉末烧结制成多孔性滤片，再焊接在具有相同或相似膨胀系数的玻壳或玻管上。按滤片平均孔径大小分为 6 个号，用以过滤不同的沉淀物。

（三）比色法

比色法有斐林试剂比色法、3,5-二硝基水杨酸比色法、纳尔逊-索模吉试剂比色法和酚-硫酸比色法。在此主要介绍3,5-二硝基水杨酸比色法。

1. 原理

在氢氧化钠和丙三醇存在下，还原糖能将3,5-二硝基水杨酸中的硝基还原为氨基，生成氨基化合物。此化合物在过量的氢氧化钠碱性溶液中呈橘红色，在540nm波长处有最大吸收，其吸光度与还原糖含量呈线性关系。此法具有准确度高，重现性好，操作简便、快速等优点。

2. 试剂

3,5-二硝基水杨酸溶液：称取6.5g 3,5-二硝基水杨酸溶于少量水中，移入1000mL容量瓶中，加入2mol/L氢氧化钠溶液325mL，再加入45g丙三醇，摇匀，定容至1000mL。

3. 操作方法

吸取样液1.0mL（含糖3～4mg）置于25mL容量瓶中，加入3,5-二硝基水杨酸溶液2mL，置于沸水浴中煮2min，进行显色，然后以流水迅速冷却，用水定容至25mL，摇匀。以试剂空白调零，在540nm处测定吸光度，以葡萄糖标样作对照，求出样品中还原糖含量。

二、蔗糖的测定

1. 原埋

试样经除去蛋白质后，其中蔗糖经盐酸水解转化为还原糖，再按还原糖测定。水解前后还原糖的差值为蔗糖水解所产生的还原糖的量，再乘以换算系数0.95，即为蔗糖含量。

$$C_{12}H_{22}O_{11} + H_2O \xrightarrow{HCl} C_6H_{12}O_6 + C_6H_{12}O_6$$
蔗糖　　　　　　葡萄糖　　果糖

蔗糖的相对分子质量为342，水解后生产2分子单糖，它们的相对分子质量之和为360，故由转化糖的含量换算成蔗糖的含量时，应乘以换算系数0.95（342/360＝0.95）。

2. 仪器

酸式滴定管（25mL）、可调电炉（带石棉板）等。

3. 试剂

6mol/L盐酸；200g/L氢氧化钠溶液；0.1％甲基红指示液（称取甲基红0.10g，用少量乙醇溶解后，并稀释至100mL）；其余试剂同一（一）2。

4. 操作方法

取样品按还原糖测定中的方法进行处理。吸取经处理后的样品2份各50mL，分别放入100mL容量瓶中。其中一份加入5mL 6mol/L HCl溶液，置于60～70℃水浴中加热15min，取出迅速冷却至室温，加2滴甲基红指示剂，用200mL氢氧化钠溶液中和至中性，加水至刻度，摇匀；而另一份直接用水稀释到100mL。按直接滴定法或高锰酸钾滴定法测定还原糖。

5. 结果计算

试样中蔗糖的含量按下式计算：

$$X = (R_2 - R_1) \times 0.95 \tag{2-2-18}$$

式中　X——试样中蔗糖含量，g/100g或g/100mL；

R_1——不经水解处理还原糖含量，g/100g或g/100mL；

R_2——水解处理后还原糖含量，g/100g或g/100mL；

0.95——还原糖（以葡萄糖计）换算为蔗糖的系数。

计算结果保留三位有效数字。在重复性条件下获得的两次独立测定结果的绝对差值不得超过算术平均值的10％。

6. 说明

（1）本法是国家的标准分析方法（即 GB/T 5009.8—2003 中的盐酸水解法），分析结果的准确性及重现性取决于水解条件。方法中规定的水解条件为：在 50mL 的试样处理液中，加 5mL 盐酸（1∶1），在 68～70℃水浴中加热 15min，冷却后用氢氧化钠溶液中和至中性。在此条件下，蔗糖可完全水解，而其他双糖和淀粉等的水解作用很小，可忽略不计。水解条件中试样溶液体积，酸的浓度及用量、水解温度和水解时间都不能随意改动，到达规定时间后必须迅速加碱中和并冷却。

（2）用还原糖法测定蔗糖时，为减少误差，测得的还原糖应以转化糖表示。因此，选用直接滴定法时，应采用 0.1％标准转化糖溶液标定碱性酒石酸铜溶液。

三、总糖的测定（直接滴定法）

食品中的总糖通常是指具有还原性的糖和在测定条件下能水解为还原性单糖的糖类（如蔗糖、麦芽糖等）的总量，其含量高低对产品的色、香、味、组织形态、营养价值、成本等有一定的影响。总糖的测定通常以还原糖测定方法为基础（测定结果不包括糊精和淀粉），常用的是直接滴定法，此外还有蒽酮比色法。

1. 原理

试样经处理除去蛋白质等杂质后，加入盐酸，在加热条件下使蔗糖水解为还原性单糖，以直接滴定法测定水解后试样中的还原糖总量。

2. 试剂

同蔗糖的测定。

3. 操作方法

（1）试样处理　同直接滴定法测定还原糖。

（2）测定　按测定蔗糖的方法水解试样，再按直接滴定法测定还原糖含量。

4. 计算

食品中的总糖含量以转化糖计，按下式计算：

$$X = \frac{F}{m \times \dfrac{50}{V_1} \times \dfrac{V_2}{100} \times 1000} \times 100 \tag{2-2-19}$$

式中　X——总糖的含量，以转化糖计，g/100g；

F——10mL 碱性酒石酸铜溶液相当于转化糖的质量，mg；

m——试样质量，g；

V_1——试样处理液总体积，mL；

V_2——测定时消耗试样水解液的体积，mL。

计算结果保留三位有效数字。在重复性条件下获得的两次独立测定结果的绝对差值不得超过算术平均值的 10％。

5. 说明

（1）在营养学上，总糖是指能被人体消化、吸收利用的糖类的总和（包括淀粉），这里的总糖不包括淀粉（在测定条件下，淀粉的水解作用很弱）。

（2）测定时必须严格控制水解条件，否则结果会有很大误差。

（3）总糖测定结果应以转化糖计，也可以葡萄糖计，可根据产品的质量指标要求而定。如以转化糖表示，应用标准转化糖溶液标定碱性酒石酸铜溶液；如以葡萄糖计，应用标准葡萄糖溶液标定碱性酒石酸铜溶液。

四、淀粉的测定

淀粉是以葡萄糖为基本单位通过糖苷键而构成的多糖类化合物。不溶于冷水，也不溶于乙醇、乙醚或石油醚等有机溶剂，可用这些溶剂淋洗、浸泡除去淀粉的水溶性糖或脂肪等杂质。淀粉无还原性，在酶或酸存在和加热条件下可以逐步水解，生成一系列比淀粉分子小的化合物，最后生成葡萄糖。淀粉酶的专一性高，但只能将淀粉逐步水解至麦芽糖阶段，再经酸的作用而最后水解为葡萄糖。盐酸溶液对淀粉的专一性较差，但它能将淀粉水解至最终产物葡萄糖。故在测定淀粉时，常用酶-稀盐酸水解法。

（一）酸水解法

1. 原理

试样经除去脂肪及可溶性糖类后，其中淀粉用酸水解成具有还原性的单糖，然后按还原糖测定，并折算成淀粉。

$$(C_6H_{10}O_5)n + nH_2O \longrightarrow nC_6H_{12}O_6$$

淀粉水解产生葡萄糖，淀粉的相对分子质量为162n，葡萄糖的相对分子质量为180，把葡萄糖折算为淀粉的换算系数为 0.9（162/180＝0.9）。

2. 仪器

水浴锅；高速组织捣碎机（1200r/min）；回流装置，附 250mL 锥形瓶。

3. 试剂

乙醚；85%乙醇溶液；1＋1盐酸溶液；400g/L氢氧化钠溶液；100g/L氢氧化钠溶液；200g/L乙酸铅溶液；100g/L硫酸钠溶液；2g/L甲基红指示液（乙醇溶液）；精密 pH 试纸（6.8～7.2）。其余试剂同一（一）2。

4. 操作方法

（1）试样处理

① 粮食、豆类、糕点、饼干等较干燥的试样　称取 2.00～5.00g 磨碎过 40 目筛的试样，置于放有慢速滤纸的漏斗中，用 30mL 乙醚分三次洗去试样中脂肪，弃去乙醚。用150mL（85%）乙醇溶液分数次洗涤残渣，除去可溶性糖类物质。滤干乙醇溶液，以100mL 水洗涤漏斗中残渣并转移至 250mL 锥形瓶中，加入 30mL 盐酸（1＋1），接好冷凝管，置沸水浴中回流 2h。回流完毕后，立即置流水中冷却。待试样水解液冷却后，加入 2滴甲基红指示液，先以氢氧化钠溶液（400g/L）调至黄色，再以盐酸（1＋1）校正至水解液刚变红色为宜。若水解液颜色较深，可用精密 pH 试纸测试，使试样水解液的 pH 约为 7。然后加 20mL 乙酸铅溶液（200g/L），摇匀，放置 10min，再加 20mL 硫酸钠溶液（100g/L），以除去过多的铅。摇匀后将全部溶液及残渣转入 500mL 容量瓶中，用水洗涤锥形瓶，洗液合并于容量瓶中，加水稀释至刻度。过滤，弃去初滤液 20mL，滤液供测定用。

② 蔬菜、水果及含水熟食制品　加等量水在组织捣碎机中捣成匀浆（蔬菜、水果需先洗净、晾干，取可食部分）。称取 5.00～10.00g 匀浆（液体试样可直接量取），于 250mL 锥形瓶中，加 30mL 乙醚振摇提取（除去试样中脂肪），用滤纸过滤除去乙醚，再用 30mL 乙醚淋洗两次，弃去乙醚。以下从"用 150mL（85%）乙醇溶液……"起同①操作。

（2）测定　按食品中还原糖的测定方法测定（标定碱性酒石酸铜溶液、试样溶液预测、试样溶液测定）。

5. 计算

酸水解法中淀粉含量按下式计算：

$$X = \frac{(A_1 - A_2) \times 0.9}{m \times \dfrac{V}{500} \times 1000} \times 100 \tag{2-2-20}$$

式中　X——试样中淀粉含量，g/100g；

　　　A_1——测定用试样中水解液还原糖含量，mg；

A_2——试剂空白中还原糖的含量，mg；

m——试样质量，g；

V——测定用试样水解液体积，mL；

500——试样液总体积，mL；

0.9——还原糖（以葡萄糖计）折算成淀粉的换算系数。

计算结果表示到小数点后一位。在重复性条件下获得的两次独立测定结果的绝对差值不得超过算术平均值的10％。

6. 说明

（1）试样含脂肪时，会妨碍乙醇溶液对可溶性糖类的提取，所以要用乙醚除去。脂肪含量较低时，可省去乙醚脱脂肪步骤。

（2）盐酸水解淀粉的专一性较差，它可同时将试样中的半纤维素水解，生成一些还原物质，引起还原糖测定的误差，因而对纤维素含量高的食品（如食物壳皮、高粱等）不宜采用此法。

此法适用于淀粉含量较高，而半纤维素和多缩戊糖等其他多糖含量少的试样。在测定含淀粉较少而富含半纤维素、多缩戊聚糖的试样时，最好采用酶水解法。

（3）试样中加入乙醇溶液后，混合液中的乙醇含量应在80％以上，以防止糊精随可溶性糖类一起被洗掉。如要求测定结果不包括糊精，则用10％乙醇洗涤。

（4）因水解时间较长，应采用回流装置，并且要使回流装置的冷凝管长一些，以保证水解过程中盐酸不会挥发，保持一定的浓度。

（5）水解条件要严格控制，加热时间要适当，既要保证淀粉水解完全，又要避免加热时间过长。因为加热时间过长，葡萄糖会形成糠醛聚合体，失去还原性，影响测定结果的准确性。

对于水解时取样量、所用酸的浓度及加入量、水解时间等条件，各方法规定有所不同。常见的水解方法有：混合液中盐酸的含量达1％，100℃水解2.5h。在本法的测定条件下，混合液中盐酸的含量为5％。

（二）酶-稀盐酸水解法

1. 原理

试样经除去脂肪及可溶性糖类后，其中淀粉用淀粉酶水解成双糖，再用盐酸将双糖水解成单糖，最后按还原糖测定，再折算成淀粉的量。

2. 试剂

乙醚；5g/L淀粉酶溶液；盐酸（1∶1）；36g/L碘溶液（称取碘化钾溶于20mL水中，加入1.3g碘，溶解后加水稀释至100mL）；85％乙醇。其他同直接滴定法测定还原糖和蔗糖的测定。

3. 操作方法

（1）试样处理 称取2.00～5.00g试样，置于放有折叠滤纸的漏斗内，先用50mL乙醚分5次洗除脂肪，再用约100mL乙醇（85％）洗去可溶性糖类，将残留物移入250mL烧杯内，并用50mL水洗滤纸及漏斗，洗液并入烧杯内。

（2）酶水解 将烧杯置沸水浴上加热15min，使淀粉糊化，放冷至60℃以下，加20mL淀粉酶溶液，在55～60℃保温1h，并时时搅拌。然后取一滴此液加一滴碘溶液，应不显现蓝色，若显蓝色，再加热糊化并加20mL淀粉酶溶液，继续保温，直至加碘不显蓝色为止。加热至沸，冷后移入250mL容量瓶中，并加水至刻度，混匀，过滤，弃去初滤液。

（3）酸水解 取50mL滤液，置于250mL锥形瓶中，加5mL盐酸（1∶1），装上回流冷凝器，在沸水浴中回流1h，冷后加2滴甲基红指示液，用氢氧化钠溶液（200g/L）中和至中性，溶液转入100mL容量瓶中，洗涤锥形瓶，洗液并入100mL容量瓶中，加水至刻度，混匀备用。

（4）测定　按食品中还原糖的测定方法操作（标定碱性酒石酸铜溶液、试样溶液预测、试样溶液测定）。

同时量取 50mL 水及与试样处理时相同量的淀粉酶溶液，按同一方法做试剂空白试验。

4. 计算

酶水解中淀粉的含量按下式计算：

$$X = \frac{(A_1 - A_2) \times 0.9}{m \times \frac{50}{250} \times \frac{V}{100} \times 1000} \times 100 \tag{2-2-21}$$

式中　X——试样（试样）中淀粉的含量，g/100g；

　　　A_1——测定用试样（试样）中还原糖的含量，mg；

　　　A_2——试剂空白中还原糖的含量，mg；

　　　0.9——还原糖（以葡萄糖计）换算成淀粉的换算系数；

　　　m——试样（称取试样）质量，g；

　　　V——测定用试样（试样）处理液的体积，mL。

计算结果表示到小数点后一位。在重复性条件下获得的两次独立测定结果的绝对差值不得超过算术平均值的 10%。

5. 说明

（1）脂肪的存在会妨碍酶对淀粉的作用及可溶性糖类的去除，故应用乙醚脱脂。若试样中脂肪含量较少，可省略些步骤。

（2）淀粉粒具有晶体结构，淀粉酶难以作用。加热糊化破坏了淀粉的晶体结构，使其易于被淀粉酶作用。

（3）淀粉酶水解具有选择性，只水解淀粉不水解其他多糖，水解后可通过过滤除去其他多糖，测定不受其他多糖的影响，测定结果准确，但操作费时。淀粉酶使用前应检查其活力，以确定水解时淀粉酶的添加量。

五、果胶的测定

果胶物质是一种植物胶，存在于果蔬类植物中，是不同程度甲酯化和中和的半乳糖醛酸以 α-1,4-糖苷键形成的高分子聚合物。果胶在食品工业中应用较广，如：利用果胶生产果酱、果冻及高级糖果等食品。果胶具有增稠、稳定、乳化等功能，可以防止饮料的分层、沉淀，改善风味等。其测定方法有重量法、比色法和容量法，在此主要介绍重量法。

1. 原理

利用果胶酸钙不溶于水的特性，先使果胶质从试样中提取出来，再加沉淀剂使果胶酸钙沉淀，测定质量并换算成果胶质质量。

$$沉淀剂 + 果胶 \longrightarrow 果胶酸钙$$

试样经 70% 乙醇处理，使果胶沉淀，再依次用乙醇、乙醚洗涤沉淀，除去可溶性糖类、脂肪、色素等物质，然后分别用酸或水提取残渣中的总果胶或水溶性果胶。果胶经氢氧化钠皂化生成果胶酸钠，再经醋酸酸化使之生成果胶酸，加入钙盐则生成果胶酸钙沉淀，烘干后称重，换算成果胶的质量。

2. 仪器

布氏漏斗；G_2 垂融坩埚；抽滤瓶；真空泵。

3. 试剂

乙醇（分析纯）、乙醚、0.05mol/L 盐酸溶液、0.1mol/L 氢氧化钠、1mol/L 乙酸、0.1mol/L 和 2mol/L 氯化钙溶液、甲基红指示剂。

4. 操作方法

（1）试样处理

① 新鲜试样　称取试样 30～50g，用小刀切成薄片，置于预先放有 99％乙醇的 500mL 锥形瓶中，装上回流冷凝器，在水浴上沸腾回流 15min 后，冷却，用布氏漏斗过滤，残渣于研钵中一边慢慢磨碎，一边滴加 70％热乙醇，冷却后再过滤，反复操作至滤液不呈糖的反应（用苯酚-硫酸法检验）为止。残渣用 99％乙醇洗涤脱水，再用乙醚洗涤以除去脂类和色素，风干乙醚。

② 干燥试样　研细，使之通过 60 目筛，称取 5～10g 试样于烧杯中，加入 70％热乙醇，充分搅拌以提取糖类，过滤。反复操作至滤液不呈糖的反应。残渣用 99％乙醇洗涤，再用乙醚洗涤，风干乙醚。

（2）提取果胶

① 水溶性果胶的提取　用 150mL 水将上述漏斗中残渣移入 250mL 烧杯中，加热至沸并保持沸腾 1h，随时补足蒸发的水分，冷却后移入 250mL 容量瓶中。加水定容，摇匀，过滤，弃去初滤液，收集滤液即得水溶性果胶提取液。

② 总果胶的提取　用 150mL 加热至沸的 0.05mol/L 盐酸溶液把漏斗中的残渣移入 250mL 锥形瓶中，装上冷凝器，于沸水浴中加热回流 1h，冷却后移入 250mL 容量瓶中，加甲基红指示剂 2 滴，加 0.5mol/L 氢氧化钠中和后，用水定容，摇匀，过滤，收集滤液即得总果胶提取液。

（3）试样测定　取 25mL 提取液（能生成果胶酸钙 25mg 左右）于 500mL 烧杯中，加入 0.1mol/L 氢氧化钠溶液 100mL，充分搅拌，放置 0.5h；加入 1mol/L 乙酸 50mL，放置 5min；边搅拌边缓缓加入 0.1mol/L 氯化钙溶液 25mL；滴加 2mol/L 氯化钙溶液 25mL，放置 1h（陈化）。加热煮沸 5min，趁热用烘干至恒重的滤纸（或 G_2 垂融坩埚）过滤，再用热水洗涤至无氯离子（用 10％硝酸溶液检验）为止。滤渣连同滤纸一起放入称量瓶中，置（103±2）℃的干燥箱中（G_2 垂融坩埚可直接放入）干燥至恒重。

5. 计算

果胶的含量按下式计算：

$$X = \frac{(m_1 - m_2) \times 0.9233 \times 100}{m \times \dfrac{25}{250}} \qquad (2\text{-}2\text{-}22)$$

式中　X——果胶物质（以果胶酸计）的含量，g/100g；

　　　m_1——果胶酸钙和滤纸或垂融坩埚质量，g；

　　　m_2——滤纸或垂融坩埚的质量，g；

　　　m——试样质量，g；

　　　25——测定时取果胶提取液的体积，mL；

　　　250——果胶提取液总体积，mL；

　0.9233——由果胶酸钙换算为果胶酸的系数。

6. 说明

（1）将切片浸入乙醇中，是为了钝化酶的活性，因为新鲜试样若直接研磨，由于其中的果胶分解酶的作用，会导致果胶迅速分解，故需钝化果胶分解酶。

（2）糖分的苯酚-硫酸检验法：取检液 1mL，置于试管中，加入 1mL 5％苯酚水溶液，再加入 5mL 硫酸，混匀。如溶液呈褐色，证明检液中含有糖分。

（3）加入氯化钙溶液时，应边搅拌边缓缓滴加，以减小过饱和度，并可避免溶液局部过浓。

（4）采用热过滤和热水洗涤沉淀，是为了降低溶液的黏度，加快过滤和洗涤速度，并增大杂质的溶解度，使其易被洗去。

六、纤维素的测定（重量法）

纤维素是人类膳食中不可缺少的重要物质之一，能促进肠道蠕动，有较好的保健功效，其在维持人体健康、预防疾病方面有着独特的作用，已日益引起人们的重视。为保证纤维素的正常摄取，一些国家强调增加纤维素含量高的谷物、果蔬制品的摄食，同时还开发了许多强化纤维的配方食品。在食品生产和食品开发中，常需要测定纤维素的含量，它也是食品成分全分析项目之一，对于食品品质管理和营养价值的评定具有重要意义。食品中纤维素的测定提出最早、应用最广泛的是粗纤维测定法，此外还有中性洗涤纤维（NDF）法、酸性洗涤纤维（ADF）法、酶解质量法和纤维素测定仪等分析方法。

（一）粗纤维的测定

1. 原理

在硫酸作用下，试样中糖、淀粉、果胶质和半纤维素经水解除去后，再用碱处理，除去蛋白质及脂肪酸，剩余的残渣为粗纤维。如其中含有不溶于酸、碱的杂质，可灰化后除去。

2. 试剂与材料

1.25%硫酸；1.25%氢氧化钾溶液。

石棉：加5%氢氧化钠溶液浸泡石棉，在水浴上回流8h以上，再用热水充分洗涤；然后用20%盐酸在沸水浴上回流8h以上，再用热水充分洗涤，干燥；在600～700℃条件下灼烧后，加水使成混悬物，贮存于玻塞瓶中。

3. 分析步骤

（1）称取20～30g捣碎的试样（或5.0g干试样），移入500mL锥形瓶中，加入200mL煮沸的1.25%硫酸，加热使微沸，保持体积恒定，维持30min，每隔5min摇动锥形瓶一次，以充分混合瓶内的物质。

（2）取下锥形瓶，立即用亚麻布过滤后，用沸水洗涤至洗液不呈酸性。

（3）再用200mL煮沸的1.25%氢氧化钾溶液，将亚麻布上的存留物洗入原锥形瓶内加热微沸30min后，取下锥形瓶，立即以亚麻布过滤，以沸水洗涤2～3次后，移入已干燥称量的G_2垂融坩埚或同型号的垂融漏斗中，抽滤。用热水充分洗涤后，抽干，再依次用乙醇和乙醚洗涤一次。将坩埚和内容物在105℃烘箱中烘干后称量，重复操作，直至恒重。

如试样中含有较多的不溶性杂质，则可将试样移入石棉坩埚，烘干称重后，再移入550℃马弗炉中灰化，使含碳的物质全部灰化，置于干燥器内，冷却至室温称重，所损失的量即为粗纤维量。

4. 结果计算

食品中粗纤维的含量按下式进行计算：

$$X = \frac{G}{m} \times 100\%$$

(2-2-23)

式中　X——试样中粗纤维的含量；

　　　G——残余物的质量（或经马弗炉损失的质量），g；

　　　m——试样的质量，g。

计算结果表示到小数点后一位。在重复性条件下获得的两次独立测定结果的绝对差值不得超过算术平均值的10%

（二）不溶性膳食纤维的测定

1. 原理

在中性洗涤剂的消化作用下，试样中的糖、淀粉、蛋白质、果胶等物质被溶解除去，不能消化的残渣为不溶性膳食纤维，主要包括纤维素、半纤维素、木质素、角质和二氧化硅等，并包括不溶性灰分。

2. 试剂

（1）无水硫酸钠。

（2）石油醚　沸程 30～60℃。

（3）丙酮。

（4）甲苯。

（5）中性洗涤剂溶液　将 18.61g EDTA 二钠盐和 6.81g 四硼酸钠（含 $10H_2O$）置于烧杯中，加水约 150mL，加热使之溶解。将 30g 月桂基硫酸钠（化学纯）和 10mL 乙二醇独乙醚（化学纯）溶于约 700mL 热水中。合并上述两种溶液，然后将 4.56g 无水磷酸氢二钠溶于 150mL 热水中，再并入上述溶液，用磷酸调节上述混合液至 pH6.9～7.1，最后加水至 1000mL。

（6）磷酸盐缓冲溶液　由 38.7mL 0.1mol/L 磷酸氢二钠和 61.3mL 0.1mol/L 磷酸二氢钠混合而成，pH 为 7.0。

（7）2.5% α-淀粉酶溶液　称取 2.5g α-淀粉酶溶于 100mL pH7.0 的磷酸盐缓冲溶液中，离心，过滤，滤过的酶液备用。

（8）耐热玻璃棉　耐热 130℃，要耐热并不易折断。

3. 仪器

烘箱（110～130℃）、恒温箱 [(37±2)℃] 等。

4. 分析步骤

（1）试样的处理

① 粮食　试样用水洗 3 次，置 60℃ 烘箱中烘去表面水分，磨粉，过 20～30 目筛（1mm），储于塑料瓶内，放一小包樟脑精，盖紧瓶塞保存，备用。

② 蔬菜及其他植物性食品　取其可食部分，用水冲洗 3 次后，用纱布吸去水滴，切碎，取混合均匀的试样于 60℃ 烘干，称重并计算水分含量，磨粉；过 20～30 目筛，备用。或鲜试样用纱布吸取水滴，打碎，混合均匀后备用。

（2）测定

① 准确称取试样 0.5～1.00g，置高型无嘴烧杯中，如试样脂肪含量超过 10%，需先去除脂肪。例如：试样 1.00g，用石油醚（30～60℃）提取 3 次，每次 10mL。

② 加 100mL 中性洗涤剂溶液，再加 0.5g 无水亚硫酸钠。

③ 电炉加热，5～10min 内使其煮沸，移至电热板上，保持微沸 1h。

④ 于耐酸玻璃滤器中，铺 1～3g 玻璃棉，移至烘箱内，110℃ 烘 4h，取出置干燥器中，冷至室温，称量，得 m_1（准确至小数点后 4 位）。

⑤ 将煮沸后的试样趁热倒入滤器，用水泵抽滤。用 500mL 热水（90～100℃）分数次洗烧杯及滤器，抽滤至干。洗净滤器下部的液体和泡沫，塞上橡皮塞。

⑥ 于滤器中加酶液，液面需覆盖纤维，用细针挤压掉其中气泡，加数滴甲苯，上盖表面皿，37℃ 恒温箱中过夜。

⑦ 取出滤器，除去底部塞子，抽滤去酶液，并用 300mL 热水分数次洗去残留酶液，用碘液检查是否有淀粉残留，如有残留，继续加酶水解，如淀粉已除尽，抽干，再以丙酮洗 2 次。

⑧ 将滤器置烘箱中，110℃ 烘 4h，取出，置干燥器中，冷至室温，称量，得 m_2（准确至小数点后 4 位）。

5. 结果计算

试样中不溶性膳食纤维的含量按下式进行计算：

$$X = \frac{m_2 - m_1}{m} \times 100 \qquad (2\text{-}2\text{-}24)$$

式中　X——试样中不溶性膳食纤维的含量，g/100g；

m_1——滤器加玻璃棉的质量，g；

m_2——滤器加玻璃棉及试样中纤维的质量，g；

m——试样质量，g。

计算结果表示到小数点后两位。在重复条件下获得的两次独立测定结果的绝对差值不得超过算术平均值的 10%。

知识六　食品中蛋白质和氨基酸的测定

蛋白质是复杂的有机含氮化合物，其相对分子质量很大。它由 20 种氨基酸通过酰胺键以一定方式结合起来，并具有一定的空间结构。其所含主要元素为 C、H、O、N，而含 N 是蛋白质区别于其他有机化合物的主要标志。不同的蛋白质其氨基酸构成比例及方式不同，故各种不同的蛋白质其含氮量也不同。一般蛋白质含氮量为 16%，即 1 份氮素相当于 6.25 份蛋白质，此为蛋白质系数，不同类食品的蛋白质系数有所不同。

测定蛋白质的方法可分为两大类：一类是利用蛋白质的共性，即含氮量、肽键和折射率等；另一类是利用蛋白质中特定氨基酸残基、酸性和碱性基团以及芳香基团等测定蛋白质含量。但因食品种类繁多，食品中蛋白质含量各异，特别是其他成分，如碳水化合物、脂肪和维生素等干扰成分很多，因此蛋白质含量测定最常用的方法是凯氏定氮法。此外，比色法、折光法、旋光法、分光光度法、酚试剂法等也常用于蛋白质含量的测定。近年来，国外采用红外线检测仪对蛋白质进行快速定量分析。

一、食品中蛋白质的测定

（一）凯氏定氮法

凯氏定氮法是测定有机氮总量较为准确、方便的方法之一，适用于所有食品，国内外应用较为广泛。凯氏定氮法有常量法、微量法及改良法，其原理基本相同，只是所使用的样品数量、仪器及催化剂稍有差异。此处主要介绍微量凯氏定氮法。

1. 原理

食品与硫酸、催化剂一起加热消化，使蛋白质分解，其中碳、氢形成二氧化碳及水逸去，氮以氨的形式与硫酸作用形成硫酸铵留在酸液中。将消化液碱化、蒸馏，使氨游离随水蒸气蒸出，被硼酸吸收，用盐酸标准溶液滴定所生成的硼酸铵，根据消耗的盐酸标准溶液的量计算出总氮量。

（1）样品消化　浓硫酸具有脱水性，使有机物脱水并炭化。浓硫酸又有氧化性，使炭化后的碳氧化为二氧化碳，硫酸则被还原成二氧化硫，二氧化硫使氮还原为氨，本身则被氧化为三氧化硫。氨随之与硫酸作用生成硫酸铵留在酸性溶液中。

$2NH_2(CH_2)_2COOH + 13H_2SO_4 \rule[0.5ex]{3em}{0.4pt} (NH_4)_2SO_4 + 6CO_2\uparrow + 12SO_2\uparrow + 16H_2O\uparrow$

（2）碱化、蒸馏　$(NH_4)_2SO_4$ 在碱性条件下，加热蒸馏，释放出氨。

$(NH_4)_2SO_4 + 2NaOH \rule[0.5ex]{3em}{0.4pt} 2NH_3\uparrow + Na_2SO_4 + 2H_2O$

（3）吸收、滴定　蒸馏过程中所释放出的 NH_3，可用一定量的硼酸溶液吸收，再用盐酸标准溶液直接滴定。

$2NH_3 + 4H_3BO_3 \rule[0.5ex]{3em}{0.4pt} (NH_4)_2B_4O_7 + 5H_2O$

$(NH_4)_2B_4O_7 + 2HCl + 5H_2O \rule[0.5ex]{3em}{0.4pt} 2NH_4Cl + 4H_3BO_3$

2. 试剂

浓硫酸、硫酸钾、硫酸铜、20g/L 硼酸溶液、400g/L 氢氧化钠溶液、甲基橙指示剂、混合指示液（1 份 1g/L 甲基红乙醇溶液与 5 份 1g/L 溴甲酚绿乙醇溶液临用时混合）、0.05mol/L 盐酸标准滴定溶液、30％（体积分数）过氧化氢溶液。

3. 仪器设备

100mL 凯氏烧瓶、凯氏定氮仪、电子天平、温控电炉、微量酸式滴定管、小漏斗等。

4. 分析步骤

（1）试样处理准备　称取 0.20～2.00g 固体试样或 2.00～5.00g 半固体试样，或吸取 10.00～25.00mL 液体试样（约相当于氮 30～40mg），移入干燥的 100mL 或 500mL 定氮瓶中，加入 0.2g 硫酸铜、6g 硫酸钾及 20mL 硫酸，稍摇匀后于瓶口放一小漏斗。

（2）消化　将准备好的凯氏烧瓶以 45°角斜支于有小孔的石棉网上，见图 2-2-5。开始用微火小心加热（小心瓶内泡沫冲出），待内容物全部炭化，泡沫完全停止，瓶内有白烟冒出后，升至中温，白烟散尽后升至高温，加强火力，并保持瓶内液体微沸。为加快速度，可分数次加入 10mL 30％过氧化氢，但必须将烧瓶冷却数分钟以后加入。经常转动烧瓶，观察瓶内溶液颜色的变化情况，当烧瓶内容物的颜色逐渐转变为澄清透明的蓝绿色后，继续消化 0.5～1h（若凯氏烧瓶壁粘有炭化粒时，进行摇动，或待瓶中内容物冷却数分钟后，用过氧化氢溶液冲下，继续消化至透明为止）。取下并使之冷却。

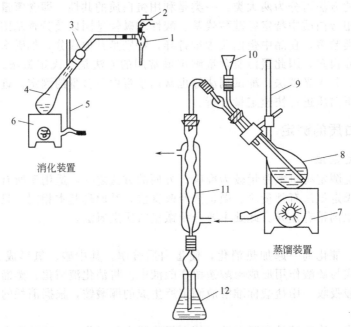

图 2-2-5　凯氏定氮消化、蒸馏装置

1—水力真空管；2—水龙头；3—倒置的干燥管；4—凯氏烧瓶；5,9—铁支架；
6,7—电炉；8—蒸馏烧瓶；10—进样漏斗；11—冷凝管；12—吸收瓶

（3）定容　在消化好并冷却至室温的试样消化液中小心加入 20mL 水，摇匀放冷，移入到 100mL 容量瓶中，再用蒸馏水洗涤凯氏烧瓶（少量多次），并将洗液一并转入容量瓶中，直至烧瓶洗至中性，表明铵盐全部移入容量瓶中。充分摇匀后，加水至刻度线定容，静置至室温，备用。同时做试剂空白试验。

注：在消化完全后，消化液应呈清澈透明的蓝绿色或深绿色（铁多），故 $CuSO_4$ 在消化中还起指示作用。同时应注意，凯氏瓶内液体刚清澈时并不表示所有的氮均已转化为氨，消化液仍要加热一段时间。

（4）蒸馏

① 水蒸气发生器的准备　按要求安装好定氮装置，保证管路密闭不漏气。在水蒸气发生瓶内装水至 2/3 处，加甲基橙指示剂 3 滴及 1～5mL 硫酸，以保持水呈酸性 [防止水中含有氮，加硫酸使之成为 $(NH_4)_2SO_4$ 形式固定下来，使蒸馏中不会被蒸发]，开通电源加热至沸腾。

② 清洗凯氏定氮仪　打开进气口，关闭废液出口，接通冷凝水，空蒸 5～10min，冲洗定氮仪、样杯、碱杯和内室。分别关闭进气口（注意不要同时关闭所有进气口），使废液自动倒吸于定氮仪外室，然后由样杯加入少量水，再次冲洗。当废液全部吸入外室后，再放排液口，并使其敞开。

③ 吸收液准备　在 250mL 锥形瓶中加入 10mL 20g/L 硼酸溶液及 1～2 滴混合指示液，放置于冷凝器的下端，并使冷凝管下端插入液面下。

④ 蒸馏准备　准确吸取 10mL 试样处理液，由样杯加入定氮仪内室，并用 10mL 水冲洗样杯，但内室中溶液总体积不超过内室的 2/3（约 50mL），盖上棒状玻塞，加水至杯口 1～2cm，以防漏气。关闭排液口，迅速由碱杯加入 10mL 400g/L NaOH 溶液（溶液应呈强碱性，注意内室颜色变化），通入蒸汽开始蒸馏。

⑤ 蒸馏　关闭排液口，蒸汽进入反应室（内室），使 NH_3 通过冷凝而进入接收瓶被硼酸吸收，蒸馏 5min（蒸至液面达约 150mL），移开接收瓶，使冷凝管下端离开液面，让玻璃管靠在锥形瓶的瓶壁，出液口在 200mL 刻度线以上，继续蒸馏 1min，蒸至液位达 200mL。然后用少量水冲洗冷凝管下端外部，将洗液一并聚集于硼酸溶液中，取下接收瓶。用蒸馏水冲洗冷凝管下端。

⑥ 收尾　关闭进气口，停止送气，废液将自动倒吸入外室，待倒吸完全时，将样杯中的蒸馏水分数次放入，冲洗内室，待洗液全部吸入外室后，再打开排液口，放净废液。

按上述步骤，换下一试样蒸馏，同时准确吸取 10mL 试剂空白消化液做空白实验。

（5）滴定　将已吸收氨的硼酸液用已标定的 0.05mol/L 标准硫酸或盐酸溶液滴定，滴定至锥形瓶中溶液由蓝绿色变灰紫色为终点，记下耗酸体积。每次消化液须重复蒸馏 2～3 次。如果几次滴定酸量相差较大，必须重新蒸馏。直至滴定时耗酸量相差不超过 0.05mL 为止。

5. 结果计算

试样中蛋白质的含量按下式进行计算：

$$X = \frac{(V_1 - V_0) \times c \times 0.0140 \times F}{m \times \frac{10}{100}} \times 100\%$$ 　　　　(2-2-25)

式中　X——样品中蛋白质的含量，%；

V_1——样品消耗硫酸或盐酸标准滴定液的体积，mL；

V_0——试剂空白消耗硫酸或盐酸标准滴定液的体积，mL；

c——硫酸或盐酸标准滴定溶液的浓度，mol/L；

0.0140——氮的毫摩尔质量，g/mmol；

m——样品的质量，g；

F——氮换算为蛋白质的系数。乳粉为 6.38，纯谷物类（配方）食品为 5.90，含乳婴幼儿谷物（配方）食品为 6.25，大豆及其制品为 5.71。

计算结果保留三位有效数字。在重复性条件下获得的两次独立测定结果的绝对差值不得超过算术平均值的 10%。

6. 说明

（1）所用试剂溶液应用无氨蒸馏水配制。

（2）消化时不要用强火，应保持和缓沸腾，注意不断转动凯氏烧瓶，以便利用冷凝酸液将附在瓶壁上的固体残渣洗下并促进其消化完全。

（3）样品中若含脂肪或糖较多时，消化过程中易产生大量泡沫，为防止泡沫溢出瓶外，在开始消化时应用小火加热，并不断摇动；或者加入少量辛醇或液体石蜡或硅油消泡剂，并同时注意控制热源强度。

（4）当样品消化液不易澄清透明时，可将凯氏烧瓶冷却，加入30%过氧化氢后再继续加热消化。

（5）一般消化至呈透明后，继续消化30min即可，但对于含有特别难以消化的含氮化合物样品，如含赖氨酸、组氨酸、色氨酸、酪氨酸或脯氨酸等，需适当延长消化时间。有机物如分解完全，消化液呈蓝色或浅绿色，但含铁量多时，呈较深绿色。

（6）蒸馏装置不能漏气。蒸馏前若加碱量不足，消化液呈蓝色，不生成氧化铜沉淀，此时需再增加氢氧化钠用量。

（7）硼酸吸收液每次用量为25mL（用前加入甲基红-溴甲酚绿混合指示液2滴），温度不应超过40℃，否则对氨的吸收作用减弱而造成损失，此时可置于冷水浴中使用。

（8）蒸馏前给水蒸气发生器内装水至2/3容积处，加甲基橙指示剂数滴及硫酸数毫升，以使其始终保持酸性，这样可以避免水中的氨被蒸出而影响测定结果。

（9）在蒸馏时，蒸汽发生要均匀充足，蒸馏过程中不得停火断汽，否则将发生倒吸，加碱要足量，操作要迅速。漏斗应采用水封措施，以免氨由此逸出损失。

（10）蒸馏完毕后，应先将冷凝管下端提离液面清洗管口，再蒸1min后关掉热源。

（二）比色法

此法是GB/T 5009.5—2003《食品中蛋白质的测定》第二法。

1. 原理

食品与硫酸、催化剂一同加热消化，使蛋白质分解，分解的氨与硫酸结合生成硫酸铵。然后在pH4.8的乙酸钠-乙酸缓冲溶液中，铵与乙酰丙酮和甲醛反应生成黄色的3,5-二乙酰-2,6-二甲基-1,4二氢化吡啶化合物，在波长400nm处测定吸光度，与标准系列比较定量。结果乘以换算系数，即为蛋白质含量。

2. 试剂

（1）硫酸铜。

（2）硫酸钾。

（3）硫酸。

（4）300g/L氢氧化钠溶液。

（5）1g/L对硝基苯酚指示剂溶液　称取0.1g对硝基苯酚溶于20mL 95%乙醇中，加水稀释至100mL。

（6）乙酸钠-乙酸缓冲溶液。

（7）显色剂　15mL 37%甲醛与7.8mL乙酰丙酮混合，加水稀释至100mL，剧烈振摇，混匀，室温下放置稳定3日。

（8）1.0g/L氨氮标准储备溶液　精密称取105℃干燥2h的硫酸铵0.4720g，加水溶解后移入100mL容量瓶中，并稀释至刻度，混匀。此溶液每毫升相当于1.0mg NH_3-N。10℃下冰箱内储存稳定1年以上。

（9）0.1g/L氨氮标准使用溶液　用移液管精密吸取10mL氨氮标准储备溶液（1.0g/L）于100mL容量瓶内，加水稀释至刻度，混匀。此溶液每毫升相当于100μg NH_3-N。10℃下冰箱内贮存稳定1个月。

3. 仪器

分光光度计、电热恒温水浴锅[(100±0.5)℃]、10mL具塞玻璃比色管等。

4. 分析步骤

（1）试样消解　精密称取经粉碎混匀（过40目筛）的固体试样0.1～0.5g或半固体试

样 0.2~1.0g 或吸取液体试样 1~5mL，移入干燥的 100mL 或 250mL 定氮瓶中，加 0.1g 硫酸铜、1g 硫酸钾及 5mL 硫酸，摇匀后于瓶口放一小漏斗，将瓶以 45°角斜支于有小孔的石棉网上。小心加热，待内容物全部炭化，泡沫完全停止后，加强火力，并保持瓶内液体微沸，至液体呈蓝绿色澄清透明后，再继续加热 0.5h。取下放冷，小心加 20mL 水，放冷后移入 50mL 或 100mL 容量瓶中，并用少量水洗定氮瓶，洗液并入容量瓶中，再加水至刻度，混匀备用。取与处理试样相同量的硫酸铜、硫酸钾、硫酸，按同一方法做试剂空白试验。

（2）试样溶液的制备　精密吸取 2~5mL 试样或试剂空白消化液于 50~100mL 容量瓶内，加 1~2 滴 1g/L 对硝基苯酚指示剂溶液，摇匀后滴加 300g/L 氢氧化钠溶液中和至黄色，再滴加 1mol/L 乙酸至溶液无色。用水稀释至刻度，混匀。

（3）标准曲线的绘制　精密吸取 0mL、0.05mL、0.1mL、0.2mL、0.4mL、0.6mL、0.8mL、1.0mL 氨氮标准使用溶液（相当于 NH_3-N 0μg、5.0μg、10.0μg、20.0μg、40.0μg、60.0μg、80.0μg、100.0μg），分别置于 10mL 比色管中。向各比色管中分别加入 4mL 乙酸钠-乙酸缓冲溶液（pH4.8）及 4mL 显色剂，加水稀释至刻度，混匀。置于 100℃ 水浴中加热 15min，取出用水冷却至室温后，移入 1cm 比色皿内，以零管为参比，于波长 400nm 处测量吸光度，根据标准各点吸光度绘制标准曲线或计算直线回归方程。

（4）试样测定　分别精密吸取 0.5~2.0mL（约相当于氮小于 100μg）试样溶液和同量的试剂空白溶液于 10mL 比色管中，以下按（S）自"加入 4mL 乙酸钠-乙酸缓冲溶液（pH4.8）及 4mL 显色剂……"起依法操作。试样吸光度与标准曲线比较定量，或代入标准回归方程求出含量。

5. 计算结果

试样中蛋白质的含量按下式进行计算：

$$X = \frac{c-c_0}{m \times \dfrac{V_2}{V_1} \times \dfrac{V_4}{V_3} \times 10^6} \times 100 \times F \qquad (2\text{-}2\text{-}26)$$

式中　X——试样中蛋白质的含量，g/100g 或 g/100mL；

　　　c——试样测定液中氮的含量，μg；

　　　c_0——试剂空白测定液中氮的含量，μg；

　　　V_1——试样消化液定容体积，mL；

　　　V_2——制备试样溶液的消化液体积，mL；

　　　V_3——试样溶液总体积，mL；

　　　V_4——测定用试样溶液体积，mL；

　　　m——试样质量或体积，g 或 mL；

　　　F——氮换算为蛋白质的系数。蛋白质中的氮含量一般为 15%~17.6%，按 16% 计算，乘以 6.25 即为蛋白质，乳制品为 6.38，面粉为 5.70，玉米、高粱为 6.24，花生为 5.46，大米为 5.95，大豆及其制品为 5.71，肉与肉制品为 6.25，大麦、小米、燕麦、裸麦为 5.83，芝麻、向日葵为 5.30。

在重复性条件下获得的两次独立测定结果的绝对差值不得超过算术平均值的 5%。

二、食品中氨基酸态氮的测定

蛋白质的基本组成单位是氨基酸。参加蛋白质合成的氨基酸共有二十多种，其中有 9 种必需氨基酸（赖氨酸、色氨酸、苯丙氨酸、亮氨酸、异亮氨酸、苏氨酸、组氨酸、蛋氨酸和缬氨酸）人体自身不能合成，必须由食物中供给，否则人体就不能维持正常代谢的进行。随着营养知识的普及，食物蛋白质中必需氨基酸含量的高低和氨基酸的构成，越来越引起人们的高度重视。为提高蛋白质的生物效价，进行氨基酸互补及强化的研究，对食品加工工艺的改革、保健食品的合理开发和配膳，都具有积极的指导作用，故氨基酸的分离、鉴定和定量也就具有重要的意义。

在食品中氨基酸的常规检验中，多测定食品中氨基酸的总量（氨基酸态氮的总量），通常采用酸碱滴定法。目前已研发出多种氨基酸分析仪，可快速鉴定氨基酸的种类和含量。

（一）甲醛值法

1. 原理

氨基酸有氨基及羧基两性基团，它们相互作用形成中性内盐，利用氨基酸的两性作用，加入甲醛以固定氨基的碱性，使羧基显示出酸性，用氢氧化钠标准溶液滴定后定量，根据酸度计指示 pH 值，控制终点。

2. 试剂

甲醛（36％，应不含有聚合物）、0.050mol/L 氢氧化钠标准滴定溶液。

3. 仪器

pHS-25 型酸度计（包括标准缓冲溶液和 KCl 饱和溶液）。

4. 测定方法

吸取 5.0mL 试样，置于 100mL 容量瓶中，加水至刻度，混匀后吸取 20.00mL 置于 200mL 烧杯中，加 60mL 水，插入电极，开动磁力搅拌器。用 0.050mol/L 氢氧化钠标准滴定溶液滴定至酸度计指示 pH8.2，记录消耗氢氧化钠标准滴定溶液的体积，可计算总酸含量。

向上述溶液中准确加入 10.0mL 甲醛溶液，混匀。用 0.050mol/L 氢氧化钠标准滴定溶液继续滴定至 pH9.2，记录加入甲醛后滴定所消耗氢氧化钠标准滴定溶液的体积。取 80mL 水，先用 0.050mol/L 氢氧化钠标准滴定溶液滴定至酸度计指示 pH8.2，再加入 10.0mL 甲醛溶液，混匀，用氢氧化钠标准滴定溶液滴定至 pH9.2，记录加入甲醛后滴定所消耗氢氧化钠标准滴定溶液的体积。

5. 结果计算

试样中氨基酸态氮的含量按下式计算：

$$X = \frac{(V_1 - V_2) \times c \times 0.014}{5 \times \frac{20}{100}} \times 100 \tag{2-2-27}$$

式中　X——试样中氨基酸态氮的含量，g/100mL；

　　　V_1——测定用试样稀释液加入甲醛后消耗标准碱液的体积，mL；

　　　V_2——测定空白试验加入甲醛后消耗标准碱液的体积，mL；

　　　c——氢氧化钠标准溶液的浓度，mol/L；

　0.014——与 1.00mL 氢氧化钠标准滴定溶液[$c(NaOH)=1.000mol/L$]相当的氮的质量，g/mmol。

计算结果保留两位有效数字。精密度：在重复性条件下获得的两次独立测定结果的绝对差值不得超过算术平均值的 10％。

6. 注意事项

(1) 此法为 GB/T 5009.39—2003《酱油卫生标准的分析方法》。

(2) 加入甲醛后放置时间不宜过长，应立即滴定，以免甲醛聚合，影响测定结果。

(3) 由于铵离子能与甲醛作用，样品中若含有铵盐，将会使测定结果偏高。

（二）比色法

1. 原理

在 pH 4.8 的乙酸钠-乙酸缓冲溶液中，氨基酸态氮与乙酰丙酮和甲醛反应生成黄色的 3,5-二乙酸-2,6-二甲基-1,4-二氢化吡啶氨基酸衍生物。在波长 400nm 处测定吸光度，与标准系列比较定量。

2. 试剂

同蛋白质测定的比色法。

3. 仪器

同蛋白质测定的比色法。

4. 分析步骤

（1）样液制备　精密吸取 1.0mL 试样于 50mL 容量瓶中，加水稀释至刻度，混匀。

（2）标准曲线的绘制　同蛋白质测定的比色法。

（3）试样测定　精密吸取 2mL 试样稀释溶液（约相当于氨基酸态氮 100μg）于 10mL 比色管中。以下同一（二）4（3）自"加入 4mL 乙酸钠-乙酸缓冲溶液……"起依法操作。试样吸光度与标准曲线比较定量，或代入标准回归方程，计算试样含量。

5. 结果计算

试样中氨基酸态氮的含量按下式进行计算：

$$X = \frac{m}{V_1 \times \frac{V_2}{50} \times 10^6} \times 100 \tag{2-2-28}$$

式中　X——试样中氨基酸态氮的含量，g/100mL；

　　　m——试样测定液中氮的质量，μg；

　　　V_1——试样体积，mL；

　　　V_2——测定用试样溶液体积，mL。

在重复性条件下获得的两次独立测定结果的绝对差值不得超过算术平均值的 10%。

知识七　食品中维生素的测定

维生素是维持人体正常生理功能必需的一类天然有机化合物。人体对维生素的需要量小，作用却很大。体内一旦缺少维生素，就会引起物质代谢的紊乱，发生某些疾病。维生素一般在体内不能合成或合成数量较少，不能充分满足机体需要，必须经常由食物供给，所以维生素也是食品营养成分分析的重要内容。

随着营养知识普及，维生素在日常膳食及食品加工中的重要地位越来越受到重视。评价食品的营养价值、开发利用高含量维生素的食品资源、指导人们合理调整膳食结构、指导制定加工工艺或贮存条件、最大限量地保留各种维生素、控制强化食品中加入量以及防止摄入过多的维生素而引起中毒等，都离不开维生素分析检测工作。

维生素依溶解性可分为水溶性和脂溶性两大类。水溶性维生素包括 B 族维生素中的维生素 B_1、维生素 B_2、维生素 B_6、维生素 B_{12}、维生素 L、维生素 H、维生素 PP、叶酸、泛酸、胆碱等以及维生素 C。脂溶性维生素包括维生素 A、维生素 D、维生素 E、维生素 K 等。

维生素检验的方法主要有化学法、仪器法。仪器分析法中紫外、荧光法是多种维生素的标准分析方法。它们灵敏、快速，有较好的选择性。另外，各种色谱法以其独特的高分离效能，在维生素分析方面占有越来越重要的地位。化学法中的比色法、滴定法，具有简便、快速、不需特殊仪器等优点，正为广大基层实验室所普遍采用。

测定脂溶性维生素时，通常先用皂化法处理试样，水洗去除类脂物质，然后用有机溶剂提取脂溶性维生素（不皂化物），浓缩后溶于适当的溶剂后测定。在皂化和浓缩时，为防止维生素的氧化分解，常加入抗氧化剂（如焦性没食子酸、维生素 C 等）。对于某些液体试样或脂肪含量低的试样，可以先用有机溶剂抽提出脂类，然后再进行皂化处理；对于维生素 A、维生素 D、维生素 E 共存的试样，或杂质含量高的试样，在皂化提取后，还需进行色谱分离。分析操作一般要在避光的条件下进行。

测定水溶生维生素时，一般都在酸性溶液中进行前处理。维生素 B_1、维生素 B_2 通常采用酸水解，或经淀粉酶、木瓜蛋白酶等酶解作用，使结合态维生素游离出来，再将它们从食物中提取出来。维生素 C 通常采用草酸或草酸-醋酸直接提取。在一定浓度的酸性介质中，可以消除某些还原性杂质对维生素的破坏。

一、维生素 A 的测定

维生素 A 存在于动物性脂肪中。植物性食品中不含维生素 A，但在深色果蔬中含有胡萝卜素，它在人体内可转变为维生素 A，故称为维生素 A 原。维生素 A 的测定常采用三氯化锑比色法、紫外分光光度法。三氯化锑比色法适用于维生素 A 含量较高的样品，方法简便、快速，结果准确，但对维生素 A 含量低于 $5\sim10\mu g/g$ 的样品，因其易受其他脂溶性物质的干扰，一般不用比色法测定。而紫外分光光度法不用加显色剂，在紫外光区维生素 A 有吸收光谱，对于低含量的样品也能测得准确的结果，具有操作简便、灵敏度高、快速等特点。此处主要介绍三氯化锑比色法。

1. 原理

在三氯甲烷（氯仿）溶液中，维生素 A 与三氯化锑反应生成蓝色可溶性络合物，并在 620nm 处有最大吸收峰，其吸光度与维生素 A 的浓度成正比。

这种蓝色物质不稳定，很快褪色或变成其他物质，所以在分析时最好在暗室中进行，并且作标准曲线。

2. 试剂

（1）无水硫酸钠　于 130℃烘箱干燥 6h，装瓶备用。

（2）乙酸酐。

（3）乙醚　应不含过氧化物。

（4）无水乙醇　不得含有醛类物质。

（5）三氯甲烷（氯仿）　应不含分解物。

（6）250g/L 三氯化锑-三氯甲烷溶液　将 25g 三氯化锑迅速投入到 100mL 氯仿的棕色试剂瓶中（勿使吸收水分）。充分振摇使其溶解，用时吸取上层清液。

（7）50%氢氧化钾溶液。

（8）维生素 A 标准溶液　视黄醇（纯度 85%）或视黄醇乙酸酯（90%）经皂化处理后使用。用脱醛乙醇溶解维生素 A 标准品，使其浓度大约为 1mL 相当于 1mg 视黄醇，临用前用紫外分光光度法标定其准确浓度。

（9）0.5mol/L 氢氧化钾溶液。

3. 仪器

分光光度计，回流冷凝装置。

4. 操作方法

（1）试样处理　含有维生素 A 的样品多为脂肪含量高的油脂或动物性食品，必须首先除去脂肪，把维生素 A 从脂肪中分离出来。常规的去脂方法是采用皂化法。

① 皂化　根据试样中维生素 A 含量的不同，称取 0.5～5g 试样于锥形瓶中，加入 10mL 氢氧化钾（50%）及 20～40mL 乙醇，于电热板上回流 30min 至皂化完全为止。

② 提取　将皂化瓶内混合物移至分液漏斗中，以 30mL 水清洗皂化瓶，洗液并入分液

漏斗，如有残渣，可用脱脂棉漏斗滤入分液漏斗内。用 50mL 乙醚分两次洗皂化瓶，洗液并入分液漏斗中。振摇并注意放气，静置分层后，水层放入第二个分液漏斗中。皂化瓶再用约 30mL 乙醚分两次冲洗，洗液倾入第二个分液漏斗中。振摇后，静置分层，水层放入锥形瓶中，醚层与第一个分液漏斗合并。如此反复提取 4～6 次，至水液中无维生素 A 为止（即醚层不再使三氯化锑-氯仿液呈蓝色）。

③ 洗涤　向合并的乙醚提取液中加水约 30mL，轻轻摇动分液漏斗，静置，分层后弃去下层水液。加 15～20mL 0.5mol/L 氢氧化钾溶液于分液漏斗中，轻轻振摇后，弃去下层碱液（除去醚溶性酸皂）。

④ 浓缩　将醚层液经无水硫酸钠滤入 150mL 锥形瓶中，再用约 25mL 乙醚冲洗分液漏斗和硫酸钠 2 次。洗液并入锥形瓶内。置水浴上蒸馏，收回乙醚。待瓶中剩约 5mL 乙醚时取下，减压抽干，立即准确加入一定量三氯甲烷（约 5mL），使溶液中维生素 A 含量在适宜浓度范围内（3～5μg/mL）。

（2）测定

① 标准曲线绘制　准确吸取维生素 A 标准液 0mL、0.1mL、0.2mL、0.3mL、0.4mL、0.5mL 于 6 个 10mL 棕色容量瓶中，以三氯甲烷定容，得标准系列使用液。再取相同数量的 3cm 比色皿顺次移入标准系列使用液各 1mL，每个比色皿中加乙酸酐 1 滴，制成标准比色列。于 620nm 波长处，以 10mL 三氯甲烷加 1 滴乙酸酐调节吸光度至零点，将标准比色系列按顺序移入光路前，迅速加入三氯化锑-氯仿溶液 9mL，于 6s 内测定吸光度。以吸光度为纵坐标、维生素 A 含量为横坐标，绘制标准曲线图。

② 试样测定　取 2 个 3cm 比色皿，分别加入 1mL 三氯甲烷（试样空白液）和 1mL 样液，各加 1 滴乙酸酐。其余步骤同标准曲线绘制。

5. 结果计算

试样中维生素 A 的含量按下式计算：

$$X = \frac{(\rho - \rho_0) \times V}{m \times 1000} \times 100 \qquad (2\text{-}2\text{-}29)$$

式中　X——试样中维生素 A 的含量，mg/100g（每国际单位相当于 0.3μg 维生素 A）；

ρ——由标准曲线上查得样品溶液中维生素 A 的含量，μg/mL；

ρ_0——由标准曲线上查得样品空白液中维生素 A 的含量，μg/mL；

V——提取后用三氯甲烷定容之体积，mL；

m——试样质量，g。

6. 说明

（1）乙醚为溶剂的萃取体系，易发生乳化现象。在提取、洗涤过程中操作过猛，若发生乳化，可加几滴乙醇破乳。

（2）所用三氯甲烷中不应含有水分，因三氯化锑遇水会出现沉淀，十扰比色测定。

二、维生素 B₁ 的测定

维生素 B_1 又叫硫胺素，在酵母、米糠、麦胚、花生、黄豆以及绿色的蔬菜和牛乳、蛋黄中含量比较丰富，动物组织不如植物含量丰富。食品中维生素 B_1 的测定方法有荧光分光光度法、荧光计法、荧光目测法、高效液相色谱法等。此处主要介绍荧光计法。

1. 原理

维生素 B_1 在碱性高铁氰化钾溶液中，能被氧化成一种蓝色的荧光化合物——硫色素。在没有其他荧光物质存在时，溶液的荧光强度与硫色素的浓度成正比。所含杂质需用柱色谱法处理，测定提纯溶液中维生素 B_1 的含量。

2. 仪器

荧光分光光度计；下面带活塞的玻璃柱作交换柱；具塞刻度比色管。

3. 试剂

(1) 正丁醇　优级纯或重蒸馏的分析纯。

(2) 硫胺素标准储备液　称取经氯化钙干燥 24h 的硫胺素标准品 0.1000g，溶解于 0.01mol/L 盐酸溶液中以水定容至 1000mL，贮于冰箱中。此溶液浓度为 0.1mg/mL。

(3) 硫胺素标准使用液　临用前将硫胺素标准储备液用水稀释 1000 倍，此溶液浓度为 0.1μg/mL，用时现配。

(4) 人造沸石　60~80 目需活化。

(5) 甘油-淀粉润滑剂　将甘油和可溶性淀粉按 3:9（质量比）混合，于小火上加热，搅拌成透明状，冷却装瓶备用。

(6) 0.4g/L 溴甲酚绿溶液　称取 0.1g 溴甲酚绿，置于小研钵中，加入 1.4mL 氢氧化钠（0.1mol/L）研磨片刻，再加少许水继续研磨至完全溶解，用水稀释至 250mL。

(7) 其他　150g/L 氢氧化钠溶液、碱性铁氰化钾溶液、250g/L 酸性氯化钾溶液、2mol/L 乙酸钠溶液、1mol/L 盐酸溶液、0.1mol/L 盐酸溶液、1:25 淀粉酶、无水硫酸钠等。

4. 操作方法

(1) 试样处理　精密称取均匀试样 5~50g 或吸取液体试样 10~100mL（估计其硫胺素含量在 10~30μg），置于 250mL 带塞锥形瓶中，加 0.1mol/L 盐酸溶液 35mL、1mol/L 盐酸溶液 15mL，置沸水浴上 1h，冷却至室温。以乙酸钠溶液（2mol/L）调整试样溶液至 pH 值为 4.5（以溴甲酚绿为外指示剂）。

于每个锥形瓶中加淀粉酶 0.6~1g，在 45~50℃ 保温箱中过夜（约 16h），使硫胺素从结合态转变为游离态。取出冷却至室温，将锥形瓶中内容物全部转移至 100mL 容量瓶中，然后混匀过滤，即为提取液。

(2) 提纯

① 装柱将甘油-淀粉润滑剂涂在交换管的活塞上，交换管的底部用少许脱脂棉塞紧，加水润湿，用玻璃棒将棉纤维中气泡排尽。再称 1g 已活化的人造沸石于烧杯中，加少量水浸湿后，用玻棒边搅拌边倒入交换管中，使之达交换管 1/3 高度。开启活塞放出多余水，保持交换管中液面始终高于人造沸石。

② 取 25mL 滤液加入到交换管中，调节流速 10~15 滴/min，待滤液全部流出后，用水洗交换管数次，弃去滤液用酸性氯化钾溶液洗涤人造沸石，流速 10~15 滴/min，收集 25mL 洗涤液于 25mL 刻度比色管中，摇匀。

(3) 氧化

① 取 5mL 试样提纯液于带塞试管中，加入 3mL 碱性铁氰化钾溶液，此管中溶液称为"样液"。另取 5mL 试样提纯液于另一带塞试管中，加入 3mL 氢氧化钠溶液（150g/L），此管中溶液称为"样液空白"。

② 向两管中分别加入 10mL 正丁醇，振摇 2min，静置分层后，用吸管吸出下层碱液，再向每个试管中加两小匙无水硫酸钠。

(4) 标准溶液制备　用 25mL 硫胺素标准使用液代替试样提取液重复上述"提纯"、"氧化"操作，得"标准液"和"标准空白"。

(5) 测定　在激发波长 365nm，发射波长 435nm，激发波长狭缝、发射波狭缝各 5nm 的荧光条件下，依次测定"标准液"、"标准空白"、"样液"和"样液空白"的荧光强度。分别记录为 A_1、A_0、S_1 和 S_0。

5. 计算

试样中维生素 B_1 的含量按下式计算：

$$\text{维生素 } B_1 \text{含量(mg/100g)} = \frac{S_1 - S_0}{A_1 - A_0} \times \frac{cV}{m} \times \frac{V_1}{V_2} \times \frac{100}{1000} \tag{2-2-30}$$

式中　c——硫胺素标准使用液浓度，$\mu g/mL$；

　　　m——试样质量，g；

　　　V——用于提纯的硫胺素标准使用液的体积，mL；

　　　V_1——试样水解后定容体积，mL；

　　　V_2——用于提纯的试样提取液体积，mL。

6. 说明

（1）一般试样中的维生素 B_1 有游离型的，也有结合型的（即与淀粉、蛋白质等结合在一起），故需要用酸和酶水解，使结合型转化为游离型，然后再用本法测定。

（2）谷类物质不需酶分解，试样粉碎后用酸性氯化钾（250g/L）直接提取氧化测定。

（3）淀粉酶不需配制溶液，以免因保存时间长而失去活力。

（4）加淀粉酶后保温时间一般需 2～3h，不熟悉的试样保温时间长一些为好。

（5）一般每克人造沸石能吸收 $30\mu g$ 硫胺素。硫胺素量过大，回收率下降。因此人造沸石的用量要视取样量而定。食品中的杂质也会降低人造沸石对硫胺素的吸附力，所以人造沸石用量不能过少。

（6）样液和标准液经过交换管的流速要一致，流速过快会因交换不彻底或吸附不完全而影响测定结果。

（7）氧化是操作的关键步骤，操作中应保持加试剂的速度一致。

（8）每 $3\mu g$ 维生素 B_1 相当于 1IU 维生素 B_1。

三、维生素 C 的测定

维生素 C 又叫抗坏血酸，广泛存在于植物组织中，在新鲜的水果、蔬菜中含量尤为丰富。维生素 C 具有较强的还原性，在水溶液中易被氧化，在碱性条件下易分解，在弱酸条件中较稳定。其对光敏感，氧化后的产物为脱氢抗坏血酸，仍然具有生理活性；进一步水解则生成 2,3-二酮古乐糖酸，失去生理作用。在食品中，这三种形式均有存在，但主要是前两者，故许多国家的食品成分表均以抗坏血酸和脱氢抗坏血酸的总量表示。

测定维生素 C 的方法有靛酚滴定法、2,4-二硝基苯肼比色法、荧光法及高效液相色谱法。靛酚滴定法测定的是还原型抗坏血酸，该法简便，也较灵敏，但特异性差，样品中的其他还原性物质（如 Fe^{2+}、Sn^{2+}、Cu^{2+} 等）会干扰测定，使测定值偏高。对深色样液滴定终点不易辨别。2,4-二硝基苯肼比色法和荧光法测得的是抗坏血酸和脱氢抗坏血酸的总量。高效液相色谱法可以同时测得抗坏血酸和脱氢抗坏血酸的含量，具有干扰少、准确度高、重现性好、灵敏、简便、快速等优点，是上述几种方法中最先进、可靠的方法。

（一）2,4-二硝基苯肼比色法

1. 原理

总抗坏血酸包括还原型、脱氢型和二酮古乐糖酸。用活性炭将还原型抗坏血酸氧化为脱氢抗坏血酸，然后与 2,4-二硝基苯肼作用生成红色的脎。在浓硫酸的脱水作用下，可转变为橘红色的无水化合物——双 2,4-二硝基苯肼。在硫酸溶液中显色稳定，最大吸收波长为 520nm，吸光度与总抗坏血酸含量成正比，故可进行比色测定。

2. 试剂

85%硫酸、20g/L 2,4-二硝基苯肼溶液、20g/L 草酸溶液、10g/L 草酸溶液、10g/L 硫脲溶液、20g/L 硫脲、1mol/L 盐酸溶液。

抗坏血酸标准溶液：称取 100mg 纯抗坏血酸溶解于 100mL 草酸溶液（20g/L）中，此溶液每毫升相当于 1mg 抗坏血酸。

活性炭：将 100g 活性炭加到 750mL 1mol/L 盐酸中，回流 1～2h，过滤，用水洗数次，至滤液无铁离子（Fe^{3+}）为止，然后置于 110℃ 烘箱中烘干。

3. 仪器

恒温箱[(37±0.5)℃]，可见-紫外分光光度计，组织捣碎机。

4. 操作方法

（1）试样制备　全部实验过程要避光。

① 鲜样制备　称取 100g 鲜样及吸取 100mL 20g/L 草酸溶液，倒入捣碎机中打成匀浆。取 10～40g 匀浆（含 1～2mg 抗坏血酸）转移到 100mL 容量瓶中，用 10g/L 草酸溶液稀释至刻度，混匀。

② 干样制备　称取试样 1～4g（含 1～2mg 抗坏血酸）放入乳钵内，加入 10g/L 草酸溶液磨成匀浆，转入 100mL 容量瓶内，用 10g/L 草酸溶稀释至刻度，混匀。

③ 液体试样　直接取样（约含 1～2mg 抗坏血酸）用 10g/L 草酸溶液定容至 100mL。

将上述试样溶液过滤，滤液备用。不易过滤的试样可用离心机离心后，倾出上层清液，过滤，备用。

（2）氧化处理　吸取 25mL 上述滤液于锥形瓶中，加入用酸处理过的活性炭 2g，振摇1min，过滤。弃去数毫升初滤液。取 10mL 此氧化提取液，加入 10mL 20g/L 硫脲溶液，混匀，此试样为稀释液。

（3）呈色反应

① 于三个试管中各加入 4mL 氧化处理后的稀释液，一个试管作空白，在其余试管中加入 1.0mL 20g/L 2,4-二硝基苯肼溶液，将所有试管放入（37±0.5）℃恒温箱或水浴中，保温 3h。

② 3h 后取出，除空白管外，将所有试管放入冰水中。空白管取出后使其冷到室温，然后加入 1.0mL 20g/L 2,4-二硝基苯肼溶液，在室温中放置 10～15min 后放入冰水内，其余步骤同试样。

（4）85% 硫酸处理　当试管放入冰水后，向每一试管中加入 5mL 85% 硫酸，滴加时间至少需要 1min，需边加边摇动试管。将试管自冰水中取出，在室温下放置 30min 后比色。

（5）比色　用 1cm 比色杯，以空白液调零点，于波长 520nm 处测定吸光值。

（6）标准曲线的绘制

① 加 2g 用酸处理过的活性炭于 50mL 抗坏血酸标准溶液中，振摇 1min，过滤。

② 取 10mL 滤液放入 500mL 容量瓶中，加 5.0g 硫脲用 10g/L 草酸溶液稀释至刻度，此溶液抗坏血酸浓度为 20μg/mL。

③ 吸取 5mL、10mL、20mL、25mL、40mL、50mL、60mL 上述稀释液，分别放入 7个 100mL 容量瓶中，用 10g/L 硫脲溶液稀释至刻度，得一标准系列。每个容量瓶中最后稀释液对应的抗坏血酸浓度分别为 1μg/mL、2μg/mL、4μg/mL、5μg/mL、8μg/mL、10μg/mL、12μg/mL。

④ 上述标准系列中每一浓度的溶液吸取 3 份，每份 4mL，分别置于三支试管中，其中一支作为空白，在其余试管中各加入 1.0mL 20g/L 2,4-二硝基苯肼溶液，将所有试管都放入（37±0.5）℃的恒温箱或水浴中保温 3h。

⑤ 保温 3h 后将空白管取出，使其冷却至室温，然后加入 1.0mL 20g/L 2,4-二硝基苯肼溶液，在室温下放置 10～15min 后与所有试管一同放入冰水中冷却。

⑥ 试管放入冰水中后，向每一试管中慢慢滴加 5mL 85% 硫酸，滴加时间至少需要1min，边加边摇动试管。

⑦ 将试管从冰水中取出，在室温下放置 30min 后，用 1cm 比色杯，以空白液调零，在波长 520nm 处测定吸光值。

以吸光度值为纵坐标、抗坏血酸浓度（μg/mL）为横坐标绘制标准曲线。

5. 计算

试样中维生素 C 的含量按下式计算：

$$X = \frac{c \times V}{m} \times F \times \frac{100}{1000}$$

(2-2-31)

式中　X——试样中总抗坏血酸的含量，mg/100g；

　　　c——由标准曲线查得或由回归方程算得"试样氧化液"中总抗坏血酸的浓度，μg/mL；

　　　V——试样用 10g/L 草酸溶液定容的体积，mL；

　　　F——试样氧化处理过程中的稀释倍数；

　　　m——试样质量，g。

计算结果表示到小数点后两位。

6. 说明

（1）加入硫脲可防止抗坏血酸氧化，且有助于促进脎的形成。溶液中硫脲的浓度要一致，否则影响测定结果。加入硫脲时宜直接垂直滴入溶液，勿滴在管壁上。

（2）加入硫酸后显色，因糖类的存在会造成显色不稳定，30min 后影响减小，故加硫酸后 30min 方可比色。

（3）于冰浴上加入硫酸需一滴一滴加入，边加边摇，若加得过快，温升过高，将使糖类炭化产生焦糖色，影响测定结果。溶液温度需保持 10℃ 以下。

（4）活性炭对抗坏血酸的氧化作用，是基于其表面吸附的氧进行界面反应。加入量过低，氧化不充分，测定结果偏低；加入量过高，对抗坏血酸有吸附作用，也使结果偏低。

（5）本法为 GB/T 5009.86—2003《蔬菜、水果及其制品中总抗坏血酸的测定》中的第二法，适用于蔬菜、水果及其制品中总抗坏血酸的测定。本法检出限为 1～12μg/mL。

（二）高效液相色谱法

由于高效液相色谱法（HPLC）的高选择性与灵敏度，因而应用 HPLC 分析食品中维生素 C 是目前最为常用的方法，它可以克服食品中其他化合物的干扰。

用 HPLC 分析的样品，通常可用萃取液稀释后直接进样分析，如啤酒、黄酒；对水果试样，可用甲醇和 5% 偏磷酸的溶液。对含有蛋白质的样品，采用强酸、高浓度盐、有机试剂去除蛋白质。但含有强酸和高浓度盐的样品不能直接用于 HPLC 分析。对乳制品的脱蛋白，可采用稀的高氯酸溶液（0.05mol/L）。用有机溶剂沉淀蛋白质是相当容易的，并能将注入色谱柱的蛋白质量减至最小，然而这种处理会使样品变稀，这时如果样品中维生素 C 含量较低，会给样品分析带来困难。

在这种情况下，可采用超滤浓缩技术。在样品预处理过程中，防止 L-抗坏血酸的氧化是非常重要的，可采用添加偏磷酸溶液的方法加以解决。

分离方式目前主要有三大类型：反相键合相色谱、离子交换色谱和反相离子对色谱。

维生素 C 在反相色谱系统的保留时间较短，测定易受杂质干扰，实验结果差异较大，且重复性差。采用氨基柱及适当的流动相能同时产生离子交换色谱效果，有利于分离及定量分析。

1. 仪器

高效液相色谱仪（Waters 公司），备有 510 泵，U6K 进样器；484 型可调波长紫外检测器及 745 型数据处理机。

2. 操作方法

（1）样品处理

① 液体样品（果汁、果子露等）　取样 5～10g，振摇除去 CO_2 或加温除去乙醇，用

H_3PO_4 调 pH 为 2.8，加水定容，过滤，再经 $0.45\mu m$ 滤膜过滤，即为 HPLC 分析用样液。

② 固体样品（橘子粉、巧克力、蔬菜、水果等）　取样 2g，加 pH2.8 的水定容至 10mL，必要时均质、离心。上清液经 $0.45\mu m$ 滤膜过滤，即为 HPLC 分析用样液。

（2）色谱条件　CN 柱，4mm×300mm；流动相为甲醇-水（5∶95）；流速 1.5mL/min、柱温 40℃。

检测器：紫外检测器，波长 254nm。

3. 计算

与其他的高效液相色谱的计算方法相似。

1. 解释恒重的概念及操作步骤。

2. 在水分测定过程中，干燥器有什么作用？怎样正确地使用和维护干燥器？

3. 为什么将灼烧后的残留物称为粗灰分？样品在灰化前为什么要进行炭化处理？对于难灰化的样品可采取什么措施加速灰化？

4. 对于颜色较深的样品，在测定其总酸度时应如何保证测定结果的准确度？

5. 酸度计的使用步骤是什么？写出食品 pH 测定过程。测定时应注意哪些问题？

6. 测定挥发酸时加入磷酸的目的是什么？整个装置的操作要点是什么？操作过程有哪些注意事项？

7. 试用表格比较各种脂肪测定方法的原理和适用范围。

8. 选用乙醚抽提脂肪为什么必须用无水乙醚，并要求试样经过干燥？说明索氏抽提器的提取原理及应用范围。

9. 直接滴定法和高锰酸钾法测定食品中还原糖的原理是什么？在测定过程中应注意哪些问题？

10. 测定食品中的蔗糖时，为什么要严格控制水解条件？

11. 食品中淀粉测定时，酸水解法和酶水解法的使用范围及优缺点是什么？现需测定糙米、木薯片、面包和面粉中淀粉含量，试说明试样处理过程，应采用何种水解方法？

12. 为什么称量法测定的纤维素要以粗纤维表示结果？

13. 凯氏定氮法测定蛋白质的依据是什么？在消化过程中加入硫酸铜和硫酸钾试剂有哪些作用？

14. 蛋白质蒸馏装置的水蒸气发生器中的水为何要用硫酸调成酸性？

15. 说明甲醛滴定法测定氨基酸态氮的原理及操作要点，加入甲醛的作用是什么？

16. 测定食品中维生素的方法有哪些？各有什么优缺点？

17. 大多数维生素定量方法中，维生素必须先从食品中提取出来，通常使用哪些方法提取维生素？对于一水溶性维生素和一脂溶性维生素，分别给出一个适当的提取方法。

18. 测定维生素 A 时，为什么要先用皂化法处理试样？食品中维生素 C 测定的方法有哪些？各自的原理和适用范围是什么？

任务一　食品中水分含量的测定

（一）实训目的

1. 熟练掌握烘箱的使用、天平称重、恒重等基本操作。

2. 学习和领会常压干燥法测定水分的原理及操作要点。

3. 掌握常压干燥法测定全脂乳粉中水分的方法和操作技能。

（二）实训原理

食品中的水分受热以后，产生的蒸气压高于在电热干燥箱中的空气分压，从而使食品中的水分被蒸发出来。食品干燥的速度取决于这个压差的大小。同时由于不断地供给热能及不断地排走水蒸气，而达到完全干燥的目的。

（三）实训仪器与试剂

仪器：称量瓶、干燥器、恒温干燥箱、分析天平、药匙、托盘天平。

试剂：全脂奶粉。

（四）实训步骤

取洁净称量瓶，置于（100±5）℃干燥箱中，瓶盖斜支于瓶边，加热 0.5～1.0h，取出，盖好，置干燥器内冷却 0.5h，称重，并重复干燥至恒重。称 2.00～10.0g 奶粉样品，放入此称量瓶中，样品厚度约 5mm。加盖，精密称重后，置于（100±5）℃干燥箱中，瓶盖斜支于瓶边，干燥 2～4h 后盖好取出，放入干燥器内冷却 0.5h 后，称重。然后放回干燥箱中干燥 1h 左右，取出，冷却 0.5h，再称重，至前后两次质量差不超过 2mg，即为恒重。

（五）结果处理

1. 实验记录

称量瓶的质量(g)	称量瓶加奶粉的质量(g)	称量瓶加奶粉干燥后的质量(g)

2. 结果计算

全脂奶粉中总水分的测定按式（2-2-1）计算。

任务二　食品中总灰分的测定

（一）实训目的

1. 了解灰分测定的意义和原理。

2. 掌握面粉中总灰分的测定方法。

3. 掌握马弗炉的使用方法。

（二）实训原理

一定量的样品炭化后放入马弗炉内灼烧，使有机物质被氧化分解成二氧化碳、氮的氧化物及水等形式逸出，剩下的残留物即为灰分，称量残留物的质量即得总灰分的含量。

（三）实训仪器与试剂

仪器：电子天平（$d=0.1mg$）、马弗炉、电炉、坩埚、干燥器。

试剂：1∶4 盐酸溶液、0.5% 三氯化铁溶液和等量蓝墨水的混合液。

（四）实训步骤

1. 瓷坩埚的准备

将坩埚用盐酸（1∶4）煮 1～2h，洗净，晾干。用三氯化铁与蓝墨水的混合液在坩埚外壁及盖上写编号，置于 500～550℃ 马弗炉中灼烧 1h，于干燥器内冷却至室温，称重。反复灼烧、冷却、称重，直至恒重两次称重之差小于 0.5mg，记录质量 m_1。

2. 称重样品

准确称取 1～20g 样品于坩埚内，并记录质量 m_2。

3. 炭化

将盛有样品的坩埚放在电炉上小火加热炭化至无黑烟产生。

4. 灰化

将炭化好的坩埚慢慢移入马弗炉（500～600℃），盖斜倚在坩埚上，灼烧 2～5h，直至残留物呈灰白色为止。冷却至 200℃ 以下时，再放入干燥器冷却，称重。反复灼烧、冷却、称重，直至恒重（两次称量之差小于 0.5mg），记录质量 m_3。

（五）结果处理

面粉中总灰分的含量按式（2-2-6）计算。

任务三 食品中总酸及 pH 值的测定

（一）实训目的

1. 掌握碱滴定法测定总酸的原理及操作要点。

2. 熟练掌握酸度计的使用方法和技能。

（二）实训原理

除去 CO_2 的果汁饮料中的有机酸，用 NaOH 标准溶液滴定时，被中和成盐类。以酚酞为指示剂，滴定至溶液呈淡红色，0.5min 不褪色为终点。根据所消耗的标准溶液的浓度和体积，即可计算出样品中酸的含量。

利用酸度计（pH 计）测定果汁饮料中的有效酸度（pH），是将玻璃电极和甘汞电极插入果汁饮料中，组成一个电化学原电池，其电动势的大小与溶液的 pH 有关，从而可通过对原电池电动势的测量，在 pH 计上直接读出果汁饮料的 pH。

（三）实训仪器与材料

仪器：电炉、酸度计、碱式滴定管、洗耳球、分析天平。

材料：0.10mol/L NaOH 标准溶液、标准磷酸盐缓冲液、果汁饮料、1％酚酞指示液。

（四）实训步骤

1. 样品的制备

取果汁饮料 100mL，置于 250mL 烧杯中，边搅拌边用电炉加热至微沸腾，保持 2min（逐出 CO_2），取出自然冷却至室温，并用煮沸过的蒸馏水补足至 100mL，待用。

2. 总酸度的测定

吸取上述制备液 25mL 于 250mL 锥形瓶中，加 25mL 蒸馏水，加 1％酚酞指示液 2 滴，摇匀，用 0.10mol/L 氢氧化钠标准溶液滴定，直至微红色且半分钟内颜色不消失为止，记下消耗 NaOH 的体积 V_1（mL）。同时，以水代替试液做空白试验，记下消耗 NaOH 的体积 V_2（mL）。

3. 果汁饮料中有效酸度（pH）的测定

（1）酸度计的校正

① 开启酸度计电源，预热 30min，连接玻璃电极及甘汞电极，在读数开关放开的情况下调零。

② 测量标准缓冲溶液的温度，调节酸度计温度补偿旋钮。

③ 将两电极浸入缓冲液中，按下读数开关，调节定位旋钮，使 pH 计指针在缓冲液的 pH 上，放开读数开关，指针回零，重复操作两次。

（2）果汁饮料 pH 的测定

① 用无 CO_2 的蒸馏水淋洗电极，并用滤纸吸干，再用制备好的果汁饮料冲洗两电极，浸入样液。

② 根据果汁饮料温度调节酸度计温度补偿旋钮，将两电极插入果汁中，按下读数开关，稳定 1min，酸度计指针所指 pH 即为果汁饮料的 pH。

测量完毕后，将电极和烧杯清洗干净，并妥善保管。

（五）结果处理

编号	V_1/mL	V_2/mL	试样的 pH 值	含量计算
1				
2				

总酸含量按式（2-2-10）计算。

任务四 食品中脂肪含量的测定

（一）实训目的

1. 学习并掌握罗紫·哥特里法测定乳及乳制品中脂肪含量的方法。
2. 掌握用有机溶剂萃取脂肪及溶剂回收的基本操作技能。

（二）实训原理

利用氨-乙醇溶液破坏样品溶液胶体性状和脂肪球膜，非脂成分溶解于氨-乙醇溶液中而使脂肪游离出来。用乙醚-石油醚提取出脂肪，蒸馏去除溶剂后，残留物即为乳脂肪。

（三）实训仪器与材料

仪器：烘箱、恒温水浴锅、脂肪测定仪、脂肪瓶、分析天平、干燥器、称量瓶。

材料：乙醚、95％乙醇、石油醚、乳粉。

（四）实训步骤

1. 脂肪瓶准备

脂肪瓶用乙醚清洗，烘干 0.5h ［(100±5)℃］，冷却 0.5h，重复以上操作至恒重（两次质量之差不超过 2mg），放入干燥器备用。

2. 样品处理

精密称取 1.00g 乳粉，用 10mL 60℃ 的水依次溶解于 100mL 具塞量筒中，加入 1.25mL 氨水，充分摇匀（注意放气），于 60℃ 水浴中加热 5min，冷却后加入 10mL 95％乙醇，充分摇匀。

3. 脂肪提取

加入 25mL 乙醚到具塞量筒中，振摇 0.5～1min，小心放气，加入 25mL 石油醚，振摇 0.5～1min，敞口静置 30min，待上层液（醚层包括乙醚、石油醚和脂肪）澄清后，记下醚层的体积。

4. 回收溶剂及干燥

吸上层醚层 10mL 放入已恒重的脂肪瓶中，用脂肪测定仪回收溶剂。脂肪瓶内剩 1～2mL 时，水浴蒸干，然后将脂肪瓶放入烘箱中烘 2h［(100±5)℃］，冷却至室温后称重。重复以上操作至恒重（两次质量之差不超过 2mg）。

（五）结果处理

脂肪含量按式（2-2-13）计算。

任务五　食品中还原糖的测定

（一）实训目的

1. 理解直接滴定法测定还原糖的测定原理及操作要点。
2. 掌握测定水果硬糖中还原糖量的操作技能。
3. 进一步巩固和规范滴定操作技能。

（二）实训原理

样品经除去蛋白质后，在加热条件下，直接滴定标定过的碱性酒石酸铜溶液，还原糖将二价铜还原为氧化亚铜。以亚甲基蓝作指示剂，在滴定终点稍过量的还原糖将蓝色的氧化型亚甲基蓝还原为无色的还原型亚甲基蓝。最后根据样品液消耗体积，计算还原糖量（用葡萄糖标准溶液标定碱性酒石酸铜溶液）。

（三）实训仪器与材料

仪器：酸式滴定管、可调式电炉（带石棉板）、分析天平。

材料：

① 碱性酒石酸铜甲液　称取 15g 硫酸铜（$CuSO_4 \cdot 5H_2O$）及 0.05g 亚甲基蓝，溶于水中并稀释至 1000mL。

② 碱性酒石酸铜乙液　称取 50g 酒石酸钾钠及 75g 氢氧化钠，溶于水中，再加入 4g 亚铁氰化钾，完全溶解后，用水稀释至 1000mL，贮存于橡胶塞玻璃瓶中。

③ 葡萄糖标准溶液　精确称取 1.0000g 经过（99±1）℃干燥至恒重的纯葡萄糖，加水溶解后加入 5mL 盐酸，并以水稀释至 1000mL。此溶液每毫升相当于 1.0mg 葡萄糖。

④ 亚铁氰化钾。

⑤ 盐酸。

⑥ 水果硬糖。

（四）实训步骤

1. 样品处理

准确称取 1g 样品置于 250mL 容量瓶中，加水溶解定容，摇匀，即为样液。

2. 标定碱性酒石酸铜溶液

吸取 5.00mL 碱性酒石酸铜甲液及 5.00mL 乙液，置于 150mL 锥形瓶中，加水 10mL，加入玻璃珠 3 粒，从滴定管滴加约 9mL 葡萄糖标准溶液，控制在 2min 内加热至沸。趁沸以每 2s 1 滴的速度继续滴加葡萄糖标准溶液或其他还原糖标准溶液，直至溶液蓝色刚好褪去为终点，记录消耗葡萄糖或其他还原糖标准溶液的总体积。同时平行操作 3 份，取其平均值，计算每 10mL（甲、乙液各 5mL）碱性酒石酸铜溶液相当于葡萄糖的质量或其他还原糖的质量 [mg，按式（2-2-14）计算]。

3. 样品液预测

吸取 5.00mL 碱性酒石酸铜甲液及 5.00mL 乙液，置于 150mL 锥形瓶中，加水 10mL，加入玻璃珠 3 粒，控制在 2min 内加热至沸，趁沸以先快后慢的速度，从滴定管中滴加样品溶液，并保持溶液沸腾状态，待溶液颜色变浅时，以每 2s 1 滴的速度滴定，直至溶液蓝色刚好褪去为终点，记录样液消耗体积。样品中还原糖浓度根据预测加以调节，以 0.1g/100g 为宜，即控制样液消耗体积在 10mL 左右，否则误差大。

4. 样品溶液的测定

吸取 5.00mL 碱性酒石酸铜甲液及 5.00mL 乙液，置于 150mL 锥形瓶中，加水 10mL，加入玻璃珠 2 粒，从滴定管加比预测体积少 1mL 的样品溶液，控制在 2min 内加热至沸，趁沸继续以每2s1滴的速度滴定，直至蓝色刚好褪去为终点，记录样液消耗体积。同法平行操作3次，取平均消耗体积。

（五）结果处理

1. 数据记录

样品质量	标定时消耗葡萄糖标准溶液用量/mL				与10mL碱性酒石酸铜相当的葡萄糖液质量/mg	测定时消耗样品溶液的体积/mL			
	1	2	3	平均		1	2	3	平均

2. 结果计算

水果硬糖中还原糖的含量按式（2-2-15）计算。

任务六 食品中蛋白质含量的测定

（一）实训目的

1. 理解凯氏定氮法测定蛋白质总氮量的原理及操作技术。

2. 掌握凯氏定氮法中样品的消化、蒸馏、吸收等基本操作技能与含氮量的计算。

3. 进一步熟练掌握滴定操作。

（二）实训原理

含有蛋白质的样品经加硫酸消化使蛋白质分解，其中氮素与硫酸化合成硫酸铵。然后加碱蒸馏使氨游离，用硼酸液吸收后，再用盐酸或硫酸滴定。根据盐酸消耗量，乘以一定的系数，即为蛋白质含量。

（三）实训仪器与材料

仪器：凯氏定氮仪、分析天平、托盘天平、消化炉、消化管、酸式滴定管、滤纸、抽气装置（抽吸泵）。

材料：浓硫酸、氢氧化钠、溴甲酚绿、甲基红、硼酸（2%）、硒粉药片、95%乙醇、盐酸、鸡蛋。

（四）实训步骤

1. 样品消化

称蛋清0.5～1g置于洗涤烘干的试管中，加1片催化剂（硒粉药片）和10mL硫酸。

将消化管分别放入消化架各个孔内，然后置于消化炉上，开启抽吸泵水阀，使抽吸泵处于吸气状态。接通电源，在加热的初始阶段，必须注意观测，防止试样因急沸而飞溅。（初消化时，电压调至180～200V，温度不宜太高。）

2. 蒸馏

分别将橡胶管与各进出水接口连接，出水口、排水口用橡胶管连接后置于水池内。冷却水接口与自来水龙头连接，H_2O、NaOH输入接口与橡胶管连接后分别置入蒸馏水、NaOH容器中，并关闭排水开关阀门。

（1）打开电源开关、H_2O开关，蒸馏水自动进入蒸汽发生炉内，达到一定液位高度后受液位控制器控制停止进水，进入电加热状态。

（2）在250mL锥形瓶中加入50mL 2%硼酸（H_3BO_3）和2～3滴指示剂，将该瓶套在接收管上，并使管口浸没于液面下。

（3）取消化冷却后的消化管置入适量的 H_2O 后，将其固定在蒸馏器托盘架上，使消化管固定在蒸馏器托盘架上，开启 NaOH 开关，注入 50mL NaOH 溶液。

（4）蒸汽发生炉内蒸馏水经 1～2min 加热后，开始沸腾，迅速产生的蒸汽进入消化管内进行蒸馏，待接收瓶液面高于 150mL 时，将接收瓶下移，使接收管离开液面，用 H_2O 冲洗出气口，然后取下接收瓶，待滴定用。

3. 滴定

用 0.1mol/L HCl 滴定接收瓶内的溶液，滴定至溶液由绿色变为淡紫色时为滴定终点，记下消耗 HCl 的体积（mL）。

（五）结果处理

食品中蛋白质含量按式（2-2-25）计算。

（六）注意事项

1. 消化时若有气体外溢，可加大抽泵水的流速。

2. NaOH 溶液因长期不用，管里容易产生粘固现象，每天工作完毕把 NaOH 外接皮管移入蒸馏水瓶内，抽洗几次，下次使用在蒸馏时须排出 100mL NaOH，以防稀释 NaOH，影响测定结果。

3. 每次试样蒸馏结束后，必须迅速取下消化管，防止消化管液体倒吸进蒸发炉腐蚀电极板。

任务七　水果中维生素 C 含量的测定

（一）实训目的

1. 学习掌握 2,6-二氯靛酚滴定法测定还原型抗坏血酸的原理及操作要点。

2. 熟练掌握氧化还原滴定的要点及条件控制。

（二）实训原理

还原型抗坏血酸能还原 2,6-二氯靛酚染料，该染料在酸性溶液中呈红色，被还原后红色消失。还原型抗坏血酸还原染料后，本身被氧化为脱氢抗坏血酸。在没有杂质干扰时，一定量的样品提取液还原标准染料液的量与样品中所含抗坏血酸的量成正比。

（三）实训仪器与材料

仪器：滴定管；滴定分析辅助仪器。

试剂：

① 20g/L 草酸溶液　溶解 20g 草酸晶体于 700mL 水中，然后稀释至 1000mL。

② 10g/L 草酸溶液　取上述 20g/L 草酸溶液 500mL，用水稀释至 1000mL。

③ 0.1000mol/L KIO_3（1/6KIO_3）溶液　精确称取干燥的碘酸钾 0.3567g，用水稀释至 100mL。

④ 0.001000mol/L KIO_3 溶液　吸取上述 0.1000mol/L 碘酸钾溶液 1mL，用水稀释至 100mL。此溶液 1mL 相当于抗坏血酸 0.088mg。

⑤ 10g/L 淀粉溶液。

⑥ 60g/L 碘化钾溶液。

⑦ 抗坏血酸标准溶液　准确称取 20mg 抗坏血酸，溶于 10g/L 草酸溶液中，移入容量瓶中，并用 10g/L 草酸溶液稀释至 100mL，混匀，置冰箱中保存。

使用时吸取上述抗坏血酸 5mL，置于 50mL 容量瓶中，用 10g/L 草酸溶液定容。此标准使用液每毫升含 0.02mg 维生素 C（0.02mg/mL）。

a. 标定　吸取标准使用液 5mL 于锥形瓶中，加入 60g/L 碘化钾溶液 0.5mL、10g/L 淀粉溶液 3 滴，再以 0.001000mol/L 碘酸钾标准溶液滴定，终点为淡蓝色。

b. 计算

$$c = \frac{V_1}{V_2} \times 0.088 \qquad (2\text{-}2\text{-}32)$$

式中　c——抗坏血酸标准溶液的浓度，mg/mL；

　　　V_1——滴定时所耗 0.001000mol/L 碘酸钾标准溶液的量，mL；

　　　V_2——滴定时所取抗坏血酸的量，mL。

　　0.088——1mL 0.001000mol/L 碘酸钾标准溶液相当于抗坏血酸的量，mg/mL。

⑧ 2,6-二氯靛酚溶液　称取碳酸氢钠 52mg，溶于 200mL 沸水中，然后称取 2,6-二氯靛酚 50mg，溶解在上述碳酸氢钠的溶液中，待冷，置于冰箱中过夜，次日过滤，置于 250mL 容量瓶中，用水稀释至刻度，摇匀。此液应贮于棕色瓶中并冷藏，每周至少标定一次。

a. 标定　取 5mL 已知浓度的抗坏血酸标准溶液，加入 10g/L 草酸溶液 5mL，摇匀，用上述配制的染料溶液 2,6-二氯靛酚溶液滴定至溶液呈粉红色并且 15s 不褪色为止。

b. 计算

$$T = \frac{c \times V_1}{V_2} \qquad (2\text{-}2\text{-}33)$$

式中　T——每毫升染料溶液相当于抗坏血酸的质量，mg/mL；

　　　c——抗坏血酸的浓度，mg/mL；

　　　V_1——抗坏血酸标准溶液的量，mL；

　　　V_2——消耗染料 2,6-二氯靛酚溶液溶液量，mL。

（四）实训步骤

1. 样品处理

称取适量（50.0～100.0g）样品，加等量的 20g/L 草酸溶液，倒入组织捣碎机中捣成匀浆。称取 10.00～30.00g 浆状样品（使其含有抗坏血酸 1～5mg），置于小烧杯中，用 10g/L 草酸溶液将样品移入 100mL 容量瓶中，并稀释至刻度，摇匀。将样液过滤，弃去最初数毫升滤液。若样液具有颜色，用白陶土（应选择脱色力强但对抗坏血酸无影响的白陶土）去色。

2. 样品测定

迅速吸取 5～10mL 滤液，置于 50mL 锥形瓶中，用标定过的 2,6-二氯靛酚染料溶液滴定，直至溶液呈粉红色并且 15s 内不褪色为止。平行测定三次，取平均值。按同一方法做一空白对照。

（五）结果处理

水果中维生素 C 的含量按下式进行计算：

$$X = \frac{(V - V_0) \times T}{m} \times 100 \qquad (2\text{-}2\text{-}34)$$

式中　X——样品中抗坏血酸含量，mg/100g；

　　　T——1mL 染料溶液相当于抗坏血酸标准溶液的量，mg/mL；

　　　V——滴定时所耗去染料溶液的量，mL；

　　　V_0——滴定空白时消耗染料的量，mL；

　　　m——滴定时所取滤液中含有样品的质量，g。

（六）注意事项

1. 样品取样后，应浸泡在一定量（已知量）20g/L 草酸溶液中，以免发生氧化，使抗坏血酸受损失。

2. 对动性的样品可用 10％三氯乙酸代替 20g/L 草酸溶液提取；对含有大量 Fe 的样品，如储藏过久的罐头食品，可用 8％醋酸溶液代替草酸溶液提取。

3. 整个操作过程要迅速，防止还原型抗坏血酸被氧化。

4. 若样品滤液无色，可不加白陶土。须加白陶土的，要对每批新的白陶土测定回收率。加白陶土脱色过滤后，样品要迅速滴定。

5. 滴定开始时，染料溶液要迅速加入，直至红色不立即消失，然后尽可能一滴一滴地加入，并要不断振动锥形瓶，直至呈粉红色于 15s 内不消失为止。样品中可能有其他杂质也能还原 2,6-二氯靛酚，但一般杂质还原该染料的速度均较抗坏血酸慢，所以滴定时以 15s 红色不褪为终点。

评一评

班级：_____　　组别：_____　　姓名：_____

项目考核		评价内涵与标准	项目内权重/%	学生自评20%	学生互评30%	教师评价50%
考核内容	指标分解					
知识内容	食品的一般成分的基础知识及常规检测方法	结合学生自查资料,熟练掌握食品中一般成分的基础知识,各种成分常用的检测方法原理、操作及计算方法	10			
	对各种测量方法的理解	能够掌握相关仪器的操作及使用流程	10			
项目完成度	检验流程分析	实验前物质、设备准备、预备情况,正确分析检验流程	10			
	检验方案设计	能够选择合适的分析方法,并能正确设计相关成分的检测方案	20			
	检验过程	知识应用能力,应变能力,能正确地分析和解决遇到的问题	20			
	检验结果分析及优化	检验结果分析的表达与展示,能准确表达制定的合成方案,正确回答师生提出的疑问	10			
表现	配合默契的伙伴	能正确、全面获取信息并进行有效的归纳	5			
		能积极参与合成方案的制定,进行小组讨论,提出自己的建议和意见	5			
	团队协作	善于沟通,积极与他人合作完成任务,能正确分析和解决遇到的问题	5			
		遵守纪律、着装与总体表现	5			
综合评分						
综合评语						

思考题

1. 食品中一般成分的作用、检测意义是什么？采取哪些常规检测方法？

2. 设计一套对某一典型食品中一般成分的检验方案，给出完整的检验报告。

食品中水分活度值的测定

一、水分活度的概念

在食品中水分具有不同的存在状态，而各种水分的测定方法只能定量地测定食品中水的总含量，它并不能完全说明是否有利于微生物生长。对于食品的生产和贮藏均缺乏科学的指导作用。因此，为了表示食品中所含的水分作为微生物化学反应和微生物生长的可用价值，提出了水分活度的概念。

水分活度（water activity）是指在同一条件（温度、湿度和压力等）下，食品中水分所产生的蒸气压与纯水蒸气压之间的比值。其表示食品中水分可以被微生物所利用的程度。

水分活度可以根据拉乌尔定律用蒸气压的关系来表示：

$$A_w = \frac{p}{p_0} = \frac{R_H}{100} \qquad (2\text{-}2\text{-}35)$$

式中　p——食品中水蒸气分压；

p_0——在相同温度下纯水的蒸气压；

R_H——平衡相对湿度（指样品放在空气中，不被干燥也不吸湿时的大气相对湿度）。

相对湿度、水分含量、水分活度值是一些不同的概念。相对湿度是指食物周围的空气状态。

食品的平衡相对湿度是指食品中的水分蒸气压达到平衡后，食品周围的水蒸气分压与同温度下水的饱和蒸气压之比。

在一定温度下食品与周围环境处于水分平衡状态时，食品的水分活度值在数值上等于用百分率表示的相对湿度，其数值在 0～1 之间，纯水 $A_w = 1$，完全无水时 $A_w = 0$。

水分含量是指食品中水的总含量，即一定量食品中含水量的百分数。

水分活度值说明了食品中水分存在的状态，即水分与食品的结合程度或游离程度。结合程度越高，水分活度值越低；结合程度越低，水分活度值越高。

新鲜或干燥食品中的含水量，都随环境条件的变动而变化。如果食品周围环境的空气干燥，湿度低，则水分会从食品向空气中蒸发，水分逐渐减少而干燥；反之，如环境湿度高，则干燥的食品就会吸湿，使得水分增多。

当食品所吸收的水量等于从食品中蒸发的水量时，食品的水分含量就不再发生变化，我们把此时的水分称为平衡水分。但当环境条件发生变化，则这种蒸发与吸湿的平衡就又被打破，直到建立起新的平衡。

也就是说，食品中的水分并不是静止的，而是处于一种活动的状态。

水分活度主要反映食品平衡状态下的自由水分的多少，反映食品的稳定性和微生物繁殖的可能性，以及能引起食品品质变化的化学及物理变化的情况，常用于衡量微生物忍受干燥程度能力。

水分活度的物理意义是表征生物组织和食品中能参与各种生理作用的水分含量与总含水量的定量关系。

通过测量食品的水分活度，选择合理的包装和储藏方法，可以减少防腐剂的使用，可以判断食品、粮食、果蔬的货架寿命。食品中水分活度值的测定已逐渐成为食品检验中的一个重要项目。

二、食品中水分活度的测定方法

食品中水分活度的测定方法很多，常用的有扩散法、水分活度测定仪法等。

（一）扩散法

1. 原理

样品在康威微量扩散皿的密封和恒温条件下，分别在较高和较低的标准饱和溶液中扩散平衡后，根据样品质量的增加（在较高 A_w 值标准溶液中平衡）和减少（在较低 A_w 值标准溶液中平衡），求出样品的 A_w 值。

2. 仪器

康威扩散皿：玻璃质，分内室和外室，外室直径 70mm，内室直径 30mm，外室深度 13mm，内室深度 5mm，外室壁厚 5mm，内室壁厚 4mm，加磨砂玻璃盖。

小铝皿或玻璃皿（放样品用）；电子天平；恒温箱。

3. 试剂

标准饱和盐溶液的 A_w 值（25℃）见表 2-2-1。

表 2-2-1　标准饱和盐溶液的 A_w 值（25℃）

标准试剂	A_w	标准试剂	A_w
$LiCl \cdot H_2O$	0.110	$NaBr \cdot 2H_2O$	0.577
$KAc \cdot H_2O$	0.224	$NaCl$	0.752
$MgCl_2 \cdot 6H_2O$	0.330	KCl	0.842
$K_2CO_3 \cdot 2H_2O$	0.427	$BaCl_2 \cdot 2H_2O$	0.901
$Mg(NO_3)_2 \cdot 6H_2O$	0.528	KNO_3	0.924

注：本表数据取各种文献数据的平均值。

4. 测定方法

主要测定容器是康威扩散皿，它分内外二室，测定时在外室加入标准盐饱和溶液，在内室的铝箔皿中加入 1g 左右的待测试样。试样应用天平精确称量，记下初读数。固体食品试样最好切细后放入。用玻璃盖涂上真空脂密封，放入恒温箱，在 25℃ 条件下保持 2～3h，然后取出铝箔皿再次精确称出试样的质量，算出试样的增减量。如试样质量增加，说明内室的试样水分活度比外室的盐饱和溶液水分活度低，因此在密封容器内试样由于吸附水分而增重；反之，如试样的水分活度比盐饱和溶液水分活度高，则试样质量减少。

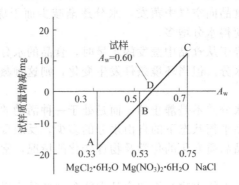

图 2-2-6　坐标法测定水分活性

5. 计算

根据试样与两种以上标准饱和盐溶液平衡后试样重量的增减作坐标图（见图 2-2-6），纵坐标为试样质量的增减（mg），横坐标为水分活度值。如图 2-2-6 的 A 点是试样与标准 $MgCl_2 \cdot 6H_2O$ 饱和溶液平衡后质量减少 20.0mg，试样与标准 $Mg(NO_3)_2 \cdot 6H_2O$ 平衡后失重 5.2mg，相应作出 B 点，与 NaCl 饱和溶液平衡后试样增加 11.1mg 作出 C 点，把三点连成一线与横坐标交于 D 点，得出试样的水分活性为 0.60。

6. 注意事项

(1) 注意称重试样的精确度，否则会造成测定误差。对试样的 A_w 值范围预先最好有个估计，以便正确选用标准盐饱和溶液。

(2) 若试样中含有酒精一类水溶性挥发物质时难以正确测定 A_w 值。

(3) 如有米饭类、油脂类食品在 25℃ 下放置 2～3h 测不出 A_w 值，可继续放置 1～4 天，先测定 2h 后的试样质量，然后间隔一定时间称重，再作坐标图求出。把首次与横坐标的相交点作为测定值。为防止试样腐烂，可以加入 0.2% 山梨酸钾作为防腐剂。

(二) A_w 测定仪法

水分活度测定仪法操作简便，能在较短时间内得到结果，但需要专门的仪器及一定的实验条件。

1. 原理

在一定温度下，用标准饱和溶液校正 A_w 测定仪的 A_w 值，在同一条件下测定样品的 A_w 值。将样品置于仪器的测试盒内，在一定温度下达到平衡，盒内样品的水蒸气分压通过传感器在仪器的表头上指示出 A_w 的读数。在样品测定前需用氯化钡饱和溶液校正 A_w 测定仪的 A_w 为 9.000。

2. 步骤

(1) 仪器校正　将两张滤纸浸于氯化钡饱和溶液中，用小夹子轻轻地把它放在仪器的样品盒内，然后将传感器的表头放在样品盒上，轻轻拧紧，于 20℃ 恒温烘箱加热恒温 3h 后，将校正螺丝校正 A_w 为 9.00。

(2) 样品测定　取样，于 15～25℃ 恒温后（果蔬样品迅速捣碎取汤汁与固形物按比例取样，肉和鱼等固体试样需适当切细），于容器样品盒内将传感器的表头置于样品盒上轻轻地拧紧。于 20℃ 恒温烘箱中加热 2h 后，不断观察表头仪器指针的变化情况，等指针恒定不变时，所指的数值即为此温度下试样的 A_w 值。

三、其他测定水分方法

(一) 化学干燥法

化学干燥法就是将某种对于水蒸气具有强烈吸附作用的化学药品与含水样品同装入一个干燥器（玻璃或真空干燥器），通过等温扩散及吸附作用而使样品达到干燥恒重，然后根据干燥前后样品的失重即可计算出其水分含量。此法在室温下干燥，需要较长时间，可达几天、几十天甚至几个月。

干燥剂有五氧化二磷、氧化钡、高氯酸镁、氢氧化锌、硅胶、氧化氯等。

(二) 微波法

微波是指频率范围为 $10^3～3×10^5\,MHz$ 的电磁波。当微波通过含水样品时，因水分引起的能量损耗远远大于干物质所引起的损耗，所以测量微波能量的损耗就可以求出样品含水量。

(三) 红外吸收光谱法

红外线属于电磁波，波长 $0.75～1000\mu m$。红外波段可分三部分：①近红外区 $0.75～2.5\mu m$；②中红外区 $2.5～25\mu m$；③远红外区 $25～1000\mu m$。根据水分对某一波长的红外光的吸收程度与其在样品中含量存在一定关系的事实，即建立了红外光谱测定水分方法。

项目小结

本项目主要介绍了食品中的水分、灰分、酸类物质、脂肪、碳水化合物、蛋白质、氨基酸和维生素等一般成分的检测方法。在学习时，要注意各种分析方法的原理及操作要求。在选择分析方法时，首先应选用中华人民共和国国家标准《食品卫生检验方法》理化检验部分所规定的分析方法。由于食品的一般成分大多为常量成分，应结合国家标准优先选择准确度高、简单易行的化学分析方法。如水分、灰分、脂肪测定等可用称量分析法，而酸度、还原糖、总糖、淀粉、蛋白质及维生素C等成分的测定则可选择滴定分析法。含量较低的成分可选择精密度高的仪器分析的方法，如分光光度法、电位法、荧光法及高效液相色谱法。

水分是食品的天然成分，不同食品中水分含量差别较大。控制食品的水分含量，对于保持食品的感官性质、维持食品各组分的平衡关系、防止食品的腐败变质等起着重要的作用。水分测定的方法主要有直接干燥法、减压干燥法、蒸馏法和卡尔·费休法。其中直接干燥法应用最广泛，操作以及设备都简单，而且有相当高的精确度。卡尔·费休法是测量水分最专一、最准确的方法。卡尔·费休法不仅可以测得样品中的自由水，而且可以测出其结合水，用该法所测得的结果更能反映出样品总水分含量。

灰分的含量表示了食品中无机盐含量的高低，主要测定方法是干法灰化法。在测定时特别要注意灰化条件（如时间、温度）及灰化容器的控制。

食品中酸类物质含量的高低影响其风味，同时也决定食品的品质。测定酸类物质的方法有滴定法测总酸、电位法测有效酸度和挥发酸的测定。

脂肪是食品中重要的营养成分之一，测定食品的脂肪含量，可以用来评价食品的品质，衡量食品的营养价值，而且对实行工艺监督，生产过程的质量管理，研究食品的储藏方式是否恰当都有重要的意义。脂肪测定的方法主要包括索氏提取法、酸水解法、罗紫·哥特里法、巴布科克法和盖勃法等。其中，索氏提取法是最常用的方法，后三种方法主要用于乳及乳制品中脂肪的测定。

糖类是食品工业的主要原料和辅助材料，是大多数食品的主要成分之一。在食品加工工艺中，糖类对改变食品的形态、组织结构、物化性质及色、香、味等感官指标起着重要作用。食品中糖类含量也标志着食品营养价值的高低，是某些食品自主要质量指标。一般糖类测定方法很多，但基础方法是还原糖的测定，特别要注意严格控制测定条件。

蛋白质是食品的重要组成成分，在食品加工过程中，蛋白质及其分解产物对食品的色、香、味有极大的影响。蛋白含量测定最常用的方法是凯氏定氮法，要严格控制消化条件，保证分析结果的准确度。对于食品中氨基酸态氮的测定通常选用甲醛值法。

维生素是维持人体正常生理功能必需的一类天然有机化合物，虽然人体对维生素的需要量小，但其作用却很大，不可缺乏，也不能过量。维生素检验的方法主要有化学法、仪器法。仪器分析法中紫外、荧光法是多种维生素的标准分析方法。它们灵敏、快速，有较好的选择性。另外，各种色谱法以其独特的高分离效能，在维生素分析方面占有越来越重要的地位。化学法中的比色法、滴定法，具有简便、快速、不需特殊仪器等优点，为广大基层实验室所普遍采用。

项目三　食品中添加剂的检验

典型工作任务 ▶▶▶

食品添加剂为食品生产和日常生活提供了诸多便利，使人类食品丰富多彩。食品添加剂既有化工产品的特性，又有食品安全的特殊要求。正确、合理使用食品添加剂有利于食品工业的技术进步和科技创新，同时也能加速食品添加剂产业的健康发展。

食品添加剂是食品工业重要的基础原料，对食品的生产工艺、产品质量、安全卫生都起到至关重要的作用。但是违法滥用食品添加剂以及超范围、超标准使用添加剂，都会给食品质量、安全卫生以及消费者的健康带来巨大的损害。随着食品工业与添加剂工业的发展，食品添加剂的种类和数量越来越多，它们对人们健康的影响也越来越大。加之随着毒理学研究方法的不断改进和发展，原来认为无害的食品添加剂，近年来又发现还可能存在慢性毒性、致癌作用、致畸作用及致突变作用等各种潜在的危害，因而更加不能忽视。所以，食品加工企业必须严格遵照执行食品添加剂的卫生标准，加强食品添加剂的卫生管理，规范、合理、安全地使用添加剂，保证食品质量，保证人民身体健康。而食品添加剂的分析与检测，则对食品的安全起到了很好的监督、保证和促进作用。

国家相关标准 ▶▶▶

GB 2760—2011《食品添加剂使用标准》

任务驱动 ▶▶▶

1. 任务分析

目前，全世界发现的各类食品添加剂有 14000 多种。截至 2010 年，我国允许使用的食品添加剂有 1600 种以上。如按食品添加剂的功能、用途划分，则可将其分为 23 大类。其中甜味剂、防腐剂、护色剂、漂白剂、着色剂、抗氧化剂是食品中最常用的添加剂。

通过筛选确定典型食品添加剂及其典型食品添加剂检测方法，基于对基础知识的了解和一系列实验的设计，充分掌握食品添加剂的基本知识和检测方法。

2. 能力目标

（1）了解食品添加剂的概念及测定食品添加剂的意义。

（2）掌握食品添加剂的分类和几种常用的食品添加剂的使用标准。

（3）掌握常见甜味剂、防腐剂、护色剂、漂白剂、着色剂、抗氧化剂的测定原理和测定方法。

任务教学方式 ▶▶▶

教学步骤	时间安排	教学方式（供参考）
阅读材料	课余	学生自学,查资料,相互讨论
知识点讲授（含课堂演示）	2 课时	在课堂学习中,结合多媒体课件讲解食品添加剂的概念、测定食品添加剂的意义,重点讲授食品添加剂的分类和几种常用的食品添加剂的使用标准
任务操作	6 课时	完成常见甜味剂、防腐剂、护色剂、漂白剂、着色剂、抗氧化剂的测定原理的讲解,通过老师重点演示,学生边学边做,教师有针对性地提问,引发学生思考和解答,最后通过实验验证和老师指导,共同完成 2~3 个常见食品添加剂的检测

知识一　食品添加剂的定义及功能类别

1. 食品添加剂的定义

食品添加剂是指为改善食品品质和色、香、味，以及为防腐、保鲜和加工工艺的需要而加入食品中的人工合成或者天然物质。

2. 食品添加剂功能类别

（1）酸度调节剂　用以维持或改变食品酸碱度的物质。

（2）抗结剂　用于防止颗粒或粉状食品聚集结块，保持其松散或自由流动的物质。

（3）消泡剂　在食品加工过程中降低表面张力，消除泡沫的物质。

（4）抗氧化剂　能防止或延缓油脂或食品成分氧化分解、变质，提高食品稳定性的物质。

（5）漂白剂　能够破坏、抑制食品的发色因素，使其褪色或使食品免于褐变的物质。

（6）膨松剂　在食品加工过程中加入的，能使产品发起形成致密多孔组织，从而使制品膨松、柔软或酥脆的物质。

（7）胶基糖果中基础剂物质　使胶基糖果起泡、增塑、耐咀嚼等的物质。

（8）着色剂　赋予食品色泽和改善食品色泽的物质。

（9）护色剂　能与肉及肉制品中呈色物质作用，使之在食品加工、保藏等过程中不致分解、破坏，呈现良好色泽的物质。

（10）乳化剂　能改善乳化体中各种构成相之间的表面张力，形成均匀分散体或乳化体的物质。

（11）酶制剂　由动物或植物的可食或非可食部分直接提取，或由传统或通过基因修饰的微生物（包括但不限于细菌、放线菌、真菌菌种）发酵、提取制得，用于食品加工，具有特殊催化功能的生物制品。

（12）增味剂　补充或增强食品原有风味的物质。

（13）面粉处理剂　促进面粉的熟化和提高制品质量的物质。

（14）被膜剂　涂抹于食品外表，起保质、保鲜、上光、防止水分蒸发等作用的物质。

（15）水分保持剂　有助于保持食品中水分而加入的物质。

（16）营养强化剂　为增强营养成分而加入食品中的天然或者人工合成的属于天然营养素范围的物质。

（17）防腐剂　防止食品腐败变质、延长食品储存期的物质。

（18）稳定剂和凝固剂　使食品结构稳定或使食品组织结构不变，增强黏性或形成固形物的物质。

（19）甜味剂　赋予食品以甜味的物质。

（20）增稠剂　可以提高食品的黏稠度或形成凝胶，从而改变食品的物理性状，赋予食品黏润、适宜的口感，并兼有乳化、稳定或使之呈悬浮状态的物质。

（21）食品用香料　能够用于调配食品香精，并使食品增香的物质。

（22）食品工业用加工助剂　有助于食品加工能顺利进行的各种物质，与食品本身无关。如助滤、澄清、吸附、脱模、脱色、脱皮、提取溶剂等。

（23）其他　上述功能类别中不能涵盖的其他功能。

知识二　食品添加剂的使用原则

1. 食品添加剂使用时应符合以下基本要求：

（1）不应对人体产生任何健康危害；

（2）不应掩盖食品腐败变质；

（3）不应掩盖食品本身或加工过程中的质量缺陷或以掺杂、掺假、伪造为目的而使用食品添加剂；

（4）不应降低食品本身的营养价值；

（5）在达到预期目的前提下尽可能降低在食品中的使用量。

2. 在下列情况下可使用食品添加剂：

（1）保持或提高食品本身的营养价值；

（2）作为某些特殊膳食用食品的必要配料或成分；

（3）提高食品的质量和稳定性，改进其感官特性；

（4）便于食品的生产、加工、包装、运输或者贮藏。

3. 带入原则

在下列情况下食品添加剂可以通过食品配料（含食品添加剂）带入食品中：

（1）根据标准，食品配料中允许使用该食品添加剂；

（2）食品配料中该添加剂的用量不应超过允许的最大使用量；

（3）应在正常生产工艺条件下使用这些配料，并且食品中该添加剂的含量不应超过由配料带入的水平；

（4）由配料带入食品中的该添加剂的含量应明显低于直接将其添加到该食品中通常所需要的水平。

知识三　食品添加剂的发展趋势

我国自然资源十分丰富，因此在天然食品添加剂方面具有明显的优势。在一片回归自然的呼声中，中国的天然抗氧化剂、天然色素、天然香料等天然植物抽提物产品受到国际市场的青睐。未来我国食品添加剂主要向以下几个方面发展：

（1）开发低毒或无毒食品添加剂；

（2）利用天然产物开发新型天然食品添加剂；

（3）天然与合成并存互补，开发复合型食品添加剂；

（4）通过筛选开发高效、低添加量的食品添加剂；

（5）多功能型和单一型添加剂。

知识四　食品添加剂相关法律法规

《中华人民共和国食品安全法》（简称《食品安全法》）从八个方面规定了食品添加剂的生产、经营、进口和使用。第 99 条明确了食品添加剂的概念；第 2 条规定《食品安全法》适用于食品添加剂的管理范围；第 13 条规定建立食品安全风险评估制度及负责组织风险评估的部门；第 19 条和第 20 条明确食品添加剂产品标准和使用标准属于国家强制标准；第 36 条、第 42 条和第 46 条规定了预包装食品生产使用食品添加剂的规定；第 28 条、第 38 条、第 43 条、第 44 条和第 45 条对食品添加剂的生产经营进行了规定；第 62 条和第 63 条对进口食品添加剂进行了规定；第 77 条规定了各监督管理部门各自履行的食品安全监督管理职责；第 84 条至第 89 条规定了法律责任和违法的处罚。

我国的食品添加剂品种标准体系经过了几十年的发展，形成了由国家标准与行业标准共同构成的食品添加剂品种标准体系的格局。由于食品添加剂品种的原料特点和产业差别，我国颁布的食品添加剂品种标准包括国家标准（GB，如 GB 2760—2011 食品添加剂使用标准）、化工行业标准（HG）、轻工行业标准（QB）、医药行业标准（YY）、商业行业标准（SB）、林业行业标准（LY）等 200 多项（不包括香料标准）。

1. 食品添加剂的定义是什么？

2. 简述食品添加剂的功能与分类。

3. 食品添加剂的使用原则有哪些？

4. 食品添加剂常用检验标准是什么？

任务一　食品中糖精钠的测定

甜味剂是指能够赋予食品甜味的食品添加剂，按其来源可分为天然甜味剂和人工合成甜味剂，按其营养价值可分为营养型与非营养型甜味剂，通常所讲的甜味剂系指人工合成的非营养型甜味剂，如糖精钠、环己氨基磺酸钠（甜蜜素）、乙酰磺胺酸钾（安赛蜜）、天冬酰苯丙氨甲酯（甜味素、阿斯巴甜）等。

（一）目的

1. 掌握高效液相色谱法测定糖精钠的原理和方法。
2. 进一步熟练掌握高效液相色谱仪的使用及其注意事项。

（二）原理

样品经加温除去二氧化碳和乙醇后，调节 pH 至近中性，过滤后进高效液相色谱仪。经反相色谱分离后，根据保留时间和峰面积进行定性和定量。取样量为 2.5g，进样量为 $10\mu L$，最低检出量为 $1.5\mu g$。

（三）仪器和试剂

1. 仪器

高效液相色谱仪；紫外检测器。

2. 试剂

① 甲醇　经滤膜（$0.5\mu m$）过滤，超声脱气。

② 氨水（1+1）　28%氨水加等体积水混合。

③ 乙酸铵溶液（0.02mol/L）　称取 1.54g 乙酸铵，加水至 1000mL 溶解，经滤膜（$0.45\mu m$）过滤。

④ 糖精钠标准储备溶液　准确称取 0.0851g 经 120℃ 烘干 4h 后的糖精钠（$C_7H_4O_3NSNa \cdot 2H_2O$），加水溶解定容至 100.0mL。糖精钠含量 1.0mg/mL，作为储备溶液。

⑤ 糖精钠标准使用溶液　吸取糖精钠标准储备液 10.0mL 放入 100mL 容量瓶中，加水至刻度。经滤膜（$0.45\mu m$）过滤。该溶液每毫升相当于 0.10mg 的糖精钠。

（四）操作步骤

1. 样品处理

（1）汽水、饮料、果汁类　汽水需微温搅拌除去 CO_2。然后吸取 2.0mL 样品加入已装有中性氧化铝（3cm×1.5cm）的小柱中，过滤，弃去初滤液。用流动相洗脱糖精钠，接收于 25mL 带塞量筒中，洗脱至刻度，摇匀。此液通过微孔滤膜（$0.45\mu m$）后进样。

（2）配制酒类　称取 10.0g 样品放入小烧杯中，水浴加热除去乙醇，用氨水（1+1）调 pH 至 7，加水定容至适当体积，经滤膜（$0.45\mu m$）过滤后进行 HPLC 分析。

2. 高效液相色谱分析参考条件

① 色谱柱：YWG-C_{18} 4.6mm×150mm，$5\mu m$ 不锈钢柱，或其他型号 C_{18} 柱。

② 流动相：甲醇＋乙酸铵溶液（0.02mol/L）（5+95）。

③ 流速：1.0mL/min。

④ 进样量：$10\mu L$。

⑤ 检测器：紫外检测器，波长 230nm，灵敏度 0.2AUFS。

3. 测定

取样品处理液和标准使用液各 $10\mu L$ 注入高效液相色谱仪进行分离，根据保留时间定性，外标峰面积法定量。

（五）结果计算

$$X = \frac{m_1}{m_2 \times \dfrac{V_2}{V_1}} \tag{2-3-1}$$

式中　X —— 样品中糖精钠含量，g/kg（或 g/L）；

m_1 —— 进样体积中糖精钠的质量，mg；

m_2 —— 样品质量或体积，g（或 mL）；

V_1 —— 样品稀释液总体积，mL；

V_2 —— 进样体积，mL。

结果表述：保留算术平均值的三位小数。允许相对误差≤10%。

任务二　食品中苯甲酸钠的测定

防腐剂是指能防止食品腐败、变质，抑制食品中微生物繁殖，延长食品保存期的物质，它是人类使用历史最悠久、应用最广泛的食品添加剂。目前，我国允许使用的品种主要有苯甲酸及其钠盐、山梨酸及其钾盐、对羟基苯甲酸乙酯和丙酯、丙酸钠、丙酸钙、脱氢乙酸等。

苯甲酸及苯甲酸钠是目前我国使用的主要防腐剂之一。它属于酸型防腐剂，在酸性条件下防腐效果较好，特别适用于偏酸性食品（pH4.5～5）。我国《食品添加剂使用标准》（GB 2760—2011）规定：苯甲酸及苯甲酸钠在碳酸饮料中的最大使用量为 0.2g/kg，低盐酱菜、酱菜、蜜饯、食醋、果酱（不包括罐头）、果汁饮料、塑料装浓缩果蔬汁中最大使用量为 2g/kg（以苯甲酸计）。

（一）目的

1. 掌握滴定法测定食品中苯甲酸钠含量的原理和方法。

2. 进一步熟练掌握滴定操作。

（二）原理

于试样中加入饱和氯化钠溶液，在碱性条件下进行萃取，分离出蛋白质、脂肪等，然后酸化，用乙醚提取试样中的苯甲酸，再将乙醚蒸去，溶于中性醚醇混合液中，最后以标准碱液滴定。

（三）仪器和试剂

1. 仪器

碱式滴定管、分液漏斗、水浴箱、风扇、分析天平。

2. 试剂

① 纯乙醚　将乙醚置于蒸馏瓶中，在水浴上蒸馏，收取 35℃部分的馏液。

② 盐酸（6mol/L）。

③ 氢氧化钠溶液（100g/L）　准确称取氢氧化钠 100g 于小烧杯中，先用少量蒸馏水溶解，再转移至 1000mL 容量瓶中，定容至刻度。

④ 氯化钠饱和溶液。

⑤ 氯化钠（分析纯）。

⑥ 中性醇醚混合液　将乙醚与乙醇按 1∶1（体积比）等量混合，以酚酞为指示剂，用

氢氧化钠中和至微红色。

⑦ 酚酞指示剂（1％乙醇溶液） 将1g酚酞溶解于100mL中性乙醇中。

⑧ 氢氧化钠标准溶液（0.05mol/L） 称取纯氢氧化钠约3g，加入少量蒸馏水溶去表面部分，弃去这部分溶液，随即将剩余的氢氧化钠（约2g）用经过煮沸后冷却的蒸馏水溶解并稀释至1000mL。

a. 氢氧化钠标准溶液的标定 将邻苯二甲酸氢钾（分析纯）于120℃烘箱中烘约1h至恒重。冷却25min，称取0.4g（精确至0.0001g）于锥形瓶中，加入50mL蒸馏水溶解后，加2滴酚酞指示剂，用上述氢氧化钠标溶液滴定至微红色1min不褪色为止。

b. 计算 按下式计算氢氧化钠溶液的浓度：

$$c = \frac{m \times 1000}{V \times 204.2} \tag{2-3-2}$$

式中 c——氢氧化钠溶液的浓度，mol/L；

  m——邻苯二甲酸氢钾的质量，g；

  V——滴定时使用的氢氧化钠溶液的体积，mL；

  204.2——邻苯二甲酸氢钾的摩尔质量，g/mol。

（四）操作步骤

1. 样品的处理

（1）固体或半固体样品 称取经粉碎的样品100g置于500mL容量瓶中，加入300mL蒸馏水，加入氯化钠（分析纯）至不溶解为止（使其饱和）；然后用100g/L氢氧化钠溶液使其成碱性（石蕊试纸试验），摇匀；再加氯化钠饱和溶液至刻度，放置2h（要不断振摇），过滤，弃去最初10mL滤液，收集滤液供测定用。

（2）含酒精的样品 吸取250mL样品，加入100g/L氢氧化钠溶液使其成碱性，置水浴上蒸发至约100mL时，移入250mL容量瓶中。加入氯化钠30g，振摇使其溶解，再加氯化钠饱和溶液至刻度，摇匀，放置2h（要不断振摇），过滤，取滤液供测定用。

（3）含脂肪较多的样品 经上述方法制备后，于滤液中加入氢氧化钠溶液使其成碱性，加入20～50mL乙醚提取，振摇3min，静置分层，溶液供测定用。

2. 提取

吸取以上制备的样品滤液100mL，移入250mL分液漏斗中，加6mol/L盐酸至酸性（石蕊试纸试验）。再加3mL盐酸（6mol/L），然后依次用40mL、30mL、30mL纯乙醚，用旋转方法小心提取。每次摇动不少于5min。待静置分层后，将提取液移至另一个250mL分液漏斗中（3次提取的乙醚层均放到这一分液漏斗中）。用蒸馏水洗涤乙醚提取液，每次10mL，直至最后的洗液不呈酸性（石蕊试纸试验）为止。

将此乙醚提取液置于锥形瓶中，于40～45℃水浴上回收乙醚，待乙醚只剩下少量时，停止回收，以风扇吹干剩余的乙醚。

3. 滴定

于提取液中加入中性醇醚混合液30mL、蒸馏水10mL、酚酞指示剂3滴，以0.05mol/L氢氧化钠标准溶液滴定至微红色为止。

（五）结果计算

$$X_1 = \frac{V \times c \times 144.1 \times 1000}{m} \tag{2-3-3}$$

$$X_2 = \frac{V \times c \times 122.1 \times 1000}{m} \tag{2-3-4}$$

式中 X_1——样品中苯甲酸钠的含量，mg/kg；

X_2——样品中苯甲酸的含量，mg/kg；

V——滴定时所耗氢氧化钠标准溶液的体积，mL；

c——氢氧化钠标准溶液的浓度，mol/L；

m——样品的质量，g；

144.1——苯甲酸钠的摩尔质量，g/mol；

122.1——苯甲酸的摩尔质量，g/mol。

任务三　食品中亚硝酸盐的测定

硝酸盐和亚硝酸盐是肉制品生产中最常使用的发色剂。在微生物作用下，硝酸盐还原为亚硝酸盐，亚硝酸盐在肌肉中乳酸的作用下生成亚硝酸。亚硝酸极不稳定，可分解为亚硝基，并与肌肉组织中的肌红蛋白结合，生成鲜红色的亚硝基肌红蛋白，使肉制品呈现良好的色泽。但由于亚硝酸盐是致癌物质亚硝胺的前体，因此在加工过程中常以抗坏血酸钠或异构抗坏血酸钠、烟酸胺等辅助发色，以降低肉制品中亚硝酸盐的使用量。

我国《食品添加剂使用标准》（GB 2760—2011）规定：亚硝酸盐用于腌制肉类、肉类罐头、肉制品时的最大使用量为 0.15g/kg，硝酸钠最大使用量为 0.5g/kg，残留量（以亚硝酸钠计）肉类罐头不得超过 0.05g/kg，肉制品不得超过 0.03g/kg。

（一）目的

1. 掌握盐酸萘乙二胺法测定食品中亚硝酸盐含量的原理和方法。
2. 进一步熟练掌握滴定操作。

（二）原理

样品经沉淀蛋白质、除去脂肪后，在弱酸性条件下，亚硝酸盐与对氨基苯磺酸（H_2N-C_6H_4-SO_3H）重氮化，产生重氮盐。此重氮盐再与偶合试剂（盐酸萘乙二胺）偶合形成紫红色染料，其最大吸收波长为 550nm，测定其吸光度后，可与标准比较定量。

$$2HCl + NaNO_2 + H_2N\!-\!\!\!\bigcirc\!\!\!-SO_3H \xrightarrow{\text{重氮化}} Cl\!-\!\!\overset{N}{\underset{N}{\parallel}}\!\!\!-\!\!\!\bigcirc\!\!\!-SO_3H + NaCl + 2H_2O$$

$$2HCl \cdot NH_2CH_2CH_2NH\!-\!\!\bigcirc\!\!\!\!\bigcirc + Cl\!-\!\!\overset{N}{\underset{N}{\parallel}}\!\!\!-\!\!\!\bigcirc\!\!\!-SO_3H \xrightarrow{\text{偶合}}$$

盐酸萘乙二胺

$$2HCl \cdot NH_2CH_2CH_2NH\!-\!\!\bigcirc\!\!\!\!\bigcirc\!\!\!-N\!=\!N\!-\!\!\bigcirc\!\!\!-SO_3H + HCl$$

紫红色

（三）仪器和试剂

1. 仪器

小型粉碎机、分光光度计、25mL 具塞比色管。

2. 试剂

实验用水为蒸馏水，试剂不加说明者，均为分析纯试剂。

① 氯化铵缓冲溶液　在 1000mL 容量瓶中加入 500mL 水，然后准确加入 20.0mL 盐酸，振荡混匀后，再准确加入 50mL 氢氧化铵，用水稀释至刻度。必要时用稀盐酸和稀氢氧化铵调 pH 至 9.6～9.7。

② 硫酸锌溶液（0.42mol/L）　称取 120g 硫酸锌（$ZnSO_4 \cdot 7H_2O$），用水溶解，并稀释至 1000mL。

③ 氢氧化钠溶液（20g/L） 称取 20g 氢氧化钠用水溶解，稀释至 1000mL。

④ 对氨基苯磺酸溶液 称取 10g 对氨基苯磺酸，溶于 700mL 水和 300mL 冰醋酸中，置棕色瓶中混匀，室温保存。

⑤ 盐酸萘乙二胺溶液（1g/L） 称取 0.19 盐酸萘乙二胺，加 60％乙酸溶解并稀释至 100mL，混匀后，置棕色瓶中，在冰箱中保存，1 周内稳定。

⑥ 显色剂 临用前，将盐酸萘乙二胺溶液（1g/L）和对氨基苯磺酸溶液等体积混合。仅供一次使用。

⑦ 亚硝酸钠标准储备液 准确称取 250.0mg 于硅胶干燥器中干燥 24h 的亚硝酸钠，用水溶解后移入 500mL 容量瓶中，加 100mL 氯化铵缓冲溶液，用水稀释至刻度，混匀，在 4℃避光保存。此溶液每毫升相当于 500μg 的亚硝酸钠。

⑧ 亚硝酸钠标准使用液 临用前，吸取亚硝酸钠标准储备液 1.00mL，置于 100mL 容量瓶中，加水稀释至刻度，混匀。此溶液每毫升相当于 5.0μg 的亚硝酸钠。

（四）操作步骤

1. 样品的处理

称取约 10.00g（粮食称取 5.00g）经绞碎混匀的样品，置于 250mL 烧杯中，加 70mL 水和 12mL 氢氧化钠溶液（20g/L），混匀，用氢氧化钠溶液（20g/L）调样品 pH 至 8，定量转移至 200mL 容量瓶中，加 10mL 硫酸锌溶液，混匀。如不产生白色沉淀，可再补加 2～5mL 氢氧化钠溶液，搅拌混匀。置 60℃水浴中加热 10min，取出后冷至室温，加水至刻度，混匀。放置 0.5h，用滤纸过滤，弃去初滤液 20mL，收集滤液备用。

2. 亚硝酸盐标准曲线的绘制

吸取 0.0mL、0.5mL、1.0mL、2.0mL、3.0mL、4.0mL、5.0mL 亚硝酸钠标准使用液（相当于 0.0μg、2.5μg、5.0μg、10.0μg、15.0μg、20.0μg、25.0μg 的亚硝酸钠），分别置于 25mL 具塞比色管中。分别加入 4.5mL 氯化铵缓冲溶液、2.5mL 60％乙酸，然后立即加入 5.0mL 显色剂，加水至刻度，混匀。在暗处静置 25min，用 1cm 比色杯（灵敏度低时可换 2cm 比色杯），以零管调节零点，于波长 550nm 处测吸光度，绘制标准曲线。

3. 样品的测定

吸取 10.0mL 样品滤液于 25mL 具塞比色管中，按标准曲线制备程序，自"分别加入 4.5mL 氯化铵缓冲液"起依法操作。同时做试剂空白实验。

（五）结果计算

$$X = \frac{m_2}{m_1 \times \dfrac{V_2}{V_1}} \qquad (2\text{-}3\text{-}5)$$

式中 X——样品中亚硝酸盐的含量，mg/kg；

m_1——样品的质量，g；

m_2——测定用样液中亚硝酸盐的质量，μg；

V_1——样品处理液的总体积，mL；

V_2——测定用样液体积，mL。

结果以算术平均值的二位有效数字表述。

（六）说明及注意事项

硫酸锌溶液作为蛋白质沉淀剂使用，也可用亚铁氰化钾和乙酸锌的混合溶液，利用产生的亚铁氰化锌与蛋白质共沉淀。实验中使用重蒸水可以减少试验误差。

任务四　食品中二氧化硫含量的测定

漂白剂是指可使食品中的有色物质经化学作用分解转变为无色物质，或使其褪色的一类食品添加剂。可分为还原型和氧化型两类。目前，我国使用的大都是以亚硫酸类化合物为主的还原型漂白剂，通过产生的 SO_2 的还原作用而使食品漂白。

我国《食品添加剂使用标准》（GB 2760—2011）规定：亚硫酸用于葡萄酒、果酒时的用量为 0.25g/kg，残留量（以 SO_2 计）不超过 0.5g/kg。在蜜饯、葡萄糖、食糖、冰糖、糖果、液体葡萄糖、竹笋、蘑菇及其罐头中的最大使用量为 0.4～0.6g/kg；薯类淀粉中为 0.20g/kg；竹笋、蘑菇及其罐头残留量（以 SO_2 计）不超过 0.04g/kg；液体葡萄糖不超过 0.2g/kg；蜜饯、葡萄糖不超过 0.05g/kg；薯类淀粉不超过 0.03g/kg。

（一）目的

1. 掌握滴定法测定食品中二氧化硫含量的原理和方法。
2. 进一步熟练掌握滴定操作。

（二）原理

样品经过处理后，加入氢氧化钾使残留的 SO_2 以亚硫酸盐的形式固定，再加入硫酸使 SO_2 游离，用碘标准溶液滴定定量。终点稍过量的碘与淀粉指示剂作用呈现蓝色。

$$SO_2 + 2KOH == K_2SO_3 + H_2O$$
$$K_2SO_3 + H_2SO_4 == K_2SO_4 + H_2O + SO_2$$
$$SO_2 + 2H_2O + I_2 == H_2SO_4 + 2HI$$

（三）仪器和试剂

1. 仪器

分析天平、250mL 碘量瓶。

2. 试剂

① 氢氧化钾溶液（1mol/L）：准确称取 57g 氢氧化钾加水溶解，定容至 1000mL。
② 硫酸溶液（1+3）。
③ 碘标准溶液（0.005mol/L）。
④ 淀粉溶液（1g/L）。

（四）操作步骤

称取经粉碎的试样 20g 于小烧杯中，用蒸馏水将试样洗入 250mL 容量瓶中，加水至容量的 1/2，加塞振荡，用蒸馏水定容，摇匀。待容量瓶内的液体澄清后，用移液管吸取澄清液 50mL 于 250mL 碘量瓶中，加入 1mol/L 氢氧化钾溶液 25mL，用力振摇后放置 10min，然后边振荡边加入硫酸溶液（1+3）10mL 和淀粉溶液（1g/L）1mL，以碘标准溶液滴定至呈现蓝色 30s 不褪色为止。

按上法同时做空白试验。

（五）结果计算

$$X = \frac{(V_1 - V_2) \times c \times 64.06 \times 250}{m \times 50} \tag{2-3-6}$$

式中　X——样品中 SO_2 的含量，g/kg；

　　V_1——试样滴定时所消耗的碘标准溶液体积，mL；

　　V_2——空白滴定时所消耗的碘标准溶液体积，mL；

　　c——标准溶液的浓度，mol/L；

64.06——SO_2 的摩尔质量，g/mol；

m——样品的质量，g。

任务五　食品中着色剂的测定

食品中着色剂主要是以人工方法进行化学合成的有机色素类，按其化学结构不同可分为偶氮类色素和非偶氮类色素。偶氮类色素按溶解性不同又可分为油溶性和水溶性两类。合成类色素中还包括色淀。

食品中着色剂的种类很多，国际上允许使用约有 30 余种，我国允许使用的主要有苋菜红、胭脂红、赤藓红、新红、玫瑰红、柠檬黄、日落黄、亮蓝、靛蓝、牢固绿等。

（一）目的

1. 掌握薄层色谱法及纸色谱法测定食品中着色剂的原理和方法。

2. 进一步熟练掌握滴定操作。

（二）原理

水溶性酸性合成着色剂在酸性条件下，被聚酰胺吸附后与食品中的其他成分分离，经过滤、洗涤及在碱性溶液（乙醇-氨）中解吸附，再经薄层色谱法或纸色谱法纯化、洗脱后，用分光光度法进行测定，可与标准比较定性、定量。

（三）仪器和试剂

1. 仪器

可见分光光度计、微量注射器或血色素吸管、展开槽（25cm×6cm×4cm）、滤纸（中速滤纸，纸色谱用）、薄层板（5cm×20cm）、玻砂漏斗 G_3（50mL）、抽气装置、恒温水浴箱、电吹风机。

甲醇；硅胶 G；硫酸（1+10）；甲醇-甲酸溶液（6+4）；氢氧化钠溶液（50g/L）；盐酸（1+10）；乙醇（50%）；钨酸钠溶液（100g/L）。

2. 试剂

① 石油醚　沸程 60~90℃。

② 聚酰胺粉（尼龙 6）　200 目，使用前于 100℃活化 1h，放冷密封备用。

③ 乙醇-氨溶液　取 1mL 氨水，加乙醇（70%）至 100mL。

④ 柠檬酸溶液（200g/L）。

⑤ pH6 的水　用柠檬酸溶液（200g/L）调蒸馏水的 pH 至 6。

⑥ 海砂、碎瓷片　先用盐酸（1+10）煮沸 15min，用水漂洗至中性，再用氢氧化钠溶液（50g/L）煮沸 15min，用水漂洗至中性，于 105℃干燥，储于具玻塞的瓶中备用。

⑦ 展开剂

a. 正丁醇-无水乙醇-氨水（1%）（6+2+3）：供纸色谱用。

b. 正丁醇-吡啶-氨水（1%）（6+3+4）：供纸色谱用。

c. 甲乙酮-丙酮-水（7+3+3）：供纸色谱用。

d. 甲醇-乙二胺-氨水（10+3+2）：供薄层色谱用。

e. 甲醇-氨水-乙醇（5+1+10）：供薄层色谱用。

f. 柠檬酸钠溶液（25g/L）-氨水-乙醇（8+1+2）：供薄层色谱用。

⑧ 合成着色剂标准储备液　准确称取按其纯度折算为 100%质量的柠檬黄、日落黄、苋菜红、胭脂红、新红、赤藓红、亮蓝、靛蓝各 0.100g，加少量 pH 6 的水溶解，再转移至 100mL 容量瓶中并定容至刻度。配制成的各着色剂标准储备液浓度为 1.00mg/mL。

⑨ 合成着色剂标准使用液　临用时吸取合成着色剂标准溶液各 5.0mL，分别置于

50mL 容量瓶中，加 pH6 的水稀释至刻度。此溶液每毫升相当于 0.10mg 着色剂。

（四）操作步骤

1. 样品的处理

① 果味水、果子露、汽水　称取 50.0g 样品于 100mL 烧杯中。汽水需加热驱除二氧化碳。

② 配制酒　称取 100.0g 样品于 100mL 烧杯中，加碎瓷片数块，加热驱除乙醇。

③ 硬糖、蜜饯类、淀粉软糖　称取 5.0g 或 10.0g 粉碎的样品，加 30mL 水，温热溶解，若样液 pH 较高，用柠檬酸溶液调至 pH4 左右。

④ 奶糖类　称取 10.0g 粉碎均匀的样品，加 30mL 乙醇-氨溶液溶解，置水浴上浓缩至约 20mL，立即用硫酸溶液（1＋10）调至微酸性，再多加 1.0mL 硫酸，然后加入 1mL 钨酸钠溶液，使蛋白质沉淀。过滤后，用少量水洗涤，收集滤液，再用柠檬酸调 pH 至 4。

⑤ 蛋糕类　称取 10.0g 粉碎均匀的样品，加海砂少许，混匀，用热风吹干样品（用手摸已干燥即可），加入 30mL 石油醚搅拌。放置片刻，倾出含脂肪的石油醚，如此重复处理三次，以除去脂肪。吹干后研细，全部倒入玻砂漏斗中，用乙醇-氨溶液提取色素，直至着色剂全部提完，以下按④自"置水浴上浓缩至约 20mL"起依法操作。

2. 吸附分离

将处理后所得的溶液加热至 70℃，用柠檬酸溶液（200g/L）调 pH 至 4，加入 0.5～1.0g 聚酰胺粉充分搅拌，使着色剂完全被吸附。如溶液还有颜色，可以再加一些聚酰胺粉。

将吸附着色剂的聚酰胺全部转入玻砂漏斗中抽滤，用已被柠檬酸酸化至 pH4 的 70℃ 热水反复洗涤，每次 20mL，边洗边搅拌。若含有天然着色剂，再用甲醇-甲酸溶液洗涤 1～3 次，每次 20mL，至洗液无色为止。用 70℃ 热水充分搅拌、洗涤沉淀，至洗液为中性。然后用乙醇-氨溶液分次解吸全部着色剂，收集全部解吸液，于水浴上驱氨。

如果为单色，则用水准确稀释至 50mL，用分光光度法进行测定。如果为多种着色剂的混合液，则进行纸色谱或薄层色谱法分离后测定。可将上述溶液置水浴上浓缩至 2mL 后移入 5mL 容量瓶中，用乙醇（50％）洗涤容器，洗液并入容量瓶中并稀释至刻度。

3. 定性分析

（1）纸色谱法　取色谱滤纸，在距底边 2cm 处用铅笔划一条点样线，于点样线上间隔 2cm 标记刻度。在每个刻度处分别点 3～10μL 样品纯化溶液和 1～2μL 着色剂标准溶液，各点直径不超过 3mm，悬挂于分别盛有正丁醇-无水乙醇-氨水（1％）（6＋2＋3）、正丁醇-吡啶-氨水（1％）（6＋3＋4）的展开剂的展开槽中，用上行法展开。待溶剂前沿展至 15cm 处，将滤纸取出，于空气中自然晾干，与标准色斑移动的距离（R_f 值）进行比较定性。如 R_f 值相同，即为同一色素。

也可取 0.5mL 样液，在起始线上从左到右点成条状，纸的左边点着色剂标准溶液，依法展开，晾干后先定性后再供定量用。靛蓝在碱性条件下易褪色，可用甲乙酮-丙酮-水（7＋3＋3）展开剂。

（2）薄层色谱法

① 薄层板的制备　称取 1.6 聚酰胺粉、0.4g 可溶性淀粉及 2g 硅胶 G，置于合适的研钵中，加 15mL 水研匀后，立即置涂布器中铺成厚度为 0.3mm 的板。在室温晾干后，于 80℃ 干燥 1h，置干燥器中备用。

② 点样　在距离板底边 2cm 处将 0.5mL 样液，从左到右点成与底边平行的条状，板的左边点 2μL 色素标准溶液。

③ 展开　苋菜红与胭脂红用甲醇-乙二胺-氨水（10＋3＋2）展开剂，靛蓝与亮蓝用甲醇-氨水-乙醇（5＋1＋10）展开剂，柠檬黄与其他着色剂用柠檬酸钠溶液（25g/L）-氨水-乙醇（8＋1＋2）展开剂。取适量展开剂倒入展开槽中，将薄层板放大展开，待着色剂明显分开后取出，

晾干，与标准斑移动的距离（R_f 值）进行比较定性。如 R_f 值相同，即为同一色素。

4. 定量分析

（1）标准曲线制作　分别吸取 0.00mL、0.50mL、1.00mL、2.00mL、3.00mL、4.00mL 胭脂红、苋菜红、柠檬黄、日落黄色素标准使用溶液，或 0.0mL、0.2mL、0.4mL、0.6mL、0.8mL、1.0mL 亮蓝、靛蓝色素标准使用溶液，分别置于 10mL 比色管中，各加水稀释至刻度。用 1cm 比色杯，以零管调节零点，于一定波长下（胭脂红 510nm，苋菜红 520nm，柠檬黄 430nm，日落黄 482nm，亮蓝 627nm，靛蓝 620nm），测定吸光度，分别绘制标准曲线。

（2）样品的测定　将纸色谱的条状色斑剪下，用少量热水洗涤数次，直至提取完全，合并提取液于入 10mL 比色管中，冷却后加水至刻度。

将薄层色谱的条状色斑包括有扩散的部分，分别用刮刀刮下，移入漏斗中，用乙醇-氨溶液解吸着色剂，少量反复多次至解吸液于蒸发皿中，于水浴上挥去氨，移入 10mL 比色管中，加水至刻度，作比色用。

将上述样品液分别用 1cm 比色杯，以零管调节零点，按标准曲线绘制操作，在一定波长下测定样品液的吸光度，并与标准系列比较定量或与标准色列目测比较。

（五）结果计算

$$X = \frac{m_1 \times V_1}{m \times V_2} \tag{2-3-7}$$

式中　X——样品中着色剂的含量，g/kg（或 g/L）；

　　V_1——样品解吸后总体积，mL；

　　V_2——样液点板（纸）体积，mL；

　　m_1——样品比色液中着色剂的质量，mg；

　　m——样品的质量（或体积），g（或 mL）。

结果表述：保留算术平均值的二位有效数字。

任务六　食品中 BHA、BHT 的测定

抗氧化剂是指能阻止或推迟食品氧化变质，提高食品稳定性和延长储存期的食品添加剂。按其作用可分为天然抗氧化剂和人工合成抗氧化剂。如按其溶解性，则可分为油溶性抗氧化剂和水溶性抗氧化剂。常用的抗氧化剂有叔丁基羟基茴香醚（BHA）、2,6-二叔丁基对甲酚（BHT）、没食子酸丙酯（PG）、TBHQ、茶多酚（TP）等，主要用于油脂及高油脂类食品中，以延缓食品的氧化变质。

我国《食品添加剂使用标准》（GB 2760—2011）规定，BHA 与 BHT 单独在食品中最大使用量为 0.2g/kg。PG 在食品中单独最大使用量为 0.1g/kg，与 BHA 和 BHT 混合使用时，不得超过 0.1g/kg。

（一）目的

1. 掌握气相色谱法测定叔丁基羟基茴香醚（BHA）与 2,6-二叔丁基对甲酚（BHT）含量的原理和方法。

2. 进一步熟练掌握气相色谱仪的操作和注意事项。

（二）原理

样品中的叔丁基羟基茴香醚（BHA）和 2,6-二叔丁基对甲酚（BHT）用石油醚提取，通过色谱柱使 BHA 与 BHT 净化，浓缩后，经气相色谱分离后用氢火焰离子化检测器检测，根据样品峰高与标准峰高比较定量。气相色谱法最低检出量为 2μg，油脂取样量为 0.5g 时

最低检出浓度为 4mg/kg。

（三）仪器和试剂

1. 仪器

① 气相色谱仪　附 FID 检测器。

② 旋转蒸发器。

③ 振荡器。

④ 色谱柱：1cm×30cm 玻璃柱，带活塞。

⑤ 气相色谱柱　长 1.5m，内径 3mm 玻璃柱，于 GasChromQ（80～100 目）担体上涂 10%（质量分数）QF-1。

2. 试剂

① 石油醚　沸程 30～60℃。

② 二氯甲烷。

③ 二硫化碳。

④ 无水硫酸钠。

⑤ 硅胶 G　60～80 目，于 120℃活化 4h，放干燥器中备用。

⑥ 弗罗里硅土（Florisl）　60～80 目，于 120℃活化 4h，放干燥器中备用。

⑦ BHA、BHT 混合标准储备液　准确称取 BHA、BHT 各 0.1000g，混合后用二硫化碳溶解，定容至 100mL。此溶液分别为每毫升含 1.0mg BHA、BHT，置冰箱中保存。

⑧ BHA、BHT 混合标准使用液　吸取标准储备液 4mL 于 100mL 容量瓶中，用二硫化碳定容至 100mL。此溶液分别为每毫升含 0.040mg BHA、BHT，置冰箱中保存。

（四）操作步骤

1. 样品的处理

称取 0.5kg 含油脂较多的样品，1kg 含油脂少的样品，然后用对角线取 1/2、1/3 或根据样品情况取具有代表性的样品，在玻璃乳钵中研碎，混合均匀后放置于广口瓶内，于冰箱中保存。

2. 脂肪的提取

① 含油脂高的样品（如桃酥等）　称取 50.0g，混合均匀，置于 250mL 具塞锥形瓶中，加 50mL 石油醚（沸程为 30～60℃），放置过夜，用快速滤纸过滤后，减压回收溶剂，残留脂肪备用。

② 含油脂中等的样品（如蛋糕、江米条等）　称取 100g 左右，混合均匀，置于 500mL 具塞锥形瓶中，加 100～200mL 石油醚（沸程为 30～60℃），放置过夜，用快速滤纸过滤后，减压回收溶剂，残留脂肪备用。

③ 含油脂少的样品（如面包、饼干等）　称取 250～300g 混合均匀后，于 500mL 具塞锥形瓶中，加入适量石油醚浸泡样品，放置过夜，用快速滤纸过滤后，减压回收溶剂，残留脂肪备用。

3. 试样的制备

（1）色谱柱的制备　于色谱柱底部加入少量玻璃棉、少量无水硫酸钠，将硅胶＋弗罗里硅土（6＋4）共 10g，用石油醚湿法混合装柱，柱顶部再加入少量无水硫酸钠。

（2）试样制备　称取制备的脂肪 0.50～1.00g，用 25mL 石油醚溶解移入上述色谱柱，再以 100mL 二氯甲烷分 5 次淋洗，合并淋洗液，减压浓缩近干时，用二硫化碳定容至 2mL。该溶液为待测溶液。

（3）植物油试样的制备　称取混合均匀的样品 2.00g 放入 50mL 烧杯中，加 30mL 石油醚溶解转移到上述色谱柱上，再用 10mL 石油醚分数次洗涤烧杯并转移到色谱柱，用

图 2-3-1　BHA、BHT
气相色谱图
1—BHA；2—BHT

100mL 二氯甲烷分 5 次淋洗，合并淋洗液，减压浓缩近干，用二硫化碳定容至 2mL，该溶液为待测溶液。

4. 测定

气相色谱参考条件：

色谱柱：长 1.5m，内径 3mm 玻璃柱，10％（质量分数）QF-1 GasChromQ（80～100 目）。

检测器：FID。

温度：检测室 200℃，进样口 200℃，柱温 140℃。

气体流量：氮气（N₂）70mL/min；氢气（H₂）50mL/min；空气 500mL/min。

注入 3μL 气相色谱标准使用液，绘制色谱图（图 2-3-1），根据峰高或峰面积定量。

（五）结果计算

$$m_1 = \frac{h_i}{h_x} \times \frac{V_m}{V_i} \times V_x \times c_x \tag{2-3-8}$$

$$X = \frac{m_1}{m_2} \tag{2-3-9}$$

式中　h_i——样品中 BHA（或 BHT）的峰高或面积；

h_x——标准使用液中 BHA（或 BHT）的峰高或面积；

V_i——注入色谱样品溶液的体积，mL；

V_m——待测样品定容的体积，mL；

V_x——注入色谱标准使用液的体积，mL；

c_x——标准使用液的浓度，mg/mL。

m_1——待测溶液中 BHA（或 BHT）的质量，mg；

m_2——油脂质量（或食品中脂肪的质量），g；

X——食品中（以脂肪计）BHA（或 BHT）的含量，g/kg。

结果的表述：保留平行测定算术平均值的二位小数。相对误差（BHA、BHT）≤15％。

班级：_____　　组别：_____　　姓名：_____

项目考核		评价内涵与标准	项目内权重/%	学生自评 20%	学生互评 30%	教师评价 50%
考核内容	指标分解					
知识内容	食品添加剂的定义、分类，常用检测方法原理	结合学生自查资料，熟练掌握食品添加剂的定义、分类、常用检测方法原理，使学生对食品添加剂检测的基础知识有良好的认识	20			
项目完成度	食品添加剂检测的任务、重点要素分析	实训前物质、设备准备情况，正确分析检测过程各要素	10			
	实训过程	实训操作的标准化程度	20			
		知识应用能力，应变能力，能正确地分析和解决遇到的问题	10			
	检测结果分析及优化	检测结果分析的表达与展示，能准确表达结果，准确回答师生提出的疑问	20			

项目考核		评价内涵与标准	项目内权重/%	学生自评 20%	学生互评 30%	教师评价 50%
考核内容	指标分解					
表现	配合默契的伙伴	能正确、全面获取信息并进行有效的归纳	5			
		能积极参与合成方案的制定,进行小组讨论,提出自己的建议和意见	5			
	团队协作	善于沟通,积极与他人合作完成任务,能正确分析和解决遇到的问题	5			
		遵守纪律、着装与总体表现	5			
综合评分						
综合评语						

思考题

1. 食品添加剂的定义是什么?
2. 简述食品添加剂的功能与分类。
3. 食品添加剂的使用原则有哪些?
4. 食品添加剂常用检验标准有哪些?
5. 叙述常见食品添加剂的检测原理和方法。
6. 规范化操作并完成典型食品添加剂检测项目,给出完整的检测报告。

项目小结

　　食品添加剂对于推动食品工业发展发挥着十分重要的作用。随着中国改革开放的逐步深入,中国社会主义市场经济蓬勃发展,人民生活水平不断提高,生活节奏显著加快,人们对食品的口感、风味、质量、营养、安全等有了更新、更高的要求。在食品加工制造过程中合理使用食品添加剂,既可以使得加工食品色、香、味、形及组织结构俱佳,还能保持和增加食品营养成分,防止食品腐败变质,延长食品保存期,便于食品加工和改进食品加工工艺,提高食品生产效率。随着中国综合国力的迅速提高和科学技术的不断进步,中国的食品工业快速发展,加工食品的比重成倍增加,食品的种类花色日益繁多,我们生活中接触到的食品添加剂也随之变得越来越多,人们对食品添加剂给食品安全带来的问题也越来越关注。有观点将食品添加剂的"滥用"和化学农药、重金属、微生物、多氯联苯等常规污染物一起被列为食品污染源。食品行业从业人员只有掌握食品添加剂的有关知识,科学、准确、合理地使用食品添加剂,才能充分发挥食品添加剂在食品生产中的作用,保证食品安全。

项目四　食品中矿物质元素的检验

典型工作任务 ▶▶▶

　　存在于食品中的各种矿物质元素,从营养学的角度,可分为必需元素、非必需元素和有毒元素三类;从人体需要的角度,可分为常量元素、微量元素两类。常量元素需求比例较大,如钾、钠、钙、镁、磷等;微量元素的需求浓度常严格局限在一定的范围内,而且有些元素的这个范围相当窄。微量元素在这个特定的浓度范围内可以使组织的结构和功能的完整性得到维持；当其含量低于需要浓度时，组织功能会减弱或不健全，甚至会受到损害处于不健康状态之中；但如果浓度高于这一特定的范围，则可能导致不同程度的毒性反应，严重的可以引起死亡。这一浓度范围，有的元素比较宽，有的元素却非常窄，如硒，其正常的需要量和中毒量之间相差不到 10 倍。人体需要的微量元素有铁、铜、锌、锰、钴、镍、钼、锡、铬、钒、碘、硅、氟、硒等。

有些元素，目前尚未证实对人体具有生理功能，而其极小的剂量，即可导致机体呈现毒性反应，这类元素我们称之为有毒元素，如汞、镉、铅、砷等。这类元素在人体中具有蓄积性，随着有毒元素在人体内的蓄积量的增加，机体会出现各种中毒反应，如致癌、致畸甚至致人死亡。对于这类元素，必须严格控制其在食品中的含量。

国家相关标准 ▶▶▶

GB/T 5009.92—2003《食品中钙的测定》
GB/T 5009.90—2003《食品中铁的测定》
GB/T 5009.14—2003《食品中锌的测定》
GB/T 5009.13—2003《食品中铜的测定》
GB/T 5009.12—2003《食品中铅的测定》
GB/T 5009.11—2003《食品中砷的测定》
GB/T 5009.17—2003《食品中汞的测定》
GB/T 5009.15—2003《食品中镉的测定》

任务驱动 ▶▶▶

1. 任务分析

食物中的矿物质元素主要来自以下几个途径：

① 由自然条件（如地质、地理、生物种类、品种等）所决定的，食物本身天然存在的矿物质元素。

② 为营养强化而添加到食品中的微量矿物质元素或食品在加工、包装、储存时，受到污染，引入了重金属元素。

③ 随着经济的发展，各种新材料的出现，造成了新的食物污染。

④ 工业"三废"（废水、废气、废渣）以及农药、化肥用量的增加，造成土壤、水源、空气等的污染，使重金属及有毒元素在动、植物体内富集并直接影响人类的健康。

对人类有影响的矿物质元素有 20 余种。本项目仅介绍对人体影响较大的矿物质元素的分析，如必需元素铁、锰、镁、钙、锌、铜，有害元素汞、铅、镉等的测定。

2. 能力目标

（1）掌握食品中常见矿物质元素标准溶液、标准使用液的配制、储存和使用方法。

（2）掌握不同待测样品的处理方法。

（3）掌握样品消化的方法和元素测定的原理和基本操作技能。

任务教学方式 ▶▶▶

教学步骤	时间安排	教学方式（供参考）
课外查阅并阅读材料	课余	学生自学，查资料，相互讨论
知识点讲授 （含课堂演示）	2 课时	在课堂学习中，应结合多媒体课件讲解食品中矿物质元素的测定，重点讲授食品中矿物质元素的检测方法，使学生对食品矿物质元素测定有良好的认识

教学步骤	时间安排	教学方式（供参考）
任务操作 （含评估检测）	8课时	完成典型食品中必须矿物质元素、有害矿物质元素的检测实训任务，学生边学边做，同时教师应该在学生实训中有针对性地向学生提出问题，引发思考
		教师与学生共同完成任务的检测与评估，并能对问题进行分析及处理

知识一　食品中钙的测定（GB/T 5009.92—2003）

钙是人体最重要的营养元素之一，也是人体必需的矿质元素，是构成骨骼和牙齿的重要组分，具有调节神经组织、调节肌肉活性和体液等功能。我国推荐的每日膳食中钙的供给量为800～1000mg。乳制品中含钙最为丰富。钙通常也作为食品营养强化剂和食品改良剂用于食品中，所以对食品中的钙进行定量分析具有重要意义。

测定钙的国家标准方法有原子吸收分光光度法、EDTA络合滴定法，另外还有高锰酸钾滴定法等。

知识二　食品中铁的测定（GB/T 5009.90—2003）

铁是人体内不可缺少的重要元素之一。它与蛋白质结合形成血红蛋白，参与血液中氧的运输，缺乏铁会引起缺铁性贫血。铁还能促进脂肪氧化。我国推荐的每日膳食中铁的供给量为：成年男子12mg，女子18mg。因此，测定食品中铁的含量，对于合理安排膳食、避免缺铁性贫血是非常重要的。食品在加工、贮藏过程中铁的含量会发生变化，并且会影响食品的质量。如二价铁很容易氧化为三价铁，三价铁会破坏维生素，引起食品的褐变和维生素分解等；食品在储存过程中也常常由于污染了大量的铁而使之产生金属味。所以食品中铁的测定不但具有营养学意义，还可鉴别食品的铁质污染。

铁的测定方法通常有原子吸收分光光度法、邻二氮菲分光光度法、硫氰酸盐分光光度法等。

知识三　食品中锌的测定（GB/T 5009.14—2003）

锌是人体生长发育的必需元素之一。几乎所有的农、畜、水产品都含有微量的锌，但摄入过量的锌，对机体有害，易引起与锌相拮抗的其他营养素（如钙、磷、铁）的缺乏，甚至引起慢性中毒。农、畜水产品中过多的锌往往是污染所致。因此，合理地补锌和控制锌的摄入量，必须综合考虑、全面评价。

锌的测定方法主要有原子吸收分光光度法、双硫腙比色法、双硫腙比色法（一次提取）等。

知识四　食品中碘的测定

碘是人体必需的元素之一，是身体内甲状腺素、甲状腺球蛋白的重要组成成分。甲状腺素能够调节体内的新陈代谢，促进身体的生长发育，是人体健康生长必不可少的激素之一。身体缺碘时，会发生甲状腺肿大、甲状腺素的合成减少甚至缺乏，儿童缺碘可能导致呆小症，因此食品含碘量的测量具有营养学的意义。

碘的测定方法主要有氯仿萃取比色法、气相色谱法、溴水氧化法、硫酸铈接触法等。

知识五　食品中铜的测定（GB/T 5009. 13—2003）

铜是人体必需的微量元素之一。铜参与酶催化功能，也是人体血液、肝脏和脑组织等铜蛋白的组成部分。缺铜也会引起贫血，但摄入过多则会发生铜中毒，引起肝脏损害，出现慢性和活动性肝炎症状。铜的污染主要来自机械和汽车制造，电焊和银、铅、锌的冶炼等工业的"三废"。食品加工过程中也会由于使用铜器等而受污染。

铜的测定方法主要有原子吸收分光光度法、二乙基二硫代氨基甲酸钠光度法、吡啶偶氮间苯二酚光度法等。

知识六　铅、镉、汞的双硫腙分光光度法测定

在一定条件下，络合剂双硫腙可选择性地与铅、汞、镉等金属元素形成有色的络合物，其颜色的深浅与该金属元素的浓度成正比，对光的吸收符合比尔定律，故可以用分光光度比色法测定食品中该金属元素的含量。

（一）铅的测定

含铅农药的使用，陶瓷食具釉料中含铅颜料的加入，食品生产中使用含铅量高的镀锡管道、器械或容器，食品添加剂的使用，环境的污染等，这些均能直接或间接使食品被铅污染。若人们经常食用含铅食品，铅在人体内积累，可引起慢性铅中毒。我国的食品卫生标准中规定，冷饮食品、奶粉、甜炼乳和淡炼乳、井盐和矿盐、味精和酱类等，含铅量不得超过1mg/kg；蒸馏酒与配制酒、食醋和酱油不得超过1mg/L（均以 Pb 计）。

铅的化学测定一般采用双硫腙分光光度法。

（二）镉的测定

镉在工业上应用十分广泛，通过废水、烟尘和矿渣都可造成环境及食品的污染。在铝制品、搪瓷、陶瓷食具容器生产时也会带入镉。镉在正常体内代谢中是一种非必需元素，人体内镉的蓄积可引起肝、肾慢性中毒，可导致负钙平衡，引起骨质疏松症。我国卫生标准中规定，搪瓷、陶瓷、铝制食具容器 4％乙酸浸泡液中镉含量分别不得超 0.5mg/L、0.5mg/L、0.02mg/L（以 Cd 计）。

食品中镉的测定通常采用原子吸收分光光度法和双硫腙分光光度法。双硫腙分光光度法也适用于陶瓷、搪瓷、铝制食具及容器中镉的测定。

（三）汞的测定

汞俗称水银，为银白色液态金属，易蒸发，在空气中以蒸气状态存在。汞的化合物能溶于水或稀酸，毒性很大，常见的汞化物有氯化高汞（升汞）、氧化汞、硝酸汞、碘化汞等，均属于烈性毒物。汞的化合物在工农业和医药等方面应用极广，极容易造成环境污染。环境中的微生物能使无机汞转化为有机汞，如甲基汞、二甲基汞等烷基汞化合物，其毒性更大，所以不慎混入食品或误食或食用污染了汞的食品而引起中毒的事件较为多见。

汞的测定一般采用分光光度法。

知识七　砷的测定

砷常用于制造农药和药物，水产品和其他食品由于受水质或其他原因的污染而含有一定量的砷。砷的化合物具有强烈的毒性，我国食品卫生标准规定，粮食中含砷量不应超过0.7mg/kg，食用植物油 0.1mg/kg，酱、味精、井盐与矿盐和冷饮食品均不应超过 0.5mg/kg，酱油和醋不应超过 0.5mg/L（均以 As 计）。

砷的测定方法有银盐法和砷斑法。砷斑法比较简便，但目测时有主观误差，银盐法可弥补砷斑法的缺点。

1. 钙元素的功能有哪些？如何进行测定？
2. 铁元素的功能有哪些？如何进行测定？
3. 锌元素的功能有哪些？如何进行测定？
4. 碘元素的功能有哪些？如何进行测定？
5. 铜元素的功能有哪些？如何进行测定？
6. 铅的危害性有哪些？如何进行测定？
7. 镉的危害性有哪些？如何进行测定？
8. 汞的危害性有哪些？如何进行测定？
9. 砷的危害性有哪些？如何进行测定？

任务一 食品中必需矿物质元素的测定

食品中钙元素含量测定

一、原子吸收分光光度法

（一）实验原理

试样经干法灰化、分解有机质后，加酸使灰分中的无机离子全部溶解，直接吸入空气-乙炔火焰中原子化，并在光路中测定钙对特定波长谱线的吸收（可同时测定钾、钠、镁、锌、铁、铜等元素），钙的吸收谱线波长 422.7nm，其吸收量与钙的含量成正比，与标准系列比较定量。钙的测定需用镧作释放剂。

（二）仪器

原子吸收分光光度计。

（三）试剂

实验用水为二级水，试剂均为优级纯。

① 盐酸。

② 硝酸。

③ 高氯酸。

④ 混合酸消化液 硝酸-高氯酸（4:1）。

⑤ 0.5mol/L 硝酸溶液 量取 32mL 硝酸，加去离子水并稀释至 1000mL。

⑥ 20g/L 氧化镧溶液 称取 23.45g 氧化镧（纯度大于 99.9%）于烧杯中，加少许水湿润后慢慢加入 75mL 盐酸，等完全溶解后，转入 1000mL 容量瓶中，用水定容至刻度。

⑦ 钙标准储备液 准确称取 1.2486g 碳酸钙（纯度大于 99.9%）于烧杯中，加 50mL 去离子水，加盐酸使之溶解，移入 1000mL 容量瓶中，用 20g/L 氧化镧溶液定容，储存于聚乙烯瓶内，4℃冰箱保存。此溶液每毫升相当于 500μg 钙。

⑧ 钙标准使用液 准确吸取钙标准储备液 5.0mL 置 100mL 容量瓶中，用 20g/L 氧化镧溶液定容。该溶液每毫升相当于 25μg 钙。

（四）实验步骤

1. 试样消化

准确称取均匀试样适量（根据试样含钙量确定，如干样 0.5～1.5g、湿样 2.0～4.0g、液体试样 5.0～10.0g）于 150mL 锥形瓶中，加入混合酸 20～30mL，盖一玻片，放置过夜。次日置于电热板或电沙浴上逐渐升温，加热消化。如未消化好而酸液过少时，可补加几毫升混合酸，继续加热消化，直至冒白烟并使之变成无色或黄绿色消化完全为止。消化完后，冷却，再加 5mL 去离子水，继续加热以除去多余的硝酸。待烧瓶中液体剩 2～3mL 时，取下冷却，用 20g/L 氧化镧溶液移入 25mL 的刻度试管中并定容。同时做试剂空白。

2. 钙标准系列溶液制备

准确吸取钙标准使用液 1.0mL、2.0mL、3.0mL、4.0mL、6.0mL 分别置于 50mL 容量瓶中，用 20g/L 氧化镧定容，此标准系列每毫升含钙分别为 0.5μg、1.0μg、1.5μg、2.0μg、3.0μg。

3. 测定

① 仪器条件　波长 422.7nm，空气-乙炔火焰，燃气流量、灯电流、灯头高度等均按仪器说明调至最佳状态。

② 标准曲线的绘制　将钙标准系列溶液导入火焰原子化器进行测定，记录吸光度值，以钙浓度为横坐标、吸光度为纵坐标，绘制标准曲线。

③ 试样测定　将消化好的试样液、试剂空白液分别导入火焰原子化器进行测定，记录吸光度值，与标准曲线比较定量。

（五）结果计算

$$X = \frac{(c_1 - c_0) \times V \times f}{m \times 1000} \times 100 \tag{2-4-1}$$

式中　X——试样中钙的含量，mg/100g；

$\quad$ c_1——测定试样液中钙的含量（从标准曲线上查得），μg/mL；

$\quad$ c_0——试剂空白液中钙的含量（从标准曲线上查得），μg/mL；

$\quad$ V——试样定容总体积，mL；

$\quad$ f——稀释倍数；

$\quad$ m——试样质量，g。

（六）说明及注意事项

① 所用玻璃仪器均以硫酸-重铬酸钾洗液浸泡数小时，再清洗干净，烘干后，方可使用。

② 试样制备时，所用容器必须使用玻璃或聚乙烯制品。粉碎试样时不得用石磨研碎。

③ 试样消化时，注意酸不要烧干，以免发生危险。

二、滴定法（EDTA 法）

（一）实验原理

钙与胺羧络合剂能定量地形成金属络合物，其稳定性较钙与指示剂所形成的络合物为强。在适当的 pH 范围内，以胺羧络合剂 EDTA 滴定，在达到当量点时，EDTA 就从指示剂络合物中夺取钙离子，使溶液呈现游离指示剂的颜色，即为滴定终点。根据 EDTA 络合剂用量，可计算出钙的含量。

（二）仪器

① 微量滴定管：1～2mL。

② 碱式滴定管：50mL。

③ 刻度吸管：0.5～1mL。

④ 电热板：1000～3000W，消化试样用。

（三）试剂

① 1.25mol/L 氢氧化钾溶液　称取 71.13g 氢氧化钾，用去离子水稀释至 1000mL。

② 混合酸消化液　硝酸与高氯酸按 4:1 混合。

③ 10g/L 氰化钠溶液　称取 1.0g 氰化钠，用去离子水稀释至 1000mL。

④ 0.05mol/L 柠檬酸钠溶液　称取 14.7g 柠檬酸钠，用去离子水稀释至 1000mL。

⑤ EDTA 溶液　称取 4.50g EDTA（乙二胺四乙酸二钠），用去离子水稀释至 1000mL，贮存于聚乙烯瓶中，4℃冰箱保存。使用时稀释 10 倍。

⑥ 钙标准溶液　准确称取 0.1248g 碳酸钙（纯度大于 99.9%）于锥形瓶中，加 20mL 去离子水及 3mL 0.5mol/L 盐酸溶解，移入 500mL 容量瓶中，加水定容，贮存于聚乙烯瓶中，4℃冰箱保存。此溶液每毫升相当于 100μg 钙。

⑦ 钙红指示剂　称取 0.1g 钙红指示剂，用去离子水稀释至 100mL。此指示剂在 4℃冰箱中可保存 1 个月。

（四）分析步骤

1. 试样消化

同原子吸收分光光度法。

2. 测定

（1）标定 EDTA 浓度　吸取 0.5mL 钙标准溶液于试管中，加 1 滴氰化钠溶液和 0.1mL 柠檬酸钠溶液，用滴定管加 1.5mL 1.25mol/L 氢氧化钾溶液，加 3 滴钙红指示剂，立即以稀释 10 倍的 EDTA 滴定，至指示剂由紫红色变蓝色为止。根据滴定用 EDTA 的体积，用下式计算出每毫升 EDTA 相当于钙的质量（mg），即滴定度（T）：

$$T = \frac{c \times V_0}{V \times 1000} \tag{2-4-2}$$

式中　T——EDTA 滴定度，mg/mL；

　　　c——钙标准溶液浓度，μg/mL；

　　　V_0——吸取的钙标准溶液体积，mL；

　　　V——滴定钙标准溶液时所用 EDTA 体积，mL。

（2）试样及空白滴定　吸取 0.1～0.5mL（根据钙的含量而定）试样液及空白液于试管中，加 1 滴氰化钠溶液和 0.1mL 柠檬酸钠溶液，用滴定管加 1.5mL 1.25mol/L 氢氧化钾溶液，加 3 滴钙红指示剂。立即以稀释 10 倍的 EDTA 溶液滴定，至指示剂由紫红变蓝色为止。

（五）结果计算

$$X = \frac{T \times (V_1 - V_2) \times \frac{V_4}{V_3}}{m} \times 100 \tag{2-4-3}$$

式中　X——试样中钙的含量，mg/100g；

　　　T——EDTA 滴定度，mg/mL；

　　　V_1——滴定试样时所用 EDTA 量，mL；

　　　V_2——滴定空白时所用 EDTA 量，mL；

　　　V_3——滴定时吸取试样消化液的量，mL；

　　　V_4——试样消化液的总体积，mL；

　　　m——试样质量，g。

（六）说明及注意事项

① 加指示剂后，不要等太久，最好加后立即滴定。

② 加氰化钠和柠檬酸钠是为了除去其他离子的干扰。氰化钠可掩蔽锌、铜、镍等离子，柠檬酸钠可掩蔽铁离子。

③ 加氢氧化钠的目的是控制体系的 pH 值。滴定时 pH 值为 12～14。

食品中铁元素含量测定

一、原子吸收分光光度法

（一）实验原理

试样经湿法消化后，导入原子吸收分光光度计中，经火焰原子化后，以共振线 248.3nm 为吸收谱线，测定其吸光度，与标准曲线比较，计算试样中铁的含量。

（二）仪器

① 原子吸收分光光度计，铁空心阴极灯。

② 电热板或电沙浴。

（三）试剂

① 0.5mol/L 硝酸　量取 32mL 硝酸，加入适量的水中，用水稀释至 1000mL。

② 混合酸　硝酸与高氯酸按 4∶1 混合。

③ 铁标准储备液　精确称取 1.000g 金属铁（纯度大于 99.99％）或含 1.000g 铁相对应的氧化物，加硝酸使之溶解，移入 1000mL 容量瓶中，用 0.5mol/L 硝酸定容。储存于聚乙烯瓶内，4℃冰箱保存。此溶液每毫升相当于 1mg 铁。

④ 铁标准使用液　吸取铁标准储备液 10.0mL 置于 100mL 容量瓶中，用 0.5mol/L 硝酸稀释至刻度。储存于聚乙烯瓶内，4℃冰箱保存。此溶液每毫升相当于 100μg 铁。

（四）实验步骤

1. 试样消化

准确称取均匀试样适量（根据试样含铁量确定，如干样 0.5～1.5g、湿样 2.0～4.0g、液体试样 5.0～10.0g）于 150mL 锥形瓶中，放入几粒玻璃珠，加入混合酸 20～30mL，盖一玻璃片，放置过夜。次日置于电热板上逐渐升温加热，至溶液变为棕红色，应注意防止炭化。如未消化好而酸液过少时，可补加几毫升混合酸，继续加热消化，直至冒白烟并使之变成无色或黄绿色为止。消化完后，冷却，再加 5mL 去离子水，继续加热以除去多余的硝酸至冒白烟为止。放冷后用去离子水洗至 25mL 的刻度试管中并定容。同时做试剂空白。

2. 铁标准系列溶液制备

吸取 0.5mL、1.0mL、2.0mL、3.0mL、4.0mL 铁标准使用液，分别置于 100mL 容量瓶中，以 0.5mol/L 硝酸稀释至刻度，混匀，此标准系列溶液每毫升含铁分别为 0.5μg、1.0μg、2.0μg、3.0μg、4.0μg。

3. 测定

（1）仪器条件　波长 248.3nm，灯电流、狭缝、空气乙炔流量及灯头高度均按仪器说明，调至最佳状态。

（2）标准曲线的绘制　将铁标准系列溶液导入火焰原子化器进行测定，记录对应的吸光度值，以铁浓度为横坐标、吸光度为纵坐标，绘制标准曲线。

（3）试样测定　将消化好的试样液、试剂空白液分别导入火焰原子化器进行测定，记录吸光度值，与标准曲线比较定量。

（五）结果计算

$$X = \frac{(c_1 - c_0) \times V}{m} \tag{2-4-4}$$

式中　X——试样中铁的含量，mg/kg；

　　　c_1——测定试样液中铁的含量（从标准曲线上查得），$\mu g/mL$；

　　　c_0——试剂空白液中铁的含量（从标准曲线上查得）；$\mu g/mL$；

　　　V——试样处理液的总体积，mL；

　　　m——试样的质量，g。

二、邻二氮菲分光光度法

（一）实验原理

试样溶液中的三价铁在酸性条件下还原为二价铁，然后与邻二氮菲生成稳定的橙红色配合物，在510nm处有最大吸收，其吸光度与铁含量成正比，故可比色测定。

（二）仪器

分光光度计。

（三）试剂

① 10％盐酸羟胺溶液。

②（1＋9）盐酸溶液；（1＋1）盐酸溶液。

③ 10％醋酸钠溶液。

④ 0.12％邻二氮菲溶液　称取 0.12g 邻二氮菲于锥形瓶中，加入 60mL 水，加热至 80℃左右使之溶解，移入 100mL 容量瓶中，加水至刻度，摇匀备用。

⑤ 铁标准储备液　准确称取 0.4979g 硫酸亚铁（$FeSO_4 \cdot 7H_2O$）溶于 100mL 水中，加入 5mL 浓硫酸微热，溶解即滴加 2％高锰酸钾溶液，至最后一滴红色不褪色为止。用水定容到 1000mL，摇匀。此溶液每毫升含 Fe^{2+} 100μg。

⑥ 铁标准使用液　吸取铁标准储备液 10mL 于 100mL 容量瓶中，加水至刻度，混匀。此溶液每毫升含 Fe^{3+} 10μg。

（四）实验步骤

1. 试样处理

称取均匀试样 10.0g，干法灰化后取出，向坩埚中加入 2mL（1＋1）盐酸，在水浴上蒸干，再加 5mL 水，加热煮沸后移入 100mL 容量瓶中，用水定容，摇匀。

2. 标准曲线绘制

吸取铁标准使用液 0.0mL、1.0mL、2.0mL、3.0mL、4.0mL、5.0mL 分别置于 50mL 容量瓶中，各加入（1＋9）盐酸 1mL、10％盐酸羟胺 1mL、0.12％邻二氮菲溶液 1mL、10％醋酸钠溶液 5mL，用水稀释到刻度，摇匀，得铁标准系列溶液。以不加铁试剂的空白溶液作参比液，在 510nm 波长处，用 1cm 比色皿测吸光度，以铁含量为横坐标、对应的吸光度为纵坐标，绘制标准曲线。

3. 试样测定

准确吸取试样液 5～10mL（根据铁含量而定）于 50mL 容量瓶中，以下按标准曲线绘制的步骤操作，测定试样液的吸光度，在标准曲线上查出相对应的含铁量（μg）。

（五）结果计算

$$X = \frac{W}{m \times \dfrac{V_1}{V_2}} \times 100 \qquad (2\text{-}4\text{-}5)$$

式中　X——试样中的含铁量，$\mu g/100g$；

　　　W——从标准曲线上查得测定样液相当的含铁量，μg；

V_1——测定用样液体积，mL；

V_2——样液总体积，mL；

m——试样质量，g。

（六）说明及注意事项

经消化处理的试样溶液中，铁是以三价形式存在，而二价铁与邻二氮菲的定量络合更完全，所以应在酸性溶液中加入盐酸羟胺将三价铁还原为二价铁。

食品中锌元素含量测定

一、原子吸收光谱法

（一）实验原理

试样经消化后，导入原子吸收分光光度计中，经火焰原子化后，吸收波长 213.8nm 的光振线，其吸收量与锌含量成正比，与标准系列比较定量。

（二）仪器

原子吸收分光光度计，锌空心阴极灯。

（三）试剂

① （1＋10）磷酸。

② （1＋11）盐酸。

③ 混合酸　硝酸与高氯酸按 3∶1 混合。

④ 锌标准储备液　准确称取 0.5000g 金属锌（纯度大于 99.99％）或含 0.5000g 锌相对应的氧化物，加盐酸使之溶解，移入 1000mL 容量瓶中，用 （1＋11）盐酸定容，储存于聚乙烯瓶内，置冰箱保存，此溶液每毫升相当于 500μg 锌。

⑤ 锌标准使用液　吸取锌标准储备液 10.0mL 置于 50mL 容量瓶中，用 （1＋11）盐酸稀释至刻度。此溶液每毫升相当于 100μg 锌。

（四）实验步骤

1. 试样处理

① 谷类试样　粉碎，过 40 目筛，混匀。称取 5.00～10.00g 置于瓷坩埚中，小火炭化至无烟后移入马弗炉中。500℃灰化约 8h 后取出，放冷后加入少量混合酸，小火加热，不使干涸，必要时再加混合酸。如此反复处理，直至残渣中无炭粒。待坩埚稍冷，加 10mL （1＋11）盐酸，溶解残渣并移入 50mL 溶量瓶中，再用 （1＋11）盐酸反复洗涤坩埚，洗液并入容量瓶中，并用 （1＋11）盐酸稀释至刻度，摇匀备用。

② 蔬菜、瓜果及豆类试样　打碎混匀，称取 10.00～20.00g 置于瓷坩埚中，加 1mL （1＋10）磷酸，小火炭化，以下按①自"至无烟后移入马弗炉中"起操作。

③ 禽、蛋、水产及乳制品　充分混匀，称取 5.00～10.00g 置于瓷坩埚中，小火炭化，以下按①自"至无烟后移入马弗炉中"起操作。

④ 液体试样　混匀后，量取 50mL，置于瓷坩埚中，加 1mL （1＋10）磷酸，在水浴上蒸干，再小火炭化，以下按①自"至无烟后移入马弗炉中"起操作。

同时做试剂空白。

2. 锌标准系列溶液的制备

吸取 0.0mL、0.1mL、0.2mL、0.4mL、0.6mL、0.8mL 锌标准使用液，分别置于 50mL 容量瓶中，以 （1＋11）盐酸稀释至刻度，混匀。此标准系列每毫升含锌分别为 0.0μg、0.2μg、0.4μg、0.8μg、1.2μg、1.6μg。

3. 测定

（1）仪器条件　波长 213.8nm，灯电流、狭缝、空气乙炔流量及灯头高度均按仪器说明调至最佳状态。

（2）标准曲线的绘制　将锌标准系列溶液分别导入火焰原子化器进行测定，记录对应的吸光度值，以锌浓度为横坐标、吸光度为纵坐标，绘制标准曲线。

（3）试样测定　将处理好的试样液、试剂空白液分别导入火焰原子化器进行测定，记录其吸光度值，与标准曲线比较定量。

（五）结果计算

$$X = \frac{(A_1 - A_2) \times V}{m} \times 100 \tag{2-4-6}$$

式中　X——试样中的锌含量，$\mu g/100g$（或 $\mu g/100mL$）；

A_1——测定用试样液中锌的含量（从标准曲线上查得），$\mu g/mL$；

A_2——试剂空白液中锌的含量（从标准曲线上查得），$\mu g/mL$；

V——试样处理液的总体积，mL；

m——试样质量（或体积），g（或 mL）。

（六）说明及注意事项

① 对含锌较低的试样如蔬菜、水果等，可采用萃取法将锌浓缩，以提高测定灵敏度。

② 实验前要以测空白值检查水、器皿的锌污染至稳定合格。

二、双硫腙比色法

（一）实验原理

试样经消化后，在 pH4.0～5.5 时，锌离子与双硫腙形成紫红色络合物，溶于四氯化碳，加入硫代硫酸钠，防止铜、汞、铅、铋、银和镉等离子干扰，与标准系列比较定量。

（二）仪器

分光光度计。

（三）试剂

① 乙酸钠溶液（2mol/L）　称取 68g 乙酸钠（$CH_3COONa \cdot 3H_2O$），加水溶解并稀释至 250mL。

② 乙酸（2mol/L）　量取 11.8mL 乙酸，加水稀释至 100mL。

③ 双硫腙-四氯化碳溶液（0.1g/L）。

④ 乙酸-乙酸钠缓冲液　2mol/L 乙酸和 2mol/L 乙酸钠等量混合，此溶液 pH 为 4.7 左右。用双硫腙-四氯化碳溶液（0.1g/L）提取数次，每次 10mL，除去其中的锌，至四氯化碳层的绿色不变为止，再用四氯化碳提取乙酸-乙酸钠缓冲液中过剩的双硫腙，至四氯化碳无色，弃去四氯化碳层。

⑤ 氨水　（1+1）。

⑥ 盐酸（2mol/L）　量取 10mL 盐酸，加水稀释至 60mL。

⑦ 0.02mol/L 盐酸　吸取 2mol/L 盐酸 1mL，加水稀释至 100mL。

⑧ 盐酸羟胺溶液（200g/L）　称取 20g 盐酸羟胺，加 60mL 水，滴加氨水（1+1），调节 pH 至 4.0～5.5。以下按④用双硫腙-四氯化碳处理，用水稀释至 100mL。

⑨ 硫代硫酸钠溶液（250g/L）　称取 25g 硫代硫酸钠，加 60mL 水，用 2mol/L 乙酸调节 pH 至 4.0～5.5，以下按④用双硫腙-四氯化碳处理，用水稀释到 100mL。

⑩ 酚红指示剂（1g/L）　称取 0.1g 酚红，加少量乙醇溶解，并用乙醇稀释至 100mL。

⑪ 混合酸 硝酸-高氯酸（4∶1）。

⑫ 双硫腙使用液 吸取 1.0mL 双硫腙-四氯化碳溶液（0.1g/L），加四氯化碳至 10.0mL，混匀。用 1cm 比色杯，以四氯化碳调节零点，在波长 530nm 处测吸光度（A）。用下式计算出配制 100mL 双硫腙使用液（57%透光率）所需双硫腙-四氯化碳溶液（0.1g/L）体积（V/mL）：

$$V=\frac{10\times(2-\lg 57)}{A}=\frac{2.44}{A} \tag{2-4-7}$$

⑬ 锌标准储备液 准确称取 0.1000g 锌于烧杯中，加 2mol/L 盐酸 10mL，溶解后称入 1000mL 容量瓶中，加水稀释至刻度。此溶液每毫升相当于 100.0μg 锌。

⑭ 锌标准使用液 吸取 1.0mL 锌标准储备液置 100mL 容量瓶中，加 2mol/L 盐酸 1mL，用水稀释至刻度。此溶液每毫升相当于 1.0μg 锌。

（四）实验步骤

1. 试样消化（硝酸-高氯酸-硫酸法）

准确称取均匀试样 5.00～10.00g（根据锌含量而定），置于 250mL 定氮瓶中，加数粒玻璃珠，加 10mL 硝酸-高氯酸混合液（4∶1），放置片刻，小火缓缓加热，待作用缓和，放冷，沿瓶壁加入 5mL 硫酸，再加热，至瓶中液体开始变成棕色时，不断沿瓶壁滴加硝酸-高氯酸混合液至有机物分解完全。加大火力，至产生白烟，待瓶口白烟冒净后，瓶内液体再产生白烟为消化完全，该溶液应澄明无色或微带黄色，放冷。在操作过程中应注意防止暴沸或爆炸。

加 20mL 水煮沸，除去残余的硝酸，如此处理两次，放冷。将放冷后的溶液移入 50mL 容量瓶中，用水洗涤定氮瓶，洗液并入容量瓶中，加水定容，混匀。

取与消化试样相同的硝酸-高氯酸混合液和硫酸，按相同操作做试剂空白实验。

2. 试样提取液和试剂空白提取液的制备

准确吸取 5.00～10.00mL 定容的试样消化液和相同量的试剂空白液，分别置于 125mL 分液漏斗中，加 5mL 水、0.5mL 盐酸羟胺溶液（200g/L）摇匀，再加 2 滴酚红指示剂，用氨水（1+1）调节至红色，再多加 2 滴。然后加 5mL 双硫腙-四氯化碳溶液（0.1g/L），剧烈振摇 2min，静置分层。将四氯化碳层移入另一分液漏斗中，水层再用双硫腙-四氯化碳溶液振摇提取，每次 2～3mL，直至双硫腙-四氯化碳溶液绿色不变为止，合并提取液。四氯化碳层用 0.02mol/L 盐酸提取 2 次，每次 10mL，提取时剧烈振摇 2min，合并盐酸提取液于另一分液漏斗中，并用少量四氯化碳洗去残留的双硫腙。

3. 锌标准曲线的绘制

吸取 0.0mL、1.0mL、2.0mL、3.0mL、4.0mL、5.0mL 锌标准使用液（相当于 0.0μg、1.0μg、2.0μg、3.0μg、4.0μg、5.0μg 锌），分别置于 125mL 分液漏斗中，各加 0.02mol/L 盐酸 20mL；然后各加 10mL 乙酸-乙酸钠缓冲液、1mL 250g/L 硫代硫酸钠溶液摇匀；再各加 10.0mL 双硫腙使用液，剧烈振摇 2min。静置分层后，经脱脂棉将四氯化碳层滤入 1cm 比色杯中，以零管调节零点，于波长 530nm 处测吸光度，绘制标准曲线。

4. 试样测定

于试样提取液、试剂空白液分液漏斗中各加 10mL 乙酸-乙酸钠缓冲液、1mL 250g/L 硫代硫酸钠溶液，摇匀，再各加 10mL 双硫腙使用液，剧烈振摇 2min，静置分层后，经脱脂棉将四氯化碳层滤入 1cm 比色杯中，以零管调节零点，于波长 530nm 处测吸光度。从标准曲线上查出试样消化液及试剂空白液中的锌含量。

（五）结果计算

$$X=\frac{m_1-m_2}{m\times\frac{V_2}{V_1}} \tag{2-4-8}$$

式中 X ——试样中锌的含量，mg/kg；

m_1 ——测定用试样消化液中锌的质量（从标准曲线上查得），μg；

m_2 ——试剂空白液中锌的质量（从标准曲线上查得），μg；

  m ——试样质量，g；

V_1 ——试样消化液的总体积，mL；

V_2 ——测定用消化液的体积，mL。

（六）说明及注意事项

① 锌是与双硫腙结合能力较弱的两性元素，在低 pH 段不能被提取，在高 pH 段因其生成含氧的阴离子 $(ZnO_2)^{2-}$ 也不能被提取，只能在 pH 4.0～5.5 较窄的 pH 段能被定量提取，所以必须严格控制 pH。

② 加入硫代硫酸钠可防止铅、铜、汞、镉、钴、铋、镍、金、钯、银、锡等离子的干扰。若试样中有铁和铝可加柠檬酸铵消除其干扰。

③ 溶解有双硫腙锌络合物的有机相，加入稀盐酸并振摇时，络合物分解，锌离子转入水溶液中。双硫腙锌络合物的四氯化碳溶液只有在一定的 pH 范围内才是稳定的，在室温下放置 2h 吸光度不变。

④ 加入盐酸羟胺可抑制 Fe^{3+}、NO_2^- 等对双硫腙的氧化，硫代硫酸钠也可防止双硫腙被氧化。

食品中碘元素含量测定

一、氯仿萃取比色法

（一）实验原理

试样在碱性条件下灰化，碘被有机物还原成 I^-，I^- 与碱金属结合成碘化物，这样虽然在高温下灰化，碘也不会因升华而受损失。碘化物在酸性条件下被重铬酸钾氧化，析出游离的碘，当用氯仿萃取时，碘溶于氯仿后呈粉红色。颜色深浅与碘含量成正比，故可以比色测定。

（二）仪器

马弗炉；分光光度计。

（三）试剂

① 10mol/L 氢氧化钾溶液。

② 0.02mol/L 重铬酸钾溶液。

③ 氯仿。

④ 浓硫酸。

⑤ 碘标准溶液　准确称取 130.8mg 碘化钾（经 105℃烘 1h）于烧杯中，加少量水溶解，移入 1000mL 容量瓶中，加水定容。此溶液每毫升含 100μg 碘。使用时稀释至每毫升含 10μg 的碘。

（四）实验步骤

1. 试样处理

准确称取均匀试样 2.00～5.00g 于坩埚中，加 10mol/L 氢氧化钾溶液 5mL，先在烘箱中烘干，电炉上炭化，然后移入马弗炉内在 500℃下灰化至呈白色灰烬。冷却后加水 10mL 浸渍，加热溶解，并过滤到 50mL 容量瓶中，再用 20mL 水分次浸渍溶解并过滤到 50mL 容量瓶中，最后用 10mL 热水分次洗涤坩埚和滤纸，溶液并入容量瓶中，用水定容。

2. 标准曲线绘制

准确吸取 $10\mu g/mL$ 碘标准溶液 0.0mL、2.0mL、4.0mL、6.0mL、8.0mL、10.0mL 分别置于 125mL 分液漏斗中，加水至 40mL，再加入 2mL 浓硫酸、15mL 0.02mol/L 重铬酸钾，摇匀后静置 30min，加入 10mL 氯仿，振摇 1min。静置分层，通过脱脂棉将氯仿层过滤至 1cm 比色杯中，以零管调零点，于 510nm 波长处测定吸光度，绘制标准曲线。

3. 试样测定

吸取 5.0～10.0mL 试样溶液（视试样中碘含量而定），置于 125mL 分液漏斗中，加水至 40mL，以下操作同 "2. 标准曲线绘制"。测定试样溶液吸光度，从标准曲线上查得相应的碘含量。

（五）结果计算

$$X = \frac{m_0}{m \times \dfrac{V}{V_0}} \tag{2-4-9}$$

式中　X ——试样中碘的含量，mg/kg；

　　　m_0 ——从标准曲线上查得测定用样液中碘的质量，μg；

　　　m ——试样质量，g；

　　　V ——测定时吸取样液的体积，mL；

　　　V_0 ——样液总体积，mL。

（六）说明及注意事项

试样灰化后，一定要用热水分次浸渍溶解，洗涤并过滤，以避免碘的损失。

二、气相色谱法

（一）实验原理

用沉淀剂将试样中的蛋白质和脂肪等沉淀后，加入硫酸酸化，再用氧化剂双氧水将碘离子氧化为游离碘，然后把碘衍生成容易气化的衍生物，经气相色谱分离，电子捕获检测器定量测定试样中碘的含量。

（二）仪器

① 气相色谱仪。

② 色谱柱：3%OV-101，100～200 目，长 2m 的不锈钢柱。

③ 电子捕获检测器（ECD）。

（三）试剂

① 高峰淀粉酶。

② 亚铁氰化钾（109g/L）　称取 109g 亚铁氰化钾 $[K_4Fe(CN)_6 \cdot 3H_2O]$ 于烧杯中，用少量水溶解，移入 1000mL 容量瓶中并定容。

③ 乙酸锌（219g/L）　称取 219g 乙酸锌于烧杯中，用少量水溶解，移入 1000mL 容量瓶中并定容。

④ 浓硫酸。

⑤ 甲乙酮（色谱纯）。

⑥ 3.5%（体积分数）双氧水。

⑦ 正己烷（色谱纯）。

⑧ 无水硫酸钠。

⑨ 碘标准储备液　称取色谱纯碘化钾 131mg 溶于水中，并定容至 1000mL，冷藏保存。

此溶液每毫升含 100μg 的碘。

⑩ 碘标准使用液　吸取碘标准储备液 10.0mL，置于 500mL 容量瓶中，并定容。此溶液每毫升含 2μg 的碘。用时临时配制。

（四）实验步骤

1. 试样处理

① 含淀粉的试样　准确称取试样 5g 置于 50mL 容量瓶中，加入 0.5g 高峰淀粉酶，再加入 20mL 45～50℃蒸馏水，混合均匀后，用氧气排除瓶中空气，盖上瓶盖，置 45℃烘箱内烘 30min。

② 不含淀粉的试样　准确称取 5g 试样于烧杯中，用 20mL 65℃的热水溶解后，移入 50mL 容量瓶中。

2. 试样测定液的制备

向上述盛有试样液的容量瓶中加入 5mL 109g/L 亚铁氰化钾、5mL 乙酸锌（219g/L），定容并充分振摇后静置 10min，过滤。然后吸取 10mL 滤液于 100mL 分液漏斗中，加 10mL 水，再向分液漏斗中加 0.7mL 浓硫酸、0.5mL 甲乙酮、2mL 3.5％双氧水，充分混匀后，静置 20min。加 20mL 正己烷萃取，分层后，将水相移入另一个分液漏斗中，再次萃取，合并有机相。向有机相中加水 20mL，水洗后静置分层，弃去水相，有机相经无水硫酸钠脱水干燥后移入 50mL 容量瓶中并定容。此即为试样待测液。

3. 碘标准测定液的制备

吸取 10mL 碘标准使用液于 100mL 分液漏斗中，加 10mL 水。以下按 2 自"再向分液漏斗中加 0.7mL 浓硫酸"起操作，制得碘标准测定液。

4. 测定

（1）测定条件　柱温 100℃；进试样温度 150℃；ECD 检测器温度 200℃；进样体积 2.0μL；氧气流速 20mL/min。

（2）定量测定外标定量法　注射 2.0μL 碘标准测定液进入气相色谱仪，得到碘的峰面积 A，再注射 2.0μL 试样待测液进入气相色谱仪，得到试样碘的峰面积 B。

（五）结果计算

$$X = \frac{BcV}{Am} \times 100 \qquad (2\text{-}4\text{-}10)$$

式中　X——试样中碘的含量，μg/100g；
　　　A——标准测定液中碘的峰面积；
　　　B——试样测定液中碘的峰面积；
　　　c——标准测定液中碘的含量，μg/mL；
　　　V——待测试样的总体积，mL；
　　　m——试样质量，g。

食品中铜元素含量测定

一、原子吸收分光光度法

（一）实验原理

试样经消化后，导入原子吸收分光光度计中，经火焰原子化后，吸收波长 324.8nm 的共振线，其吸收量与铜含量成正比，与标准曲线比较定量。

（二）仪器

原子吸收分光光度计；马弗炉；捣碎机。

所有玻璃仪器均以硝酸（10%）浸泡24h以上，用水反复冲洗，最后用去离子水冲洗晾干后，方可使用。

（三）试剂

① 硝酸。

② 石油醚。

③ 硝酸（10%）　取10mL硝酸置于适量的水中，用水稀释至100mL。

④ 硝酸（0.5%）　取0.5mL硝酸置于适量的水中，用水稀释至100mL。

⑤ 硝酸（1+4）。

⑥ 硝酸（4+6）　量取40mL硝酸置于适量的水中，再稀释到100mL。

⑦ 铜标准溶液　精确称取1.0000g金属铜（纯度大于99.99%），加适量硝酸（4+6）使之溶解，总量不超过37mL。移入1000mL容量瓶中，用水稀释定容。储存于聚乙烯瓶内，置冰箱保存。此溶液每毫升相当于1.0mg铜。

⑧ 铜标准使用液Ⅰ　吸取10.0mL铜标准溶液置100mL容量瓶中，用0.5%硝酸溶液稀释定容，该溶液每毫升相当于100μg铜。如此再继续稀释至每毫升含1.0μg铜。

⑨ 铜标准使用液Ⅱ　按⑧的方式，稀释至每毫升相当于0.10μg铜。

（四）实验步骤

1. 试样处理

① 谷类、茶叶、咖啡、蔬菜、水果等　谷类（除去外壳）、茶叶、咖啡等磨碎，过20目筛，混匀。蔬菜、水果等试样取可食部分，切碎，捣成匀浆。称取1.00～5.00g试样，置于石英或瓷坩埚中，加5mL硝酸，放置0.5h，小火蒸干，继续炭化，移入马弗炉中，（500±25）℃灰化1h。取出放冷，再加1mL硝酸湿润灰分，小火蒸干，再移入马弗炉中，500℃灰化0.5h，冷却后取出。以1mL硝酸（1+4）溶解4次，移入10.0mL容量瓶中，用水稀释至刻度，备用。

取与消化试样相同量的硝酸，按同一方法做试剂空白试验。

② 水产类　取可食部分捣成匀浆。称取1.00～5.00g试样，以下按①中自"置于石英或瓷坩埚中，加5mL硝酸……"起依法操作。

③ 乳、炼乳、乳粉　称取2.00g混匀试样，以下按①中自"置于石英或瓷坩埚中，加5mL硝酸……"起依法操作。

④ 油脂类　称取2.00g混匀试样，固体油脂先加热熔融成液体，置于100mL分液漏斗中，加10mL石油醚，用硝酸（10%）提取2次，每次5mL，振摇1min，合并硝酸液于50mL容量瓶中，加水稀释至刻度，混匀，备用。同时做试剂空白试验。

⑤ 饮料、酒、醋、酱油等液体试样　可直接取样测定，固形物较多时或仪器灵敏不足时，可把上述试样浓缩按①操作。

2. 测定

（1）吸取0.0mL、1.0mL、2.0mL、4.0mL、6.0mL、8.0mL、10.0mL铜标准使用液Ⅰ（1.0μg/mL），分别置于10mL的容量瓶中，加硝酸（0.5%）稀释至刻度，摇匀。容量瓶中每毫升分别相当于0.0μg、0.10μg、0.20μg、0.40μg、0.60μg、0.80μg、1.00μg铜。

将处理好的样液、试剂空白液和各容量瓶中的铜标准液分别导入调至最佳条件的火焰原子化器进行测定。

仪器参考条件：测定波长324.8nm，灯电流、狭缝、空气乙炔流量及灯头高度均按仪器说明书调至最佳状态。

以铜标准液Ⅰ系列含量和对应吸光度，绘制标准曲线或计算直线回归方程，试样吸收值与曲线比较或代入方程求得含量。

（2）吸取 0.0mL、1.0mL、2.0mL、4.0mL、6.0mL、8.0mL、10.0mL 的铜标准使用液Ⅱ（0.10μg/mL），分别置于 10mL 的容量瓶中，加硝酸（0.5%）稀释至刻度，摇匀。容量瓶中每毫升分别相当于 0.0μg、0.01μg、0.02μg、0.04μg、0.06μg、0.08μg、0.10μg 铜。

将处理好的样液、试剂空白液和各容量瓶中的铜标准液分别导入调至最佳状态的石墨炉原子化器进行测定。

仪器参考条件：测定波长 324.8nm，灯电流、狭缝、光谱通带、保护气体（1.5L/min原子化阶段停气）按仪器说明书调至最佳状态。

以铜标准液Ⅱ系列含量和对应吸光度，绘制标准曲线或计算直线回归方程，试样吸收值与曲线比较或代入方程求得含量。

（五）结果计算

（1）火焰法试样中铜的含量按下式计算：

$$X = \frac{(A_1 - A_2) \times V}{m} \tag{2-4-11}$$

式中 X——试样中铜的含量，mg/kg（或 mg/L）；

　　A_1——测定用试样中铜的含量（从标准曲线上查得），μg/mL；

　　A_2——试剂空白液中铜的含量（从标准曲线上查得），μg/mL；

　　V——试样处理后的总体积，mL；

　　m——试样质量（或体积），g（或 mL）。

（2）石墨炉法试样中铜的含量按下式计算：

$$X = \frac{A_1 - A_2}{m \times \dfrac{V_1}{V_2}} \tag{2-4-12}$$

式中 X——试样中铜的含量，mg/kg（或 mg/L）；

　　A_1——测定用试样中铜的含量（从标准曲线上查得），μg；

　　A_2——试剂空白液中铜的含量（从标准曲线上查得），μg；

　　m——试样质量（或体积），g（或 mL）；

　　V_1——试样消化液的总体积，mL；

　　V_2——测定用试样消化液的体积，mL。

计算结果保留两位有效数字，试样含量超过 10mg/kg 时保留三位有效数字。

二、二乙基二硫代氨基甲酸钠光度法

（一）实验原理

试样经消化后，在碱性溶液中铜离子与二乙基二硫代氨基甲酸钠生成棕黄色配合物，溶于四氯化碳，与标准系列比较定量。

（二）仪器

分光光度计。

（三）试剂

① 柠檬酸铵-乙二胺四乙酸二钠溶液　称取 20g 柠檬酸铵及 5g 乙二胺四乙酸二钠溶于水中，稀释至 100mL。

② 四氯化碳。

③ 硫酸（1+17）。

④ 氨水（1+1）。

⑤ 酚红指示剂（1g/L）　称取 0.1g 酚红，用乙醇溶解并稀释至 100mL。

⑥ 硝酸（3+8）。

⑦ 铜试剂溶液　1g/L 二乙基二硫代氨基甲酸钠，必要时可过滤，储存于冰箱中。

⑧ 铜标准溶液　准确称取 1.0000g 金属铜（纯度大于 99.99%），分次加入硝酸（3+8）溶解，总量不超过 37mL，移入 1000mL 容量瓶中，用水稀释到刻度。贮存于聚乙烯瓶内，冰箱内保存。此溶液每毫升相当于 1.0mg 铜。

⑨ 铜标准使用液　吸取 10.0mL 铜标准储备液，置于 100mL 容量瓶中，用 0.5mol/L 硝酸稀释至刻度，如此再次稀释到每毫升含 10μg 铜。

⑩ 硝酸。

⑪ 高氯酸。

⑫ 混合酸　硝酸-高氯酸（4∶1）混合液。取 4 份硝酸与 1 份高氯酸混合。

⑬ 硫酸。

⑭ 氧化镁。

⑮ 盐酸溶液（1+1）。

⑯ 硝酸镁（500g/L）。

（四）实验步骤

1. 试样处理

（1）硝酸-高氯酸-硫酸法

① 粮食、粉丝、粉条、豆干制品、糕点、茶叶等及其他含水分少的固体食品　称取 5.00g 或 10.00g 的粉碎试样，置于 250～500mL 定氮瓶中，先加水少许使湿润，放入数粒玻璃珠，加 10～15mL 硝酸-高氯酸混合液，放置片刻，小火缓缓加热，待作用缓和，放冷。沿瓶壁加入 5mL 或 10mL 硫酸，再加热，至瓶中液体开始变成棕色，不断沿瓶壁滴加硝酸-高氯酸混合液至有机质完全分解。加大火力，至产生白烟，待瓶口白烟冒净后，瓶内液体再产生白烟为消化完全（该溶液应澄明无色或微带黄色）放冷。在操作过程中应注意防止爆炸。加 20mL 水煮沸，除去残余的硝酸至产生白烟为止，如此处理两次，放冷。将冷后的溶液移入 50mL 或 100mL 容量瓶中，用水洗涤定氮瓶，洗涤液并入容量瓶中，放冷，加水至刻度，混匀。定容后的溶液每 10mL 相当于 1g 试样，相当于加入硫酸量 1mL。取与消化试样相同量的硝酸-高氯酸混合液和硫酸，按同一方法做试剂空白实验。

② 蔬菜、水果　称取 25.00g 或 50.00g 洗净打成匀浆的试样，置于 250～500mL 定氮瓶中，放数粒玻璃珠，加 10～15mL 硝酸-高氯酸混合液，以下按①自"放置片刻……"起依法操作。定容后的溶液每 10mL 相当于 5g 试样，相当加入硫酸量 1mL。

③ 酱、酱油、醋、冷饮、豆腐、腐乳、酱腌菜等　称取 10.00g 或 20.00g 试样（或吸取 10.00mL 或 20.00mL 液体试样），置于 250～500mL 定氮瓶中，放数粒玻璃珠，加 5～15mL 硝酸-高氯酸混合液，以下按①自"放置片刻……"起依法操作。定容后的溶液每 10mL 相当于 2g 试样或 2mL 试样。

④ 含酒精性饮料或含二氧化碳饮料　吸取 10.00mL 或 20.00mL 试样，置于 250～500mL 定氮瓶中，放数粒玻璃珠，先用小火加热除去乙醇或二氧化碳，再加 5～10mL 硝酸-高氯酸混合液，混匀后，以下按①自"放置片刻……"起依法操作。定容后的溶液每 10mL 相当于 2mL 试样。

⑤ 含糖量高的食品　称取 5.00g 或 10.0g 的粉碎试样，置于 250～500mL 定氮瓶中，先加水少许使湿润，放数粒玻璃珠，加 5～10mL 硝酸-高氯酸混合液后，摇匀。缓缓加入 5mL 或者 10mL 硫酸，待作用缓和停止起泡沫后，再加大火力，至有机质分解完全，发生

白烟（溶液应澄明无色或微带黄色），放冷。以下按①自"加 20mL 水煮沸……"起依法操作。

⑥ 水产品　取可食部分试样捣成匀浆，称取 5.00g 或 10.00g（海产藻类、贝类可适当减少取样量），置于 250～500mL 定氮瓶中，放数粒玻璃珠，加 10～15mL 硝酸-高氯酸混合酸后，以下按①自"沿瓶壁加入 5mL 或 10mL 硫酸……"起依法操作。

（2）硝酸-硫酸法　以硝酸代替硝酸-高氯酸按（1）操作。

（3）灰化法

① 粮食、茶叶及其他含水分少的食品　称取 5.00g 磨碎试样，置于坩埚中，加入 1g 氧化镁及 10mL 硝酸镁溶液，混匀，浸泡 4h。于低温或置水浴锅上蒸干。用小火炭化至无烟后移入马弗炉中加热至 550℃，灼烧 3～4h，冷却后取出。加 5mL 水湿润灰分后，用细玻棒搅拌，再用少量水洗下玻棒上附着的灰分至坩埚内。放置水浴上蒸干后移入马弗炉 550℃ 灰化 2h，冷却后取出。加 5mL 水湿润灰分，再慢慢加入 10mL 盐酸溶液（1+1），然后将溶液移入 50mL 容量瓶中。坩埚用盐酸溶液（1+1）洗涤 3 次，每次 5mL，再用水洗涤 3 次，每次 5mL，洗涤液均并入容量瓶中，再加水至刻度，混匀。定容后的溶液每 10mL 相当于 1g 试样，相当于加入盐酸量（中和需要量除外）1.5mL。取与灰化试样相同量的氧化镁和硝酸镁溶液，按同一操作方法做试剂空白试验。

② 植物油　称取 5.00g 试样，置于 50mL 瓷坩埚中，加 10g 硝酸镁，再在上面覆盖 2g 氧化镁，将坩埚置小火上加热，至刚冒烟，立即将坩埚取下，以防内容物溢出，待烟小后，再加热至炭化完全。将坩埚移至马弗炉中，550℃ 以下灼烧至灰化完全，冷却取出。加 5mL 水湿润灰分，再缓缓加入 15mL 盐酸溶液（1+1），然后将溶液移入 50mL 容量瓶中。坩埚用盐酸溶液（1+1）洗涤 5 次，每次 5mL，洗涤液均并入容量瓶中，加盐酸（1+1）至刻度，混匀。定容后的溶液每 10mL 相当于 1g 试样，相当于加入盐酸量（中和需要量除外）1.5mL。取与灰化试样相同量的氧化镁和硝酸镁，按同一操作方法做试剂空白试验。

③ 水产品　取可食部分试样捣成匀浆，称取 5.00g 置于坩埚中，加 1g 氧化镁及 10mL 硝酸镁溶液，混匀，浸泡 4h。以下按①自"于低温或置水浴锅上蒸干……"起依法操作。

2. 测定

吸取定容后的 10.0mL 溶液和同量的试剂空白液，分别置于 125mL 分液漏斗中，各加水至 20mL。

吸取 0mL、0.50mL、1.00mL、1.50mL、2.00mL、2.50mL 铜标准使用液（相当于铜为 0.0μg、5.0μg、10.0μg、15.0μg、20.0μg、25.0μg）分别置于 125mL 分液漏斗中，分别加硫酸（1+17）至 20mL。

于试样消化液、试剂空白液和铜标准液中各加 5mL 柠檬酸铵溶液、1.0mL 柠檬酸铵-乙二胺四乙酸二钠溶液和 3 滴酚红指示剂，用氨水（1+1）调至红色，再各加 2mL 铜试剂溶液和 10.0mL 四氯化碳，剧烈振摇 2min。静置分层后，四氯化碳层经脱脂棉滤入 2cm 比色杯中，以四氯化碳调节零点，在波长 440nm 处测吸光度。各点减去零管吸收值后，绘制标准曲线或计算一元回归方程，试样与曲线比较。

（五）结果计算

试样中铜的含量按下式计算：

$$X = \frac{A_1 - A_2}{m \times \frac{V_1}{V_2}} \tag{2-4-13}$$

式中　X——试样中铜的含量，mg/kg（或 mg/L）；

A_1——测定用试样中铜的含量（从标准曲线上查得），μg；

A_2——试剂空白液中铜的含量（从标准曲线上查得），μg；

m——试样质量（或体积），g（或 mL）；

V_1——试样消化液的总体积，mL；

V_2——测定用试样消化液的体积，mL。

计算结果保留两位有效数字，试样含量超过 10mg/kg 时保留三位有效数字。

（六）说明及注意事项

① 二乙基二硫代氨基甲酸钠遇紫外线、高温易分解，应避光保存，溶液也不稳定，配制后应于冰箱内保存，1 周内可用，最好现用现配。

② 铜试剂与铜离子生成的配合物，在四氯化碳溶液中暗处放置较稳定，如暴露于光下会引起褪色，因此操作应避免强光照射，1h 内完成。

③ 镁、铝、钙等存在时，在弱碱性条件下产生干扰，加入柠檬酸铵可消除。

任务二　食品中有害矿物质元素的测定

食品中铅含量的测定

（一）实验原理

样品经消化后，在 pH8.5～9.0 时，铅离子与双硫腙生成红色络合物，溶于三氯甲烷，所呈红色的深浅与铅离子的含量成正比，据此可进行分光光度比色定量。反应式如下：

（二）仪器

所用玻璃仪器均用 10%～20% 硝酸浸泡 24h 以上，自来水反复冲洗，最后用水冲洗干净。

分光光度计。

（三）试剂

① 硝酸。

② 硫酸。

③ 氨水（1∶1，1∶99）。

④ 6mol/L 盐酸　量取 100mL 盐酸，加水稀释至 200mL。

⑤ 酚红指示液（1g/L 乙醇溶液）。

⑥ 20% 盐酸羟氨溶液　称取 20g 盐酸羟氨，加水溶解至约 50mL，加 2 滴酚红指示液，加 1∶1 的氨水，调 pH 至 8.5～9.0（由黄变红，再多加 2 滴）。用双硫腙-三氯甲烷溶液提取至三氯甲烷层呈绿色不变为止，再用三氯甲烷洗 2 次，弃去三氯甲烷层，水层加 6mol/L 盐酸呈酸性，加水至 100mL。

⑦ 10% 氰化钾溶液。

⑧ 淀粉指示液　称取 0.5g 可溶性淀粉，加 5mL 水搅匀后，慢慢倒入 100mL 随倒随搅拌，煮沸，放冷备用。临用时配制。

⑨ 三氯甲烷　不应含氧化物。

a. 检查方法　量取 10mL 三氯甲烷，加 25mL 新煮沸过的水，振摇 3min，静置分层后取 10mL 水液，加数滴 15％碘化钾溶液及淀粉指示液，振摇后应不显蓝色。

b. 处理方法　于三氯甲烷中加入 1/10～1/20 体积的 20％硫代硫酸钠溶液洗涤，再用水洗后加入少量无水氯化钙脱水，进行蒸馏，弃去最初及最后的 1/10 馏出液，收集中间馏出液备用。

⑩ 1％硝酸　量取 1mL 硝酸，加水稀释至 100mL。

⑪ 双硫腙-三氯甲烷溶液（0.5g/L）　保存于冰箱中，必要时用下述方法纯化：

称取 0.5g 研细的双硫腙，溶于 50mL 三氯甲烷中，如不全溶，可用滤纸过滤于 250mL 分液漏斗中，用 1：99 氨水提取 3 次，每次 100mL，将提取液用棉花过滤至 500mL 分液漏斗中，用 6mol/L 盐酸调至酸性，将沉淀出的双硫腙用三氯甲烷提取 2～3 次，每次 20mL，合并三氯甲烷层，用等量水洗涤 2 次，弃去洗涤液，在 550℃ 水浴上蒸去三氯甲烷。精制的双硫腙置硫酸干燥器中，干燥备用。或将沉淀出的双硫腙用 200mL、200mL、100mL 三氯甲烷提取 3 次，合并三氯甲烷层。

⑫ 双硫腙使用液　吸取 1.0mL 双硫腙溶液，加三氯甲烷至 10mL，混匀。用 1cm 比色杯，以三氯甲烷调节零点，于波长 510nm 处测吸光度（A），用下式算出配制 100mL 双硫腙使用液（70％透光率）所需双硫腙溶液的体积（V）：

$$V=\frac{10(2-\lg 70)}{A}=\frac{1.55}{A} \tag{2-4-14}$$

⑬ 20％柠檬酸铵溶液　称取 50g 柠檬酸铵，溶于 100mL 水中，加 2 滴酚红指示液，加 1：1 的氨水，调 pH 至 8.5～9.0。用双硫腙-三氯甲烷溶液提取数次，每次 10～20mL，至三氯甲烷层呈绿色不变为止，弃去三氯甲烷层，再用三氯甲烷洗 2 次，每次 5mL，弃去三氯甲烷层，加水稀释至 250mL。

⑭ 铅标准溶液　精密称取 0.1598g 硝酸铅，加 1％硝酸 10mL，全部溶解后，移入 100mL 容量瓶中，加水稀释至刻度。此溶液每毫升相当于 1mg 铅。

⑮ 铅标准使用液　吸取 1.0mL 铅标准溶液，置于 100mL 容量瓶中，加水稀释至刻度。此溶液每毫升相当于 10.0μg 铅。

（四）实验操作方法

1. 样品处理

（1）硝酸-硫酸消化法　根据样品含水分的多少确定不同的取样量。对含水分较少的固体食品取 5.0～10.0g 的粉碎样品；对酱类食品称取 10.0～20.0g 样品；对含水分较高的果蔬称取 25.0～50.0g 洗净打成匀浆的样品；对饮料可吸取 10.0～20.0mL。将试样置于 250～500mL 定氮瓶中，对干燥的试样可先加水少许使湿润，放数粒玻璃珠，加 10～15mL 硝酸，放置片刻，小火缓缓加热，待作用缓和，放冷。沿瓶壁加入 5mL 或 10mL 硫酸，再加热，至瓶中液体开始变成棕色时，不断沿瓶壁滴加硝酸至有机质分解完全。加大火力，至产生白烟（溶液应透明无色或微带黄色），放冷。在消化过程中应注意控制热源强度。

加 20mL 水煮沸，除去残余的硝酸至产生白烟为止，如此处理两次，放冷。将冷后的溶液移入 50mL 或 100mL 容量瓶中，用水洗涤定氮瓶，洗液并入容量瓶中，放冷，加水至刻度，混匀。定容后的溶液每 10mL 相当于 1～5g 样品，相当于加入硫酸量 1mL。

取与消化样品相同量的硝酸和硫酸，按同一方法做试剂空白试验。

（2）灰化法　称取 5.0g 或吸取 5.0mL 样品，置于坩埚中（液体样品需先在水浴上蒸干），加热至炭化。然后移入马弗炉中灰化 3h，放冷，取出坩埚，加 1mL 硝酸，润湿灰分，用小火蒸干，在 550℃ 灼烧 1h，放冷，取出坩埚。加 1：1 硝酸 1mL，加热，使灰分溶解，移入 50mL 容量瓶中，用水洗涤坩埚，洗液并入容量瓶中，加水至刻度，混匀备用。

2. 测定

吸取 10.0mL 消化后的定容溶液和同量的试剂空白液，分别置于 125mL 分液漏斗中，各加水至 20mL。

吸取 0.00mL、0.10mL、0.20mL、0.30mL、0.40mL、0.50mL 铅标准使用液（相当 0μg、1μg、2μg、3μg、4μg、5μg 铅），分别置于 125mL 分液漏斗中，各加 1％硝酸溶液至 20mL。于样品消化液、试剂空白液和铅标准液中各加 2mL 20％柠檬酸铵溶液、1mL 20％盐酸羟胺溶液和 2 滴酚红指示液，用氨水（1∶1）调至红色，再各加 10％氰化钾溶液 2mL，混匀。各加 5.0mL 双硫腙使用液，剧烈振摇 1min，静置分层后，三氯甲烷层经脱脂棉滤入 1cm 的比色杯中，以零管调节零点，于波长 510nm 处测吸光度，绘制标准曲线。

（五）结果计算

$$X = \frac{m_1 - m_2}{m \times \dfrac{V_1}{V_2}}$$

(2-4-15)

式中　X——样品中铅的含量，mg/kg（或 mg/L）；

　　　m_1——测定用样品消化液中铅的含量，μg；

　　　m_2——试剂空白液中铅的含量，μg；

　　　m——样品质量（或体积），g（或 mL）；

　　　V_1——样品消化液的总体积，mL；

　　　V_2——测定用样品消化液体积，mL。

（六）说明及注意事项

① 双硫腙学名为二苯基硫卡巴腙，又名二苯硫腙、打萨宗等。它是一种蓝黑色结晶粉末，难溶于水（能溶于碱性水溶液），可溶于氯仿、四氯化碳，并呈绿色。双硫腙常用 H_2Dz 或 Dz 表示。

双硫腙能与许多金属形成络合物，这些络合物能溶于氯仿或四氯化碳而呈色。控制一定的反应条件，可以提高双硫腙对重金属的选择性，使显色反应具有特异性，从而可用双硫腙分光光度比色法对食品中的多种微量矿物质元素进行测定。常用的控制方法是控制溶液的 pH 或加入适当的掩蔽剂。

市售的双硫腙常含有氧化生成的二苯硫卡巴二腙，此化合物不与金属元素起反应，也不溶于酸性或碱性水溶液，但能溶于氯仿或四氯化碳呈黄色或棕色，因而干扰测定，故对市售双硫腙要进行提纯处理。

提纯方法如下：

称取 1g 双硫腙，用 200mL 四氯化碳（或氯仿）溶解后，移入 500mL 分液漏斗中。加入 1∶100 的氨水溶液 200mL，振摇数次，此时双硫腙进入氨水溶液中，而氧化物残留在有机相（CCl_4 或 $CHCl_3$）内。对有机溶剂层要用 1∶100 的氨水溶液提取数次，直至氨液不变橙色止。合并氨水层，加 1∶1 盐酸中和并使其呈酸性。此时双硫腙沉淀析出，加入四氯化碳（或氯仿）20mL 抽提 3 次，收集抽提液于另一分液漏斗中，用水洗涤数次，然后将抽提液移入锥形瓶中。先回收四氯化碳，再在水浴上蒸去剩余的四氯化碳，置干燥器中干燥备用。

② 纯 Dz（或其溶液）应在低温下（4～5℃）避光保存，以免被氧化。

③ 双硫腙可与多种金属离子作用生成络合物。在 pH8.5～9.0 时，加入氰化钾可以掩蔽 Cu^{2+}、Hg^{2+}、Zn^{2+} 等离子的干扰；加入盐酸羟胺可排除 Fe^{3+} 的干扰；加入柠檬酸铵，防止生成氢氧化物沉淀使铅被吸附而受损失。

④ 用双硫腙法测定铅，溶液的 pH 对其影响较大，应控制在 pH8.5～9.0 范围内。

⑤ 仪器清洗对测定结果影响很大，应使用10%~20%硝酸处理，再用无铅水冲洗。

⑥ 所用试剂应尽可能做提纯处理。柠檬酸铵、双硫腙必须提纯，其余试剂可根据试剂等级或通过空白试验，决定是否需要提纯。

食品中镉的测定

（一）实验原理

镉离子在碱性条件下与双硫腙生成红色络合物，可以用三氯甲烷等有机溶剂提取，与标准系列比较定量。

（二）仪器

分光光度计。

（三）试剂

① 三氯甲烷。

② 氢氧化钠-氰化钾溶液（甲）　称取400g氢氧化钠和10g氰化钾，溶于水中，稀释至1000mL。

③ 氢氧化钠-氰化钾溶液（乙）　称取400g氢氧化钠和0.5g氰化钾，溶于水中，稀释至1000mL。

④ 0.01%双硫腙-三氯甲烷溶液。

⑤ 0.002%双硫腙-三氯甲烷溶液。

⑥ 25%酒石酸钾钠溶液。

⑦ 20%盐酸羟胺溶液。

⑧ 2%酒石酸溶液　贮于冰箱中。

⑨ 镉标准溶液　精密称取0.11142g氧化镉，加4mL冰醋酸，缓缓加热溶解后，冷却，移入100mL容量瓶中，加水稀释至刻度。此溶液每毫升相当于1mg镉。

⑩ 镉标准使用液　吸取1.0mL镉标准溶液，置于100mL容量瓶中，加4%乙酸稀释至刻度。此溶液每毫升相当于10μg镉。

（四）操作方法

取125mL分液漏斗2只，一只加入0.5mL镉标准使用液（相当于5μg镉）及4%乙酸9.5mL，另一只加10mL样品浸泡液。分别向分液漏斗中各加1mL酒石酸钾钠溶液、5mL氢氧化钠-氰化钾溶液（甲）及1mL盐酸羟胺溶液，每加入一种试剂后，均须摇匀。加入0.01%双硫腙-三氯甲烷溶液15mL，振摇2min（此步应快速进行）。另取第二套分液漏斗，各加25mL酒石酸溶液，将第一套分液漏斗内的双硫腙-三氯甲烷溶液放入其中，用10mL三氯甲烷洗涤第一套分液漏斗，将三氯甲烷也放入第二套分液漏斗中。将第二套分液漏斗振摇2min，弃去双硫腙-三氯甲烷液，再各加6mL三氯甲烷，振摇后弃去三氯甲烷层。向分液漏斗的水溶液中各加入盐酸羟胺溶液1.0mL、0.002%双硫腙-三氯甲烷溶液15.0mL及氢氧化钠-氰化钾溶液（乙）5mL，立即振摇2min。擦干分液漏斗下壁内壁，塞入少许脱脂棉用以滤除水珠，将双硫腙-三氯甲烷溶液放入具塞的25mL比色管中，进行比色。样品管的红色不得深于标准管，否则以3cm比色杯，用三氯甲烷调节零点，于波长518nm处测吸光度，进行定量。

（五）结果计算

$$\rho = \frac{A_s \times m_s}{A_t \times V} \tag{2-4-16}$$

式中　ρ——样品浸泡液中镉的含量，mg/L；

A_s——镉标准溶液吸光度读数；

A_t——样品浸泡液吸光度读数；

V——样品浸泡液体积，mL；

m_s——镉标准溶液含量，μg。

（六）说明及注意事项

① 在强碱介质中，酒石酸钾钠能有效地络合钙、镁、铁、铝等金属，同时也具有保护作用，阻止某些氢氧化物生成胶体沉淀，以避免吸附镉离子共沉淀。

② 在氢氧化钠强碱溶液中，是镉提取的适宜条件，而铅、锌、锡等不被双硫腙提取；氰化钾能络合镉、镍等许多金属，要求双硫腙有足够的浓度（不得小于 50mg/L）。第二次用双硫腙提取时，因氰化钾浓度降低约 20 倍，因此双硫腙溶液的浓度可降至 20mg/L，若浓度过大，则灵敏度下降。

食品中汞含量的测定

（一）实验原理

样品经消化后，汞离子在酸性溶液中可与双硫腙生成橙色络合物，溶于三氯甲烷，在波长 490nm 处测定吸光度，与标准系列比较进行定量。反应式如下：

（二）仪器

消化装置；分光光度计。

（三）试剂

① 硝酸。

② 硫酸。

③ 1mol/L 硫酸　量取 5mL 硫酸，缓缓倒入 150mL 水中，冷后加水至 180mL。

④ 5%硫酸　量取 5mL 硫酸，缓缓倒入 90mL 水中，冷后加水至 98mL。

⑤ 氨水。

⑥ 溴麝香草酚蓝指示液　0.1%乙醇溶液。

⑦ 20%盐酸羟胺溶液　吹清洁空气，可使含有的微量汞挥发除去。

⑧ 三氯甲烷　不应含有氧化物。

⑨ 双硫腙溶液　同"铅含量的测定"。

⑩ 双硫腙使用液　同"铅含量的测定"。

⑪ 汞标准溶液　精密称取 0.1354g 经干燥器干燥过的二氯化汞，加 1mol/L 硫酸使其溶解，移入 100mL 容量瓶中，并稀释至刻度。此溶液每毫升相当于 1mg 汞。

⑫ 汞标准使用液　吸取 1.0mL 汞标准溶液，置于 100mL 容量瓶中，加 1mol/L 硫酸稀释至刻度，此溶液每毫升相当于 10μg 汞。再吸取上述溶液 5.0mL 于 50mL 容量瓶中，加 1mol/L 硫酸稀释至刻度，此溶液每毫升相当于 1μg 汞。

（四）实验操作方法

1. 样品消化

根据样品含水量的多少称取（吸取）10～50g（mL）样品，置于消化装置的锥形瓶中，加数粒玻璃珠 45mL 硝酸、15mL 硫酸，转动锥形瓶，防止局部炭化。装上冷凝管后，小火加热，待开始发泡即停止加热，发泡停止后加热回流 2h。如加热过程中溶液变棕色，再加 5mL 硝酸，继续回流 2h，放冷，用适量水洗涤冷凝管，洗液并入消化液中，取下锥形瓶，加水至总体积为 150mL。取与消化样品相同量的硝酸、硫酸按同一方法做试剂空白试验。

2. 测定

① 取上述消化液（全量），加 20mL 水，在电炉上煮沸 10min，除去二氧化氮等，放冷。

② 于样品消化液及试剂空白液中各加 5％高锰酸钾溶液至溶液呈紫色，然后加 20％盐酸羟胺溶液使紫色褪去，加 2 滴麝香草酚蓝指示液，用氨水调节 pH，使橙红色变成橙黄色（pH 1～2）。定量转移至 125mL 分液漏斗中。

③ 吸取 0.0mL、0.5mL、1.0mL、2.0mL、3.0mL、4.0mL、5.0mL、6.0mL 汞标准使用液（相当于 0.0μg、0.5μg、3.0μg、4.0μg、5.0μg、6.0μg 汞），分别置于 125mL 分液漏斗中，加 5％硫酸 10mL，加水至 40mL 混匀。各加 20％盐酸羟胺溶液 1mL，放置 20min，并时时振摇。

④ 于样品消化液，试剂空白液及标准液振摇放冷后的分液漏斗中加 5.0mL 双硫腙使用液，剧烈振摇 2min，静置分层后，经脱脂棉将三氯甲烷层滤入 1cm 比色杯中，以三氯甲烷调节零点，在波长 490nm 处测吸光度，绘制成标准曲线。

（五）结果计算

$$X = \frac{m_1 - m_2}{m} \tag{2-4-17}$$

式中　X——样品中汞的含量，mg/kg；

m_1——样品消化液中汞的含量，μg；

m_2——试剂空白液中汞的含量，μg；

m——样品质量，g。

（六）说明及注意事项

① 汞与双硫腙生成橙色络合物时酸度以 pH 1.8～2 为宜。

② 盐酸羟胺是一种掩蔽剂，可消除 Fe^{2+}、Zn^{2+} 的干扰。同时盐酸羟胺是一种还原剂，可以除去氧化物。

③ 双硫腙易被氧化，生成黄色的化合物不溶于酸及碱，能溶于氯仿中，因此氯仿中不得含有光气。操作时不宜敞开暴露于空气过久，避免直射光操作。

食品中砷的测定（银盐法）

（一）实验原理

利用锌与酸作用生成原子态氢，在碘化钾和酸式氯化亚锡存在下，使样品溶液中五价砷还原成三价砷，三价砷与氢作用，生成砷化氢气体，通过乙酸铅棉花，进入含有二乙氨基二硫代甲酸银（简称 DDC-Ag）的吸收液，砷化氢与 DDC-Ag 作用，使银呈红色胶体游离出来，溶液的颜色呈橙色至红色。颜色的深浅与银含量成正比，根据颜色的深浅进行分光光度比色。反应式如下：

$$H_3AsO_3 + 3HCl \longrightarrow AsCl_3 + 3H_2O$$
$$H_3AsO_4 + 5HCl \longrightarrow AsCl_5 + 4H_2O$$
$$AsCl_5 + SnCl_2 \longrightarrow AsCl_3 + SnCl_4$$
$$AsCl_3 + 6[H] \longrightarrow AsH_3 + 3HCl$$
$$2AsCl_3 + 3SnCl_2 \longrightarrow 2As + 3SnCl_4$$
$$As + 3[H] \longrightarrow AsH_3$$

$$AsH_3 + 6DDC\text{-}Ag \longrightarrow 6Ag + 3DDC\text{-}H + DDC\text{-}As$$

（二）仪器

① 分光光度计。

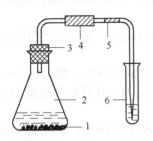

图 2-4-1 银盐法测定砷的装置
1—无砷锌粒；2—150mL 锥形瓶；
3—橡皮塞；4—导气管；
5—乙酸铅棉花；6—10mL 试管

② 砷化氢吸收装置：装置组成如图 2-4-1 所示。

（三）试剂

① 硝酸。

② 硫酸。

③ 盐酸。

④ 硝酸-高氯酸混合液（4：1）　量取 80mL 硝酸，加高氯酸，混匀。

⑤ 氧化镁。

⑥ 硝酸镁及硝酸镁溶液　称取 15g 硝酸镁 [Mg(NO_3)_2·6H_2O] 溶于水中，并稀释至 100mL。

⑦ 15%碘化钾溶液　储存于棕色瓶中。

⑧ 酸性氯化亚锡溶液　称取 40g 氯化亚锡（SnCl_2·2H_2O），加盐酸溶解并稀释至 100mL，加入数颗金属锡粒。

⑨ 6mol/L 盐酸　量取 50mL 盐酸加水稀释至 100mL。

⑩ 10%乙酸铅溶液。

⑪ 乙酸铅棉花　用 10%乙酸铅溶液浸透脱脂棉后，压除多余溶液，并使之疏松，在 100℃以下干燥后，储存于玻璃瓶中。

⑫ 无砷锌粒。

⑬ 20%氢氧化钠溶液。

⑭ 10%硫酸　量取 5.7mL 硫酸加入 80mL 水中，冷后再加水稀释至 100mL。

⑮ 二乙氨基二硫代甲酸银-三乙醇胺-三氯甲烷溶液　称取 0.25g 二乙氨基二硫代甲酸银 [(C_2H_5)_2NCS_2Ag] 置于乳钵中，加少量三氯甲烷研磨，移入 100mL 量筒中，加入 1.8mL 三乙醇胺，再用氯甲烷分次洗涤乳钵，洗液一并移入量筒中，用三氯甲烷稀释至 100mL，放置过夜。滤入棕色瓶中储存。

⑯ 砷标准溶液　精确称取 0.1320g 经硫酸干燥器干燥或在 100℃干燥 2h 的三氧化二砷，加 20%氢氧化钠溶液 5mL，溶解后加 10%硫酸 25mL，移入 1000mL 容量瓶中，用新煮沸冷却的水稀释至刻度，储存于棕色玻塞瓶中。此溶液每毫升相当于 0.1mg 砷。

⑰ 砷标准使用液　吸取 1.0mL 砷标准溶液，置于 100mL 容量瓶中，加 10%硫酸 1mL，加水稀释至刻度，此溶液每毫升相当于 1μg 砷。

（四）实验操作方法

1. 样品消化

（1）硝酸-高氯酸-硫酸法　根据样品含水分的多少确定取样量。对含水分较少的固体食品取 5.0～10.0g 的粉碎样品；对酱类食品称取 10.0～20.0g 样品；对含水分较高的果蔬称取 25.0～50.0g 洗净打成匀浆的样品；对饮料可吸取 10.0～20.0mL。将试样置于 250～500mL 定氮瓶中，对干燥的试样可先加水少许使之湿润，放入数粒玻璃珠，加 10～15mL 硝酸-高氯酸混合液，放置片刻，小火缓缓加热，待作用缓和，放冷。沿瓶壁加入 5mL 或 10mL 硫酸，再加热，瓶中液体开始变成棕色时，不断沿瓶壁滴加硝酸-高氯酸，使有机质分解完全。加大火力，至产生白烟（溶液应澄明无色或微带黄色），放冷。在消化过程中应注意控制热源强度。

加 20mL 无离子水煮沸，除去残余的硝酸至产生白烟为止，如此处理两次，放冷。将冷后的溶液移入 50mL 或 100mL 容量瓶中，用无离子水洗涤定氮瓶，洗液并入容量瓶中，放冷，加水至刻度，混匀。定容后的溶液每 10mL 相当于 1g 样品，相当加入硫酸量 1mL。

取消化样品相同量的硝酸-高氯酸混合液和硫酸，按同一方法做试剂空白试验。

（2）灰化法　称取 5.0g 或吸取 5.0mL 样品，置于坩埚中（液体样品需先在水浴上蒸干），加 1g 氧化镁及 10mL 硝酸镁溶液，混匀，浸泡 4h。置水浴锅上蒸干。用小火炭化至无烟后移入马弗炉中加热至 550℃，灼烧 3~4h，冷却后取出。

加 50mL 无离子水湿润灰分后，用细玻棒搅拌，再用少量无离子水洗下玻棒上附着的灰分至坩埚内。放水浴锅上蒸干后移入马弗炉 550℃灰化 2h，冷却后取出。

加入 5mL 无离子水湿润灰分，再慢慢加入 6mol/L 盐酸 10mL，然后将溶液移入 50mL 容量瓶中，坩埚用 6mol/L 盐酸洗涤 3 次，每次 5mL，再用水洗涤 3 次，每次 5mL，洗液均并入容量瓶中。用无离子水定容至刻度，混匀。定容后的溶液 10mL 相当于 1g 样品，相当于加入盐酸量（中和需要量除外）1.5mL。全量供银盐法测定时，不必再加盐酸。

取与灰化样品相同量的氧化镁和硝酸镁溶液，按同一操作方法做试剂空白试验。

2. 测定

① 吸取一定量的湿法消化后的定容溶液（相当于 5g 样品）及同量的试剂空白液，分别置于 250mL 容量瓶中，补加硫酸至总量为 5mL，加水至 50~55mL。

吸取 0.0mL、2.0mL、4.0mL、6.0mL、8.0mL、10.0mL 砷标准使用液（相当 0μg、2μg、4μg、6μg、8μg、10μg 砷），分别置于 150mL 锥形瓶中，加水至 40mL，再加 1:1 硫酸 10mL。

② 吸取一定量的灰化法消化后的定容溶液（相当于 5g 样品）及同量的试剂空白液，分别置于 150mL 锥形瓶中。吸取 0.0mL、0.2mL、4.0mL、6.0mL、8.0mL、10.0mL 砷标准使用液（相当 0μg、2μg、4μg、6μg、8μg、10μg 砷），分别置于 150mL 锥形瓶中，加水至 43.5mL，再加 6.5mL 盐酸。

③ 于样品消化液、试剂空白液及砷标准溶液中各加 15% 碘化钾溶液 3mL、酸性氯化亚锡溶液 0.5mL，混匀，静置 15min。各加入 3g 锌粒，立即分别塞上装有乙酸铅棉花导气管的胶塞，并使导气管尖端插入盛有银盐溶液 4mL 的离心管中液面下，在常温下反应 45min 后，取下离心管，加三氯甲烷补足 4mL。用 1cm 比色杯，以零管调节零点，于波长 520nm 处测定吸光度。

④ 绘制标准曲线。

（五）结果计算

$$X = \frac{m_1 - m_2}{m \times \dfrac{V_2}{V_1}} \tag{2-4-18}$$

式中　X——样品中砷的含量，mg/kg（或 mg/L）；

m_1——测定用样品消化液中砷的含量，μg；

m_2——试剂空白液中砷的含量，μg；

m——样品质量（或体积），g（或 mL）；

V_1——样品消化液的总体积，mL；

V_2——测定用样品消化液的体积，mL。

（六）说明及注意事项

① 氯化亚锡（$SnCl_2$）试剂不稳定，在空气中能氧化生成不溶性氯氧化物，失去还原剂作用。配制时加盐酸溶解为酸性氯化亚锡溶液，加入数粒金属锡，经持续反应生成氯化亚

锡。新生态氢具还原性，以保持试剂溶液的稳定的还原性。

氯化亚锡在本试验中的作用：还原 As^{5+} 成 As^{3+}，以及在锌粒表面沉淀锡层，以抑制产生氢气作用过猛。

② 乙酸铅棉花塞入导气管中，是为吸收可能产生的硫化氢，使其生成硫化铅而滞留在棉花上，以免吸收液吸收产生干扰，因为硫化物与银离子生成黑色的硫化银。

③ 不同形状和规格的无砷锌粒，因其表面积不同，与酸反应的速度就不同，这样生成氢气气体流速不同，将直接影响吸收效率及测定结果。一般认为，蜂窝状锌粒 3g 或大颗粒锌粒 5g 均可获得良好结果。一般确定标准曲线与试样均用同一规格的锌粒为宜。

④ 二乙氨基二硫代甲酸银或称二乙基二硫代氨基甲酸银盐，分子式为 $(C_2H_5)_2NCS_2Ag$，不溶于水而溶于三氯甲烷，性质极不稳定，遇光或热，易生成银的氧化物而呈灰色，因而配制浓度不易控制。若市售品不适用，实验室可以自行制备，其方法如下：分别溶解 1.7g 硝酸银、2.3g 二乙氨基二硫代甲酸钠（DDC-Na，铜试剂）于 100mL 蒸馏水中，冷却到 20℃ 以下，缓缓搅拌混合，过滤生成的柠檬黄色银盐（DDC-Ag）沉淀，用冷的无离子水洗涤沉淀数次，在干燥器内干燥，避光保存备用。

吸收液中 DDC-Ag 浓度以 0.2% ～ 0.25% 为宜，浓度过低将影响测定的灵敏度和重现性。因此，配制试剂时，应放置过夜或在水浴上微热助溶，轻微的浑浊可以过滤除去。若试剂溶解度不好时，应重新配制，吸收液必须澄清。

⑤ 砷化氢发生及吸收应防止在阳光直射下进行，同时应控制温度在 25℃ 左右，防止反应过激或过缓，作用时间以 1h 为宜，夏季可缩短为 45min。室温高时氯仿部分挥发，在比色前用氯仿补足 4mL，并不影响结果。

⑥ 样品消化液中的残余硝酸需设法驱尽，硝酸的存在影响反应与显色，会导致结果偏低，必要时需增加测定用硫酸的加入量。

⑦ 吸收液吸收砷化氢后呈色在 150min 内稳定。

⑧ 吸收液中含有水分时，当吸收与比色环境的温度改变，会引起轻微浑浊，比色时可微温使澄清。

苯芴酮法测定锡的含量

（一）实验原理

苯芴酮又名苯荧光酮，化学名称为 9-苯基-2,3,7-三羟基氧蒽杂酮-6。它是橙红色的粉末。溶于盐酸、硫酸，微溶于醇。其醇溶液的色泽随 pH 值改变，呈黄色到橙红色。

在酸性介质中，锡与苯芴酮生成微溶性的橙红色络合物，在保护性胶体存在下进行比色测定。加入抗坏血酸、酒石酸可掩蔽干扰离子。

（二）仪器

分光光度计。

（三）试剂

① 10% 酒石酸溶液。

② 0.5% 动物胶（明胶）溶液　称取 0.5g 动物胶移入 50mL 烧杯中，加入 20～30mL 水，在 60℃ 热水中溶解后，移入 100mL 容量瓶中。使用前新配制，储存于冰箱中。

③ 硫酸溶液（1+9）。

④ 1% 抗坏血酸溶液　使用前新配制，储存于冰箱中。

⑤ 0.1g/L 苯芴酮溶液　称取 0.01g 苯芴酮，加少量无水乙醇溶解，加数滴硫酸溶液（1+9）使其透明后，移入 100mL 容量瓶中，用无水乙醇稀释至刻度。使用前新配制，储存于冰箱中。

⑥ 锡标准溶液　称取 0.1000g 纯锡于小烧杯中，加 10mL 浓硫酸，盖上表面皿，加热至锡完全溶解，移去表面皿，继续加热至冒烟，冷却，加 50mL 水，移至 1000mL 容量瓶中，用硫酸（1＋9）稀释至刻度。此时溶液每毫升相当于 100μg 的锡，使用时用硫酸（1＋9）再稀释 10 倍。

（四）实验操作方法

1. 样品处理

同铅的测定中样品处理，或用测铅后余下的消化液。

2. 标准曲线的绘制

准确吸取 1mL 相当于 10μg 锡的标准溶液 0.0mL、0.2mL、0.4mL、0.6mL、0.8mL、1.0mL，分别置于 25mL 比色管中，加入酒石酸溶液 0.5mL，酚酞指示剂 1 滴，摇匀后，用 1:1 氨水中和至淡红色。加入抗坏血酸溶液 2.5mL、明胶溶液 1.0mL、硫酸溶液（1＋9）5mL，并准确地加入 0.1g/L 苯芴酮溶液 2mL，用水稀释至刻度，摇匀。30min 后于分光光度计 490nm 波长下测定吸光度，并绘制标准曲线。

3. 样品分析

精确吸取样品溶液 1.0～5.0mL 置于 25mL 比色管中，以下操作同上。

（五）计算

$$X = \frac{A_1 - A_2}{m \times \dfrac{V_2}{V_1}}$$

(2-4-19)

式中　X——锡含量，mg/kg（或 mg/L）；

A_1——测定用样品消化液中锡的含量，μg；

A_2——试剂空白液中锡的含量，μg；

m——样品质量（或体积），g（或 mL）；

V_1——样品消化液的总体积，mL；

V_2——测定用样品消化液的体积，mL。

（六）说明及注意事项

天冷时，由于显色反应缓慢，标准溶液和样品溶液加入显色剂后，可在 37℃ 恒温箱内放置 30min，再比色，色泽可由黄到橙红色。

班级：＿＿＿＿＿　　组别：＿＿＿＿＿　　姓名：＿＿＿＿＿

项目考核		评价内涵与标准	项目内权重/%	学生自评 20%	学生互评 30%	教师评价 50%
考核内容	指标分解					
知识内容	食品矿物质元素知识，常用检测方法原理	结合学生自查资料，熟练矿物质元素知识，掌握常用的检测方法原理、操作及计算方法	20			
项目完成度	常用测量方法的理解	能够掌握相关仪器的操作及使用流程	10			

项目考核		评价内涵与标准	项目内权重/%	学生自评 20%	学生互评 30%	教师评价 50%
考核内容	指标分解					
项目完成度	实践过程	实践操作的标准化程度	20			
		知识应用能力,应变能力,能正确地分析和解决遇到的问题	10			
	检测结果分析及优化	检测结果分析的表达与展示,能准确表达结果,准确回答师生提出的疑问	20			
表现	团队合作	能正确、全面获取信息并进行有效的归纳	5			
		能积极参与合成方案的制定,进行小组讨论,提出自己的建议和意见	5			
		善于沟通,积极与他人合作完成任务,能正确分析和解决遇到的问题	5			
		遵守纪律、着装与总体表现	5			
综合评分						
综合评语						

思考题

1. 为什么用原子吸收分光光度法测定食品中的矿质元素时,一般都要做空白试验?

2. EDTA滴定法测定钙时,为什么要加氰化钠和柠檬酸钠?

3. 说明双硫腙比色法测定食品中锌含量的原理,测定中有哪些干扰?如何消除?

4. 铜试剂比色法测定食品中铜含量时有哪些干扰?如何消除?

5. 双硫腙法测定食品中铅含量的操作过程中最关键的操作环节是哪一步?为提高测定的准确度,必须采取哪些措施?

6. 比较测定汞的样品消化方法与测铅的样品消化方法有何不同,为什么?

7. 银盐法测定砷含量的样品制备方法有何特点?

8. 测定食品中砷含量存在哪些干扰及影响因素?应如何消除?

9. 配制锡标准溶液须注意什么?

10. 如何对样品进行灰化处理?有无其他方法?

11. 样液浓度过高将对吸光度测定结果产生怎样的影响?

12. 简述矿物质元素测定的意义和主要测定方法。

13. 说明原子吸收分光光度法测定食品中钙含量的简要过程。

14. 简述邻二氮菲分光光度法测定食品中铁含量的原理及操作要点。

15. 简述氯仿萃取法测定碘含量的原理和操作要点。

项目小结

食品中矿物质元素的检测方法有很多,而尤其以分光光度法、原子吸收分光光度法用得最多。分光光度法由于设备简单,能达到食品中矿物质检测标准要求的灵敏度,故一直被广泛采用;原子吸收分光光度法由于选择性好,灵敏度高,测定手续简便快速,可同时测定多种元素,而成为矿物质测定中最常用的方法。

通过本项目的学习,使学生能够掌握食品中常见矿物质元素标准溶液、标准使用液的配制、储存和使用方法；掌握不同待测样品的处理方法；掌握样品消化的方法和元素测定的原理和基本操作技能。

项目五　食品中有毒有害物质的检验

典型工作任务 ▶▶▶

在食品生产、加工包装、储藏、运输、烹调过程中，由于生物性、化学性、物理性因素产生某些有害物质，使食品受到污染。对食品中的有毒有害物质，应进行鉴别，以便采取针对性防治措施。由于食品中常见的有毒有害物质通常是以微量存在，一般化学方法灵敏度达不到，目前较多地使用仪器分析方法。

随着科学技术的发展，人们对食品质量要求的提高，食品中有害有毒物质不断地被发现，其产生的机理、对人体有害剂量的大小及清除污染的方法不断被人们所认识。食品中常见的有害有毒物质通常指：有机氯农药残留、有机磷农药残留、黄曲霉毒素、苯并芘、亚硝胺类化合物、苯酚、多氯联苯、动植物毒素、氰化物及其他金属元素类毒物、非金属元素毒物、某些添加剂等。食品中的有害有毒物质，不同程度地危害着人类健康。对食品中的有害有毒物质进行分析检测，有利于加强食品质量的监督管理，保障人民的身体健康。因此，食品中有害有毒物质的检测，是食品检验中的一个重要内容。

国家相关标准 ▶▶▶

GB/T 5009.161—2003《食品中有机磷农药残留量的测定》

GB/T 5009.162—2003《食品中有机氯农药残留量的测定》

GB/T 5009.26—2003《食品中 N-亚硝胺类化合物残留量的测定》

GB/T 5009.27—2003《食品中苯并芘的测定》

GB/T 5009.23—2003《食品中黄曲霉毒素 B_1 的测定》

任务驱动 ▶▶▶

1. 任务分析

通过本项目的学习，能够通过实际的任务引导，经过一步一步的实践操作，使学生掌握食品中有毒有害物质——有机氯农药残留、有机磷农药残留、黄曲霉毒素、苯并芘、亚硝胺类化合物等的检验。

2. 能力目标

（1）了解食品中有毒有害物质的来源、危害和测定意义。

（2）熟悉常见有毒有害物质的性质和测定方法。

（3）熟悉相关仪器设备的操作技能。

任务教学方式 ▶▶▶

教学步骤	时间安排	教学方式（供参考）
课外查阅并阅读材料	课余	学生自学,查资料,相互讨论
知识点讲授 （含课堂演示）	2课时	在课堂学习中,应结合多媒体课件讲解食品中有毒有害物质的测定,重点讲授食品中有毒有害物质的检测方法,使学生对食品中有毒有害物质测定有良好的认识
任务操作 （含评估检测）	8课时	完成典型食品中农药残留、黄曲霉毒素、苯并芘、亚硝胺类的检测实训任务,学生边学边做,同时教师应该在学生实训中有针对性地向学生提出问题,引发思考
		教师与学生共同完成任务的检测与评估,并能对问题进行分析及处理

知识一 食品中的常见有机氯农药及性质

有机氯农药（organochlorine pesticides）是农药中一类有机含氯化合物，一般分为两大类：一为滴滴涕类，称作氯化苯及其衍生物，包括滴滴涕和六六六等；二为氯化亚甲基萘类，如七氯、氯丹、艾氏剂、狄氏剂与异狄氏剂、毒杀酚等。其中以六六六与滴滴涕使用最广泛。六六六和滴滴涕，我国虽然于1984年已停止使用，但是这类农药性质比较稳定，残留时间长，累积浓度大，属高残毒农药，目前许多的农产品及食品中仍然有残留。

六六六分子式为$C_6H_6Cl_6$，化学名为六氯环己烷、六氯化苯，简称BHC。BHC有多种异构体：α-BHC、β-BHC、γ-BHC、δ-BHC。BHC为白色或淡黄色固体，纯品为无色无臭晶体，工业品有霉臭气味。在土壤中半衰期为2年。不溶于水，易溶于脂肪及丙酮、乙醚、石油醚及环己烷等有机溶剂。BHC对光、热、空气、强酸均很稳定。

滴滴涕分子式为$C_{14}H_9Cl_{15}$，化学名为2,2-双（对氯苯基）-1,1,1-三氯乙烷、二氯二苯三氯乙烷，简称DDT。根据苯环上Cl的取代位置不同，形成如下几种异构体：p,p'-DDT、o,p'-DDT、p,p'-DDD、p,p'-DDE。在农药中起主要作用的是p,p'-DDT及o,p'-DDT。DDT产品为白色或淡黄色固体，纯品DDT为白色结晶，熔点108.5~109℃。在土壤中半衰期为3~10年。不溶于水，易溶于脂肪及丙酮、氯仿、苯、氯苯、乙醚等有机溶剂。DDT对光、热、酸均很稳定。

知识二 食品中常见的有机磷农药污染及性质

有机磷农药（organophosphorus pesticides）是农药中一类含磷的有机化合物，其种类很多，目前大量生产与使用的至少有60多种。按其毒性可分成高毒、中等毒及低毒三类；按其结构则可划分为磷酸酯及硫化磷酸酯两大类。常见的有机磷农药有：

内吸磷，又名1059，化学名为O,O-二乙基-O-2-（乙硫基）乙基硫化磷酸酯，分子式为$C_8H_{19}O_3PS_2$，高毒，残效期为90天。

对硫磷，又名1605，化学名为O,O-二乙基-O-（对硝基苯基）硫化磷酸酯，分子式为$C_{10}H_{14}O_5NPS$，高毒，残效期为7天。

甲拌磷，又名3911，化学名为O,O-二乙基-5-（乙硫基）甲基二硫化磷酸酯，分子式为$C_7H_{17}O_2PS_3$，高毒，残效期为30~40天。

敌百虫，化学名为O,O-甲基-2,2,2-三氯-1-羟基乙基磷酸酯，分子式为$C_4H_8O_4Cl_3P$，低毒，残效期短。

乐果，化学名为O,O-二甲基-S-（4-甲基氨基甲酰甲基）二硫代磷酸酯，分子式为C_5H_{12}-O_3NPS_2，低毒，残效期为5天。

敌敌畏，又名DDVP，化学名为O,O-甲基-O-（2,2-二氯乙烯基）磷酸酯，分子式为$C_4H_7O_4Cl_2P$，高毒，残效期短。

马拉硫磷，又名40491、马拉松，化学名为O,O-二甲基-S-[1,2-双（乙氧羰基）乙基]二硫代磷酸酯，分子式为$C_{10}H_{19}O_6PS_2$，低毒，残效期短。

倍硫磷，化学名为O,O-二甲基-O-（3-甲基-4-甲硫基苯基）硫代磷酸酯，分子式为$C_{10}H_{15}$-O_3PS_2，低毒，残效期短。

稻瘟净，又名EBP，化学名为O,O-二乙基-S-苄基硫代磷酸酯，分子式为$C_{11}H_{12}$-O_3PS，低毒，残效期短。

杀螟硫磷，又名杀螟松，化学名为O,O-二甲基-O-（3-甲基-4-硝基苯基）硫代磷酸酯，分子式$C_9H_{12}O_5NPS$，低毒，残效期短。

其他还有高毒的甲基对硫磷、乙基对硫磷（E-1605）、甲胺磷；低毒的虫螨磷、乙酰甲胺磷等。

有机磷农药有特殊的蒜臭味，挥发性大，对光、热不稳定。由于各种有机磷农药的极性强弱不同，故对水及各种有机溶剂的溶解性能也不一样，但多数有机磷农药难溶于水，可溶于脂肪及各种有机溶剂，如丙酮、石油醚、正己烷、氯仿、二氯甲烷及苯等（但敌百虫能溶于水）。

由于有机磷农药具有用药量小、杀虫效率高、选择作用强、对农作物药害小、在体内不蓄积等优点，近年来，已得到广泛的应用。但是，某些有机磷农药属高毒农药，对哺乳动物急性毒性较强，常因使用、保管、运输等不慎，污染食品，造成人畜急性中毒，故食品（特别是果蔬等）中有机磷农药残留量的测定是一重要检测项目。

知识三　食品中黄曲霉毒素概述

黄曲霉毒素（aflatoxins，简写 AFT）是一群结构类似的化合物，目前已发现 17 种黄曲霉毒素，根据其在波长为 365nm 紫外光下呈现不同颜色的荧光而分为 B、G 两大类。其中 B 大类在氧化铝薄层板上于紫外光照射下呈现蓝色荧光；而 G 大类则呈现绿色荧光（高纯的 G 类中也有个别例外而呈蓝色荧光）。B 大类中有 AFTB$_1$、AFTB$_2$、AFTB$_2$、AFTM$_1$、AFTM$_2$、AFTB$_{2a}$、AFTH$_1$、AFTQ$_1$、AFTP$_1$、2-甲氧基 AFTB$_2$、2,3-环氧 AFTB$_1$、3-甲氧基 AFTB$_2$、2-乙基 AFTB$_2$ 等。G 大类中有 AFTG$_1$、AFTG$_2$、AFTG$_{2a}$、AFTGM$_1$、2-乙基 AFTG$_2$ 等。

AFT 的测定方法主要有薄层色谱法、微柱色谱法及带荧光检测的反相 HPLC 法等，其中薄层色谱法为我国 AFT 标准分析方法。在 AFT 中，由于 AFTB$_1$ 毒性大、含量多，且在一般情况下如未检查出 AFTB$_1$，就不存在 AFTB$_2$、AFTG$_1$ 等，故食品中污染的 AFT 含量常以 AFTB$_1$ 为主要指标，各国对其在食品中的允许量都有严格规定。FAO/WHO 规定食品中 AFTB$_1$ < 15μg/g，美国 ≤ 20μg/g，日本 ≤ 10μg/g，以色列与瑞典规定不得检出。

知识四　黄曲霉毒素的结构与理化性质

AFT 的基本结构都有一个二呋喃环和香豆素，又称为氧杂萘邻酮。AFT 的相对分子质量为 312～346，难溶于水、乙醚、石油醚及己烷中，易溶于油和甲醇、丙酮、氯仿、苯、乙腈等有机溶剂。AFT 是一组性质比较稳定的化合物，其对光、热、酸较稳定，而对碱和氧化剂则不稳定。用次氯酸钠溶液、氯、过氧化氢、高锰酸钾、漂白粉等均可使 AFT 被分解而破坏掉，并且氧化剂浓度越大，则 AFT 分解速度越快。

知识五　苯并芘的来源及性质

食品中的苯并 [a] 芘来源有多种渠道：一是食品加工过程中的熏制、烘烤和煎炸（煤气不完全燃烧、脂肪、胆固醇热解或热聚）产生，输送管道、包装材料、食品机械用的润滑油中含有苯并芘；二是环境因素（燃烧煤、石油、天然气、木材、沥青）造成空气污染，进而污染食品原料。另外，某些细菌、原生动物、淡水藻类和某些高等植物，可以在体内合成苯并 [a] 芘。

苯并 [a] 芘又称 3,4-苯并芘，是一种由五个苯环构成的多环芳烃。常温下苯并芘为浅黄色针状结晶，性质稳定，微溶于水、乙醇、甲醇，易溶于环己烷、己烷、苯、甲苯、二甲苯、丙酮等有机溶剂。在有机溶剂中，用波长 365nm 紫外线照射时，可产生典型的紫色荧光。苯并芘在碱性条件下较稳定。在常温下不与浓硫酸作用，但能溶于浓硫酸；能与硝酸、过氯酸、氯磺酸起化学反应。日光照射下，大气中的苯并芘化学半衰期不足 24h，没有日光照射为数日。日光和紫外线照射可除去粮食中的部分苯并芘。

知识六　苯并芘的污染

苯并[a]芘是已发现的 200 多种多环芳烃中最主要的环境和食品污染物，是一种强烈的致癌物质，对机体各器官（如皮肤、肺、肝、食道、胃肠等）均有致癌作用，所以必须要对食品进行苯并芘的检验。世界各国对食品中的苯并芘均有相应的限量标准。

对食品中苯并[a]芘的测定方法有薄层色谱法、荧光分光光度法、气相色谱法和液相色谱法，这里介绍液相色谱法。

知识七　食物中的亚硝胺的来源

烟熏、油炸、焙烤、腌制等加工技术，在改善食品的外观和质地、增加风味、延长保存期、钝化有毒物质（如酶抑制剂、红细胞凝集素）以及提高食品的可利用度等方面发挥了很大作用，但随之还产生了一些有害物质，即食品加工过程中形成的有害物质，相应的食品存在着严重的安全性问题，对人体健康产生很大的危害。

食品中的亚硝胺的来源包括：①腌制时盐中亚硝酸盐的作用，如咸鱼、咸肉；②加热干燥时，空气中氮气氧化成氮氧化物的作用，如啤酒、奶粉、豆制品。亚硝胺检出率最高的食品是咸鱼（尤为海产品）、啤酒、腌肉制品、奶粉及豆制品等；而新鲜蔬菜、水果及新鲜肉类检出率很低。

知识八　食物中的亚硝胺的性质

N-亚硝胺的化学性质较活泼，在酸性条件下可分解为相应的酰胺和亚硝酸，在碱性条件下可快速分解为重氮烷。N-亚硝胺在紫外光照射下可发生光分解反应。

N-亚硝胺对人体有害，是一种有强致癌作用的物质。从分析角度出发，可将 N-亚硝基化合物分为两类：挥发性 N-亚硝基化合物和非挥发性 N-亚硝基化合物。因非挥发性 N-亚硝基化合物的分析方法至今尚未成熟，因而现在对 N-亚硝基化合物的分析主要局限于挥发性 N-亚硝胺。食品中挥发性 N-亚硝胺类化合物的测定，可采用气相色谱-质谱联用法、气相色谱-热能分析仪法及分光光度比色法。

1. 食品中常见的有毒有害物质有哪些？
2. 有机氯农药有何特点？
3. 有机磷农药有何特点？
4. 黄曲霉毒素常在哪些食品中出现？毒素有何特点？
5. 食物中的苯并芘是怎样产生的？
6. 食物中的亚硝胺类化合物是怎样产生的？

任务一　食品中有机氯农药残留量的测定

（一）实验原理

样品中有机氯农药经提取、净化与浓缩后，进样气化并由氮气载入色谱柱中进行分离，再进入对负电性强的组分具有较高检测灵敏度的电子捕获检测器中检出，与标准有机氯农药比较定量。

（二）实验仪器

所用玻璃器皿均需经铬酸洗涤液浸泡。

气相色谱仪，附电子捕获检测器。

小型粉碎机；小型绞肉机；分样筛；高速组织捣碎机；电动振动器；恒温水浴锅。

微量注射器：5μL，10μL。

梨形分液漏斗。

K-D 浓缩器（装有三球或 Snyder 柱及刻度收集管）或索氏脂肪抽提器。

（三）实验试剂

① 丙酮。

② 乙醚。

③ 95％乙醇。

④ 石油醚（沸程 30～60℃）或环己烷。

⑤ 无水硫酸钠：经 350℃灼烧 4h，储存于密闭容器中。

⑥ 草酸钾。

⑦ 硫酸：优级纯。

⑧ 20g/L 硫酸钠溶液。

⑨ 1：1 高氯酸-冰醋酸混合液。

⑩ BHC 与 DDT 标准储备溶液。

⑪ BHC 与 DDT 标准溶液。

⑫ BHC 与 DDT 标准混合溶液：此标准混合液中各有机氯农药浓度应根据 GC 仪灵敏度于临用前配制。

⑬ 载体：白色硅藻土（或 Chromosorb W）80～100 目，GC 用。

⑭ 固定液：苯基甲基聚硅氧烷 OV-1 及三氟丙基聚硅氧烷 QQF-1。

（四）实验步骤

1. 样品提取

① 粮食　称取 20g 粉碎并通过 20 目筛的样品，置于 250mL 具塞锥形瓶中，加 100mL 石油醚，于电动振荡器上振荡 30min，滤入 150mL 分液漏斗中，以 20～30mL 石油醚分数次洗涤残渣，洗液并入分液漏斗中，以石油醚稀释至 100mL。

② 蔬菜、水果　称取 200g 样品置于捣碎机中捣碎 1～2min（若样品含水分少，可加一定量的水），称取相当于原样 50g 的匀浆，加 100mL 丙酮，振荡 1min，浸泡 1h，过滤。残渣用丙酮洗涤 3 次，每次 10mL，洗液并入滤液中，置于 500mL 分液漏斗中，加 80mL 石油醚，振摇 1min，加 200mL 20g/L 硫酸钠溶液，振摇 1min，静置分层，弃去下层。将上层石油醚经盛有 15g 无水硫酸钠的漏斗，滤入另一分液漏斗中，再以石油醚少量数次洗涤漏斗及其内容物，洗液并入滤液中，并以石油醚稀释至 100mL。

③ 动物油　称取 5g 炼过的样品，溶于 250mL 石油醚，移入 500mL 分液漏斗中。

④ 植物油　称取 10g 样品，溶于 250mL 石油醚，移入 500mL 分液漏斗中。

⑤ 乳与乳制品　称取 100g 鲜乳（乳制品取样量按鲜乳折算），移入 500mL 分液漏斗中，加 100mL 乙醇、1g 草酸钾，猛摇 1min，加 100mL 乙醚，摇匀，加 100mL 石油醚，猛摇 2min，静置 10min，弃去下层。将有机溶剂层经盛有 20g 无水硫酸钠的漏斗，小心缓慢地滤入 250mL 锥形瓶中，再用石油醚少量多次洗涤漏斗及其内容物，洗液并入滤液中。以脂肪提取器或 K-D 浓缩器蒸除有机溶剂，残渣为黄色透明油状物，再以石油醚溶解，移入 150mL 分液漏斗中，以石油醚稀释至 100mL。

⑥ 蛋与蛋制品　取鲜蛋 10 个，去壳，混匀。称取 10g（蛋制品取样量按鲜蛋折算）置

于 250mL 具塞锥形瓶中，加 100mL 丙酮，在电动振荡器上振荡 30min，过滤。用丙酮洗残渣数次，洗液并入滤液中，用脂肪抽提器或 K-D 浓缩器将丙酮挥除。在浓缩过程中，常出现泡沫，应注意不使其溢出。将残渣用 50mL 石油醚移入分液漏斗中。振摇、静置分层，将下层残渣放于另一分液漏斗中，加 20mL 石油醚，振摇，静置分层，弃去残渣，合并石油醚，经盛有约 15g 无水硫酸钠的漏斗滤入分液漏斗中，再用石油醚少量数次洗涤漏斗及其内容物，洗液并入滤液中，以石油醚稀释至 100mL。

⑦ 各种肉类及其他动物组织　采用如下方法进行提取：

a. 甲法　称取绞碎均匀的 20g 样品置于乳钵中，加约 80g 无水硫酸钠研磨。无水硫酸钠用量以样品研磨后呈干粉状为度。将研磨后的样品和硫酸钠一并移入 250mL 具塞锥形瓶中，加 100mL 石油醚，于电动振荡器上振荡 30min，抽滤，残渣用约 100mL 石油醚分数次洗涤，洗液并入滤液中。将全部滤液用脂肪抽提器或 K-D 浓缩器蒸除石油醚，残渣为油状物。以石油醚溶解残渣，移入 150mL 分液漏斗中，加石油醚稀释至 100mL。

b. 乙法　称取绞碎混匀的 20g 样品置于烧杯中，加入 40mL 1:1 高氯酸-冰醋酸混合溶液，上面盖上表面皿，于 80℃ 水浴上消化 4~5h。将上述消化液移入 500mL 分液漏斗中，加 40mL 水洗烧杯，洗液并入分液漏斗中。以 30mL、20mL、20mL、20mL 石油醚分 4 次从消化液中提取农药。合并石油醚并使之通过一高约 4~5cm 的无水硫酸钠小柱，滤入 100mL 容量瓶中，以少许石油醚洗小柱，洗液并入容量瓶中，然后稀释至刻度，混匀。

2. 净化

① 于 100mL 样品石油醚提取液（富含脂肪的动、植物油样品除外）中加 10mL 硫酸，振摇数下后，倒置分液漏斗，打开活塞放气，然后振摇 0.5min，静置分层，弃去下层溶液。上层溶液由分液漏斗上口倒入另一个 250mL 分液漏斗中，用少许石油醚洗涤原分液漏斗后，并入 250mL 分液漏斗中，加 100mL 20g/L 硫酸钠溶液，振摇后静置分层，弃去下层水溶液。用滤纸吸除分液漏斗颈内外的水，然后将石油醚经盛有约 15g 无水硫酸钠的漏斗过滤，并以石油醚洗涤盛有无水硫酸钠的漏斗数次。洗液并入滤液中，并以石油醚稀释至 100mL。

② 于 25mL 富含脂肪的动、植物油样品石油醚提取液中加 25mL 硫酸，振摇数下后，倒置分液漏斗，打开活塞放气，再振摇 0.5min，静置分层，弃去下层溶液。再加 25mL 硫酸振摇 0.5min，静置分层，弃去下层溶液。上层溶液由分液漏斗上口倒于另一 500mL 分液漏斗中，用少许石油醚洗涤原分液漏斗，洗液并入分液漏斗中，加 250mL 20g/L 硫酸钠溶液，摇匀，静置分层，以下按①操作。

3. 浓缩

将分液漏斗中已净化的石油醚溶液经过盛有 15g 无水 Na_2SO_4 的小漏斗，缓慢滤入 K-D 浓缩器中，并以少量石油醚洗盛有无水 Na_2SO_4 的漏斗 3~5 次。合并洗液与滤液，然后于水浴上将滤液用 K-D 浓缩器浓缩至约 0.3mL（不要蒸干，否则结果偏低），停止蒸馏浓缩。用少许石油醚淋洗导管尖端，最后定容至 0.5~1.0mL，摇匀，塞紧，供测定用。

4. 测定

(1) 色谱条件

① 氚（^3H）源电子捕获检测器　汽化室温度 190℃；色谱柱温度 160℃；检测器温度 165℃；载气（氮气）流速 60mL/min；极化电压 30V。

② 镍（^{63}Ni）源电子捕获检测器　汽化室温度 215℃；色谱柱温度 195℃；检测器温度 225℃；载气（氮气）流速 90mL/min。

③ 色谱柱　内径 3~4mm，长 2m 的硬质玻璃管，内装涂以 15g/L OV-17 和 20g/L QF-1 混合固定液的 80~100 目白色硅藻土载体（或 Chromosorb W）。

(2) 标准曲线的绘制　吸取 BHC 与 DDT 标准混合溶液 1、2、3、4、5 分别进样，根据各农药组分含量（ng）与其相对应的峰面积（或峰高），绘制各农药组分的标准曲线。

（3）样品测定　吸取样品处理液 1.0～5.0μL 进样，记录色谱峰，据其峰面积于 BHC 与 DDT 各异构体的标准曲线上查出相应的组分含量（ng）。

（五）实验定性定量分析

1. 定性分析

根据标准 BHC 与 DDT 的各个异构体的保留时间进行定性。BHC 与 DDT 的各个异构体出峰顺序为 α-BHC、γ-BHC、β-BHC、δ-BHC、p,p'-DDE、o,p-DDT、p,p'-DDD、p,p'-DDT（图 2-5-1）。

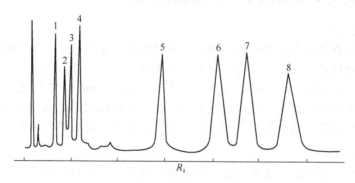

图 2-5-1　BHC、DDT 色谱图

1—α-BHC；2—γ-BHC；3—β-BHC；4—δ-BHC；
5—p,p'-DDE；6—o,p-DDTL；7—p,p'-DDD；8—p,p'-DDT

2. 定量计算

采用多点校正的外标方法进行定量计算，计算公式如下：

$$X=\frac{m_1 \times V_1}{m \times V \times 1000}$$

（2-5-1）

式中　X——食品样品中 BHC、DDT 及其异构体的单一残留量，mg/kg（或 mg/L）；

　　　V_1——样液进样体积，mL；

　　　V——样品净化后浓缩液体积，mL；

　　　m_1——从标准曲线上查出的被测样液中 BHC、DDT 及其异构体的单一含量，ng；

　　　m——样品质量（或体积），g（或 mL）。

最后将 BHC、DDT 的不同异构体或衍生物的单一含量相加，即得出样品中有机氯农药 BHC、DDT 的总量。

（六）实验说明及注意事项

① 本法测定各类食品样品的检测限：α-BHC、β-BHC、γ-BHC、δ-BHC 依次为 0.2μg/kg、0.8μg/kg、0.3μg/kg、0.4μg/kg；p,p'-DDE、o,p'-DDT、p,p'-DDD、p,p'-DDT 依次为 0.5μg/kg、2.7μg/kg、1.6μg/kg、4.0μg/kg。

② 此法灵敏度高、分离效率高、分析速度快，可同时分离鉴定 BHC 和 DDT 的各种异构体，适用于土壤、粮食、果蔬、肉、蛋、乳等及其制品中的有机氯农药的测定，为国家标准方法。

③ 样品提取液的净化，一般多用乙腈分配，再经弗罗里硅土（Florisil）柱色谱分离，必要时再经补充净化等一系列净化步骤。因这些净化步骤烦琐，有机溶剂用量大，某些试剂昂贵及农药亦易损失，故本法采用硫酸磺化法。此法加料回收率为 80%～100%。

④ 在本法色谱分析条件下，可使 BHC 及 DDT 等多种异构体获得完全分离，并可在 18min 内出峰完毕。若用 OV-210 代替 QF-1，则可允许使用较高的柱温，并使出峰时间大

为缩短，如以 2.5g/L OV-17 / 28g/L OV-210 为混合固定液，并于 195℃柱温，70mL/min N_2 流速下，6min 内上述 BHC 及 DDT 异构体等均出峰完毕，并且分离良好。

⑤ 色谱柱要使用硬质玻璃柱，若采用不锈钢柱，金属易引起农药分解。

⑥ 分析液体样品中有机氯农药采样时，应用玻璃瓶，不能用塑料瓶，因塑料瓶对有机氯农药测定有严重影响。如 DDT 会因吸附损失等因素而降低，BHC 则因塑料释放出干扰物质而使结果增高。

■ 任务二　食品中有机磷农药残留量的测定 ■

（一）实验原理

食品中残留的有机磷农药经有机溶剂提取并经净化、浓缩后，注入气相色谱仪，气化后在载气携带下于色谱柱中分离，并由火焰光度检测器检测。当含有机磷样品于检测器中的富氢火焰上燃烧时，以 HPO 碎片的形式，放射出波长为 526nm 的特征光。这种光通过滤光片选择后，由光电倍增管接收，转换成电信号，经微电流放大器放大后，由记录仪记录下色谱峰。通过比较样品的峰高和标准品的峰高，计算出样品中有机磷农药的残留量。

（二）主要仪器

①气相色谱仪，附火焰光度检测器。②电动振荡器。③K-D 浓缩器。

（三）实验试剂

① 二氯甲烷。

② 丙酮。

③ 无水硫酸钠　经 650℃灼烧 4h 后储存于密封瓶中备用。

④ 50g/L 硫酸钠溶液　称取 5g 硫酸钠，用少量水溶解并稀释至 100mL。

⑤ 中性氧化铝　色谱用，经 300℃活化 4h 后备用。

⑥ 活性炭　称取 20g 活性炭，用 3mol/L HCl 浸泡过夜，抽滤后，用水洗至无氯离子，于 120℃下烘干备用。

⑦ 有机磷农药标准储备液　精密称取有机磷农药标准品敌敌畏、乐果、马拉硫磷、对硫磷、甲拌磷、稻瘟净、倍硫磷、杀螟硫磷及虫螨磷各 10.0mg，分别置于 10mL 容量瓶中，用苯（或氯仿）溶解并稀释至 100mL。此溶液含农药 1mg/mL，作为储备液储存于冰箱中。

⑧ 有机磷农药标准混合溶液　临用时，用二氯甲烷将有机磷标准储备液稀释成两组标准混合溶液。各有机磷农药浓度为：第一组每毫升含敌敌畏、乐果、马拉硫磷、对硫磷、甲拌磷各 1μg；第二组每毫升含稻瘟净、倍硫磷、杀螟硫磷、虫螨磷各 2μg。

⑨ 有机磷农药系列标准混合溶液　分别吸取 2 组有机磷标准混合溶液 0.00mL、0.20mL、0.40mL、0.60mL、0.80mL、1.00mL 于 2 组 6 个 10mL 容量瓶中，用二氯甲烷分别稀释至刻度。此系列标准混合液中第一组含敌敌畏、乐果、马拉硫磷、对硫磷、甲拌磷等各种农药的系列浓度均依次为 0.00μg/mL、0.02μg/mL、0.04μg/mL、0.06μg/mL、0.08μg/mL、0.10μg/mL；第二组含稻瘟净、倍硫磷、杀螟硫磷、虫螨磷等各种农药的系列浓度均依次为 0.00μg/mL、0.04μg/mL、0.08μg/mL、0.12μg/mL、0.16μg/mL、0.20μg/mL。

此系列标准混合溶液应根据 GC 仪的灵敏度于临用前配制。

（四）实验步骤

1. 样品预处理

（1）蔬菜　将蔬菜切碎混匀。称取 10g 混匀的样品置于 250mL 具塞锥形瓶中，加 30～100g 无水硫酸钠（视蔬菜含水量而定）脱水，剧烈振摇后，如有固体 Na_2SO_4 存在，说明

所加无水 Na_2SO_4 已够，加 0.2~0.8g 活性炭（视蔬菜色素含量而定）脱色。加 70mL 二氯甲烷在振荡器上振摇 0.5h，经滤纸过滤，量取 35mL 滤液于通风柜中室温自然挥发至近干。用二氯甲烷少量多次研洗残渣，移入 10mL（或 5mL）具塞刻度试管中，并定容至 2mL 备用。

（2）粮食　将样品磨粉（稻谷先脱壳），过 20 目筛，混匀。称取 10g 置于具塞锥形瓶中，加入 0.5g 中性氧化铝（小麦、玉米再加 0.2g 活性炭）及 20mL 二氯甲烷，振摇 0.5h，过滤，滤液直接进样。若农药残留量过低，则加 30mL 二氯甲烷，振摇过滤，量取 15mL 滤液经 K-D 浓缩器浓缩并定容至 2mL 进样。

（3）植物油　称取 5g 混匀的样品，用 50mL 丙酮分次溶解并洗入分液漏斗中，摇匀后加 10mL 水，轻轻旋转振摇 1min，静置 1h 以上，弃去下面析出的油层，上层溶液自分液漏斗上口倾入另一分液漏斗中，当心尽量不使剩余的油滴倒入（如乳化严重，分层不清，则放入 50mL 离心管中，于 2500r/min 转速下离心 0.5h，用滴管吸出上层清液）。加 30mL 二氯甲烷，100mL 50g/L Na_2SO_4 溶液，振摇 1min，静置分层后，将二氯甲烷层移至蒸发皿中，丙酮水溶液再用 10mL 二氯甲烷提取一次，分层后，合并入蒸发皿中，自然挥发后，用二氯甲烷少量多次研洗蒸发皿中残渣，并入具塞量筒中，并定容至 5mL。加 3g 无水硫酸钠振摇脱水，再加 1g 中性氧化铝、0.2g 活性炭（毛油可加 0.5g）振摇、脱色、过滤，滤液可直接进样。

2. 色谱分析条件

（1）色谱柱　玻璃柱，内径 3mm，长 2.0m。

① 分离测定敌敌畏、乐果、马拉硫磷和对硫磷的色谱柱固定相为：

载体：60~80 目 Chromosorb WAW DMCS。

固定液：25g/L SE-30/30g/L QF-1 混合固定液或 15g/L OV-17/20g/L QF-1 混合固定液或 20g/L OV 101/20g/L QF-1 混合固定液。

② 分离测定甲拌磷、虫螨磷、稻瘟净、倍硫磷和杀螟硫磷的色谱柱固定相为：

载体：60~80 目 Chromosorb WAW DMCS。

固定液：30g/L PEGA/50g/L QF-1 混合固定液或 20g/L NPGA/30g/L QF-1 混合固定液。

（2）气流速度　载气（N_2）80mL/min；空气 50mL/min；氢气 180mL/min。（N_2、空气、H_2 之比应按各 GC 仪型号不同选择各自最佳比例条件。）

（3）温度　进样口 220℃；检测器 240℃；柱温 180℃（敌敌畏为 130℃）。

3. 测定

将各浓度的两组标准混合液 2~5μL 分别注入气相色谱仪中，在各组色谱分析条件下可测得不同浓度的各有机磷农药标准溶液的峰高，以峰高为纵坐标、农药浓度为横坐标，分别绘制各标准有机磷农药的标准曲线。

同时取样品溶液 2~5μL，注入气相色谱仪中，测得峰高，并从对应的标准曲线上查出相应的含量。

（五）定性定量

1. 定性分析

通过比较样品中各组分与标准有机磷农药的保留时间，进行定性分析。

2. 定量计算

样品中各有机磷农药含量可按下式计算：

$$X = \frac{m_1 \times V_1}{m \times V}$$

(2-5-2)

式中　　X——样品中各有机磷农药含量，mg/kg；

　　　　V——样液浓缩后总体积，μL；

　　　　V_1——样液进样体积，μL；

　　　　m_1——进样体积中各有机磷农药含量（由相应标准曲线上查得），μg；

　　　　m——样品质量，g。

（六）说明及注意事项

① 国际上多用乙腈作为有机磷农药的提取试剂及分配净化试剂，如 AOAC、FDA 等采取与有机氯农药提取净化大致相同的方法来提取、净化有机磷农药，即用乙腈或石油醚提取，用乙腈/水分配或乙腈/石油醚分配等方法净化。但乙腈毒性大，价格贵，且不易购买，故本法采用二氯甲烷提取，并在提取时根据样品性状加适量无水 Na_2SO_4、中性氧化铝、活性炭以脱水、脱油、脱色，基本上一次完成提取、净化的目的。另有用各种吸附柱（如弗罗里硅土柱、活性炭柱等）或用扫集共蒸馏等方法净化。

② 本法采用火焰光度检测器，对含磷化合物具有高选择性和高灵敏度，并且对有机磷检出极限比碳氢化合物高 10000 倍，故排除了大量溶剂和其他碳氢化合物的干扰，有利于痕量有机磷农药的分析。本法适用于粮食、果蔬、食用植物油中常见有机磷农药残留量的测定，为国家标准方法，最低检出量为 0.1～0.25ng。

③ 分析测定有机磷农药时，由于农药的性质不同，故应注意担体与固定液的选择。一般原则是：被分离的农药是极性化合物，则选择极性固定液；若被分离的农药是非极性化合物，则选择非极性固定液。若选择前者，各农药的出峰顺序一般为极性小的农药先出峰，极性大的农药后出峰；若选择后者，则按沸点高低出峰，低沸点的化合物先出峰。

④ 有些热稳定性差的有机磷农药（如敌敌畏）在用气相色谱仪测定时比较困难，主要原因是易被担体所吸附，同时因对热不稳定而引起分解。故可采用缩短色谱柱至 1～1.3m，或减小固定液涂渍的厚度和降低操作温度（如本法）等措施来克服上述困难。

任务三　食品中黄曲霉毒素 B₁ 的测定

（一）实验原理

样品中的 AFTB₁ 经有机溶剂提取、净化、浓缩并经薄层色谱分离后，在波长 365nm 紫外光下产生蓝紫色荧光，根据其在薄层板上显示荧光的最低检出量来测定 AFTB₁ 含量。

（二）主要仪器

① 小型粉碎机。

② 电动振荡器。

③ 分样筛。

④ 全玻璃浓缩器或 250mL 索氏抽提器。

⑤ 玻璃板：5cm×20cm。

⑥ 薄层板涂布器。

⑦ 色谱展开槽：内长 25cm，宽 6cm，高 4cm。

⑧ 紫外光灯：100～125W，带有波长 365nm 滤光片。

⑨ 微量注射器。

（三）试剂

① 三氯甲烷。

② 正己烷（沸程 30～60℃）或石油醚（沸程 60～90℃）。

③ 甲醇。

④ 苯。

⑤ 乙腈。

⑥ 无水硫酸钠。

⑦ 无水乙醚或乙醚（经无水硫酸钠脱水）。

⑧ 苯-乙腈（98：2）混合溶液　量取 98mL 苯，加 2mL 乙腈，混匀。

⑨ 甲醇-水（55：45）溶液　量取 55mL 甲醇，加 45mL 蒸馏水，混匀。

⑩ 三氟乙酸。

⑪ 氯化钠。

⑫ 丙酮。

⑬ 硅胶 G　薄层色谱用。

⑭ 50g/L 次氯酸钠溶液　称取 100g 漂白精，加入 500mL 水，搅匀。另将 160g 工业用碳酸钠（$Na_2CO_3 \cdot 10H_2O$）溶于 500mL 温水中，倒入上述溶液中，搅匀、澄清、过滤后储存于带橡皮塞的玻璃瓶中，作为 AFT 消毒剂。

⑮ $AFTB_1$ 标准储备液　用百万分之一的微量分析天平精密称取 $1\sim1.2mg$ $AFTB_1$ 标准品，先加入 2mL 乙腈溶解后，再用苯稀释至 100mL，避光置于 4℃冰箱中保存。先用紫外分光光度计测定配制的 $AFTB_1$ 标准储备液浓度，再用苯-乙腈混合液调整其浓度为 $10\mu g/mL$。在 350nm 条件下，$AFTB_1$ 在苯-乙腈溶液（98：2）中的摩尔消光系数为 19800。

⑯ $AFTB_1$ 标准应用液 I（$1\mu g/mL$）　精密吸取 1.0mL $10\mu g/mL$ $AFTB_1$ 标准储备液于 10mL 容量瓶中，加苯-乙腈混合液至刻度，混匀。此液含 $AFTB_1$ 为 $1\mu g/mL$。

⑰ $AFTB_1$ 标准应用液 II（$0.2\mu g/mL$）　精密吸取 1.0mL $1\mu g/mL$ $AFTB_1$ 标准应用液 I 于 5mL 容量瓶中，加苯-乙腈混合液至刻度，摇匀。此液含 $AFTB_1$ 为 $0.2\mu g/mL$。

⑱ $AFTB_1$ 标准应用液 III（$0.04\mu g/mL$）　精密吸取 1.0mL $0.2\mu g/mL$ $AFTB_1$ 标准应用液 II 于 5mL 容量瓶中，加苯-乙腈混合液至刻度，摇匀。此液含 $AFTB_1$ 为 $0.04\mu g/mL$。

（四）实验步骤

1. 样品预处理

① 玉米、大米、麦类、面粉、薯干、豆类、花生、花生酱等　称取 20g 粉碎过筛样品（面粉、花生酱不需粉碎），置于 250mL 具塞锥形瓶中，加 30mL 正己烷或石油醚和 100mL 甲醇-水（55：45）溶液，瓶塞上涂上一层水，盖严防漏。振荡 30min，静置片刻，以叠成折叠式的快速定性滤纸过滤于分液漏斗中，等下层甲醇-水溶液分清后，放出甲醇-水溶液于另一具塞锥形瓶中。取 20.0mL 甲醇-水溶液提取液（相当于 4g 样品）置于另一个 125mL 分液漏斗中，加 20mL $CHCl_3$，振摇 2min，静置分层（如出现乳化，则可滴加甲醇破乳分层）。放出 $CHCl_3$ 层，经盛有约 10g 先用 $CHCl_3$ 湿润的无水硫酸钠的慢速定量滤纸过滤于 50mL 蒸发皿中，分液漏斗中再加 5mL $CHCl_3$ 重复振摇提取，$CHCl_3$ 层一并滤于蒸发皿中，最后用少量 $CHCl_3$ 洗过滤器，洗液并于蒸发皿中。在通风柜中，将蒸发皿于 65℃水浴上通风挥干，然后放在冰盒上冷却 $2\sim3min$ 后，准确加入 1mL 苯-乙腈混合液，用带橡皮头滴管的管尖将残渣充分混合，若有苯的结晶析出，将蒸发皿从冰盒上取下，继续溶解、混合，晶体即消失，再用此滴管吸取上清液转移于 2mL 具塞试管中。

② 花生油、香油、菜油等　称取 4g 混匀的样品于小烧杯中，用 20mL 正己烷或石油醚将其转移至 125mL 分液漏斗中，以 20mL 甲醇-水溶液分数次洗烧杯，洗液一并移入分液漏斗中，振摇 2min。静置分层后，将下层甲醇-水溶液移入第二个分液漏斗中，再用 5mL 甲醇-水溶液重复振摇提取一次，提取液一并转移入第二个分液漏斗中。在第二个分液漏斗中加入 20mL $CHCl_3$，以下自"振摇 2min，静置分层……"起同①中操作。

③ 酱油、醋　称取 10g 样品于小烧杯中，为防止提取时乳化，加 0.4g NaCl，移入分

液漏斗中。烧杯用 15mL CHCl₃ 分次洗涤，洗液并入分液漏斗中。以下自"振摇 2min，静置分层……"起同①中操作。最后加入 2.5mL 苯-乙腈混合溶液，此溶液每 1mL 相当于 4g 样品。

④ 干酱类（包括腐乳制品等）　称取 20g 研磨均匀的样品置于 250mL 具塞锥形瓶中，加入 20mL 正己烷或石油醚与 50mL 甲醇-水溶液。振荡 30min，静置片刻，以叠成折叠式快速定性滤纸过滤，滤液静置分层后，取 24mL 甲醇-水层（相当于样品 8g，8g 干酱类样品本身约含有 4mL 水）置于分液漏斗中，加入 20mL CHCl₃，以下自"振摇 2min，静置分层……"起同①中操作。最后加入 2mL 苯-乙腈混合液。此溶液每 1mL 相当于 4g 样品。

⑤ 发酵酒类　提取方法同③，但不加氯化钠。

2. 样品测定（单向展开法）

(1) 薄层板的制备　称取约 3g 硅胶 G，加相当于硅胶量 2～3 倍左右的水，用力研磨 1～2min，至成糊状后，立即倒入涂布器内，推铺成 5cm×20cm、厚度约 0.25mm 的薄层板 3 块。于空气中干燥约 15min 后，在 100℃下活化 2h，取出放干燥器中保存。一般可保存 2～3 天。若放置时间较长，可再干燥活化后使用。

(2) 点样　将薄层板边缘附着的吸附剂刮净，在距薄层板底端 3cm 的基线上用微量注射器滴加样液和标液。一块薄板可点 4 个样点，点距边缘间距约为 1cm，样点直径约 3mm。要求同一块板上样点大小相同，点样时可用电吹冷风边点边吹。4 个样点如下：

第一点：10μL 0.04μg/mL AFTB₁ 标液。

第二点：20μL 样液。

第三点：20μL 样液＋10μL 0.04μg/mL AFTB₁ 标液。

第四点：20μL 样液＋10μL 0.2μg/mL AFTB₁ 标液。

(3) 展开与观察　在展开槽内加 10mL 无水乙醚，预展 12cm，取出挥干。再于另一展开槽内加 10mL 丙酮-三氯甲烷（8：92）溶剂，展开 10～12cm，取出在紫外灯下观察结果，方法如下：

a. 第一点滴加了 10μL AFTB₁ 标液（0.04μg/mL），其中含 AFTB₁ 0.4ng，作为最低检量同时可检验薄层板好坏及色谱条件是否合适。若展开后此点无荧光，则可能是薄层板未制好或色谱条件有问题。

b. 由于在第三点和第四点的样液点上滴加了 AFTB₁ 标准液，可使样点中 AFTB₁ 荧光点与标准液 AFTB₁ 荧光点重叠。其中第三点主要用来检查在样液内 AFTB₁ 最低检出量是否正常出现。若第一点有荧光点，第三点无荧光点，则表示样液中可能有荧光猝灭剂，此时应改进样品提取等方法。第四点中 AFTB₁ 为 2ng，主要起定位作用，在上述色谱条件下，AFTB₁ R_f 值约在 0.6 左右。

c. 若第二点（样点）在与 AFTB₁ 标准点相应位置（$R_f \approx 0.6$）无蓝紫色荧光点，而其他点均有荧光点，则表示样品中 AFTB₁ 含量在 5μg/kg 以下；若第二点在其相应位置有蓝紫色荧光点，则需进行确证实验。

(4) 确证实验　为了证实薄层板上样液荧光确系由 AFTB₁ 所产生，于样点上滴加三氟乙酸（TFA），使其与 AFTB₁ 反应，产生 AFTB₁ 的衍生物 AFTB₂ₐ，展开后，AFTB₂ₐ 的 R_f 值约在 0.1 左右。方法是于薄层板左边依次点两个样：

第一点：10μL 0.04μg/mL AFTB₁ 标液。

第二点：20μL 样液。

于以上两点各加一小滴 TFA 盖于其上，反应 5min 后，用电吹风吹热风 2min，使热风吹到薄层板上的温度不高于 40℃。再于薄层板右边滴加以下两个点：

第三点：10μL 0.04μg/mL AFTB₁ 标液。

第四点：20μL 样液。

同（3）展开后，于紫外光下观察样液是否产生与 AFTB_1 标准点相同的衍生物（$R_f = 0.1$ 左右）。未加 TFA 的第三、四两点，可分别作为样液与标准的衍生物空白对照。

（5）稀释定量　样液中（4g 样品/mL，点样 20μL）AFTB_1 荧光点的荧光强度如与 AFTB_1 标准点的最低检出量（0.4ng）的荧光强度一致，则样品中 AFTB_1 含量即为 5μg/kg；如样液中荧光强度比最低检出量强，则根据其强度估计减少点样量或将样液稀释后再点样，直至样液点的荧光强度与最低检出量的荧光强度一致为止。点样形式如下：

第一点：10μL 0.04μg/mL AFTB_1 标准液。

第二点：根据情况点 10μL 样液。

第三点：根据情况点 15μL 样液。

第四点：根据情况点 20μL 样液。

（五）结果计算

$$X = 0.0004 \times \frac{V_1 \times D}{V_2 \times m} \times 1000 \qquad (2\text{-}5\text{-}3)$$

式中　X——样品中 AFTB_1 的含量，μg/kg；

V_1——稀释前样液的总体积，mL；

V_2——出现同等荧光强度时稀释后样液点样量，mL；

D——样液的稀释倍数；

m——稀释前样液总量相当的样品质量，g；

0.0004——AFTB_1 最低检出量，μg。

（六）说明及注意事项

① 本法是测定 AFTB_1 的国家标准方法，其最低检出量为 0.4ng。

② 本法采用单向展开薄层色谱分离，以目测比较样品与标准的 AFTB_1 斑点荧光强度来定量，灵敏度可达 $1 \sim 5$μg/kg，回收率在 75% 以上，适于各类食品中 AFTB_1 的测定。

③ 由于食品中 AFT 分布很不均匀，特别是颗粒样品，为得到可靠的分析结果，采样时必须注意样品的代表性。

④ AFTB_1 标准储备液应密封于具塞试管中，于 4℃ 冰箱中避光储存。保存期间，若体积明显减少，应及时补充溶剂。使用前，用紫外分光光度计检测其浓度，再稀释成所需浓度的应用液。

⑤ 薄层板制备时，用 3g/L 羧甲基纤维素钠代替水，可增加薄层板强度，易于点样，且对分离效果无不良影响。

⑥ 由于 AFT 是一剧毒且强致癌性物质，使用时应注意安全防护，实验时应戴口罩，配标准溶液时戴手套。若衣服被污染，须用 50g/L 次氯酸钠溶液浸泡 $15 \sim 30$min 后，再用清水洗净。注意做好实验后的清洗消毒工作。对于剩余的 AFT 标液或阳性样液，应先用 50g/L 次氯酸钠处理后方可倒到指定的地方，实验中所用的或被污染的玻璃器皿须经 50g/L 次氯酸钠溶液浸泡 5min 再清洗之。实验完毕应用 50g/L 次氯酸钠清洗消毒实验台等。

任务四　食品中苯并［a］芘的测定

（一）实验原理

本法主要是利用样品经过提取、皂化或者液-液分配以及柱色谱净化，除去脂肪类物质、色素和多环芳烃以外的其他物质后，再通过液相色谱仪中的色谱柱，将苯并芘从多环芳烃物质中分离出来，求出样品中苯并芘的含量。

（二）仪器

（1）液相色谱仪　色谱柱：ODS柱，柱长250mm，ϕ4mm。柱温30℃。流动相：75％甲醇。流速2mL/min。

（2）检测器　荧光检测器，激发波长369nm，荧光波长405nm。

（三）实验步骤

1. 定性测定

用微量注射器吸取一定量的苯并芘标准溶液和样液，注入色谱仪内，根据苯并芘的出峰保留时间和样品中加标准样产生重叠情况进行定性。

2. 标准曲线的绘制

用微量注射器准确吸取1μg/mL的苯并芘标准溶液1μL、2μL、3μL、4μL、5μL，按照上述实验条件进行操作，以获得相应的色谱图。然后，分别测量各个色谱的峰面积，以峰面积为纵坐标、标准苯并芘量为横坐标，绘制标准曲线。

3. 样品的测定

在上述实验条件下，吸取一定量经过柱净化的样品提取液，注入液相色谱仪中进行分离、分析，测得峰面积，然后从标准曲线上查出相应于此面积的苯并芘含量。

（四）结果计算

$$X = \frac{A}{m \times P} \tag{2-5-4}$$

式中　X——苯并芘含量，μg/g；

A——从标准曲线中查出相当于苯并芘的标准量，μg；

m——样品的质量，g；

P——点样体积与样品浓缩体积的比值。

（五）说明及注意事项

① 本法所用试剂及配制方法、样品的提取、净化步骤参照荧光分光光度法。

② 高效液相色谱分离多环芳烃的效果与洗脱液的比例、柱温和流速等有关，其最适宜的条件因仪器而异。

③ 本法灵敏度为0.1ng/g。

任务五　食品中亚硝胺类化合物的测定

（一）实验原理

本法主要是利用食品中挥发性亚硝胺可采用夹层保温水蒸气蒸馏加以纯化，在紫外光的照射下，亚硝胺分解释放亚硝酸根，通过强碱性离子交换树脂浓缩，在酸性条件下，与对位氨基苯磺酸形成重氮盐，再与N-萘乙烯二胺二盐酸盐形成红色偶氮染料来测定。颜色的深浅与亚硝胺的含量成正比，此法可用于测定挥发性N-亚硝胺总量。

（二）仪器

分光光度计；紫外灯。

（三）试剂

① 磷酸缓冲液（0.1mol/L，pH7）　0.1mol/L磷酸氢二钠61mL和0.1mol/L磷酸二氢钠39mL混合而成。

② 300g/L乙酸溶液。

③ 0.5mol/L氢氧化钠溶液。

④ 盐酸溶液（1.7mol/L）。

⑤ 显色试剂。

显色剂 A：10g/L 对氨基苯磺酸的 300g/L 乙酸溶液。

显色剂 B：2g/L N-1-萘乙烯二胺二盐酸盐的 300g/L 乙酸溶液。

显色剂 C：10g/L 对氨基苯磺酸的 1.7mol/L 盐酸溶液。

显色剂 D：10g/L N-1-萘乙烯二胺二盐酸盐溶液。

⑥ 二乙基亚硝胺标准溶液（100μg/mL）。

⑦ 强碱性离子交换树脂：交联度 8，粒度 150 目。

⑧ 正丁醇饱和的 1mol/L 氢氧化钠溶液。

（四）实验步骤

1. 亚硝胺标准曲线的绘制

准确吸取 100μg/mL 的亚硝胺标准溶液 0mL、0.02mL、0.04mL、0.06mL、0.08mL、0.10mL，分别移入小培养皿中，并分别加入 pH7 的磷酸缓冲液，使每份反应液的总体积达 2.0mL。摇匀后在紫外光下照 1min。按顺序加入 0.5mL 显色剂 A，摇匀后再加 0.5mL 显色剂 B，待溶液呈玫瑰红色后，分别在分光光度计 550nm 波长处测定吸光值，绘制标准曲线。

2. 样品制备

① 液体样品　根据样品中亚硝胺的含量称取样品 10.0～20.0g，移入 100mL 容量瓶中，加入氢氧化钠溶液使其浓度为 1mL/L，摇匀后过滤，收集滤液待测定。

② 固体样品　取经捣碎或研磨均匀的样品 20.0g，加入正丁醇饱和的 1mol/L 氢氧化钠溶液，移入 100mL 容量瓶中，并加至刻度，摇匀，浸泡过夜，离心分离，取清滤液待测定。

3. 挥发性 N-亚硝胺总量的测定

吸取样品的清液 50mL，移入蒸馏瓶内进行夹层保温水蒸气蒸馏，收集 25mL 馏出液，用 300g/L 乙酸调节至 pH3～4。再移入隙馏瓶内进行夹层保温水蒸气蒸馏，收集 20mL 馏出液，用 0.5mol/L 氢氧化钠调至 pH7～8。将馏出液在紫外光下照 15min，通过强碱性离子（氯离子型）交换柱（1cm×0.5cm）浓缩，以少量水洗后，用 1mol/L 氯化钠溶液洗脱亚硝酸根，分管收集洗脱液（每管 1mL），至所收集的洗脱液加入显色剂不显色为止。各管中加入 1.0mL pH7 磷酸缓冲溶液、0.5mL 显色剂 A，摇匀后再加入 0.5mL 显色剂 B，以下操作同标准曲线的绘制。根据测得的吸光值，从标准曲线中查得每管亚硝胺的含量，汇总总含量。

（五）结果计算

$$X = \frac{A}{m} \times 1000 \qquad (2\text{-}5\text{-}5)$$

式中　X——挥发性 N-亚硝胺含量，μg/kg；

A——相当于挥发性 N-亚硝胺标准的量，μg；

m——测定时样品液相当于样品的量，g。

班级：＿＿＿＿＿＿　　组别：＿＿＿＿＿＿　　姓名：＿＿＿＿＿＿

项目考核		评价内涵与标准	项目内权重/%	学生自评 20%	学生互评 30%	教师评价 50%
考核内容	指标分解					
知识内容	食品有毒有害物质知识,常用检测方法原理	结合学生自查资料,熟悉有毒有害物质,掌握常用的检测方法原理、操作及计算方法	20			

项目考核		评价内涵与标准	项目内权重/%	学生自评20%	学生互评30%	教师评价50%
考核内容	指标分解					
项目完成度	常用测量方法的理解	能够掌握相关仪器的操作及使用流程	10			
	实践过程	实践操作的标准化程度	20			
		知识应用能力,应变能力,能正确地分析和解决遇到的问题	10			
	检测结果分析及优化	检测结果分析的表达与展示,能准确表达结果,准确回答师生提出的疑问	20			
表现	团队合作	能正确、全面获取信息并进行有效的归纳	5			
		能积极参与合成方案的制定,进行小组讨论,提出自己的建议和意见	5			
		善于沟通,积极与他人合作完成任务,能正确分析和解决遇到的问题	5			
		遵守纪律、着装与总体表现	5			
综合评分						
综合评语						

思考题

1. 食品中有机氯农药残留量测定时,样品提取液净化过程中有哪些注意事项?
2. 如何选择色谱柱?
3. 对有机氯农药测定的影响因素有哪些?
4. 食品中农药残留有什么简易的定性方法?请简要说明。
5. 在有机磷农药残留量的测定中,如何选择提取剂?
6. 采用火焰光度检测器有何优点?
7. 单向展开法中如何进行点样操作?
8. AFTB$_1$ 标准储备液应如何保存和使用?
9. 液相色谱法测定食品中的苯并芘是怎样进行定性和定量的?
10. 简略说明分光光度比色测定食品中的亚硝胺的方法。
11. 怎样配制黄曲霉毒素 B$_1$ 的标准溶液?
12. 哪些食品中 N-亚硝胺的检出率较高?
13. 食品中苯并芘的测定方法有哪些?

项目小结

　　通过介绍食品中常见的有害有毒物质(有机氯农药残留、有机磷农药残留、黄曲霉毒素、苯并芘、亚硝胺类化合物等),使学生能够了解食品中有毒有害物质的来源、危害和测定意义;熟悉常见有毒有害物质的性质和测定方法;熟悉相关仪器设备的操作技能。

项目六　食品中功能性成分的测定

典型工作任务 ▷▷▷

随着人们生活水平的提高，食品的功能性越来越引起人们的重视。食品除了可以给人们提供能量，满足人们的嗜好以及提供人体的各种必需的成分以外，很多食品成分还具有生理活性，能够调节人体功能，增强免疫能力，防病治病，也就是具有功能性。功能性食品是指具有营养功能、感觉功能和调节生理活动功能的食品。它的范围包括：增强人体体质（增强免疫能力，激活淋巴系统等）的食品；预防疾病（高血压、糖尿病、冠心病、便秘和肿瘤等）的食品；恢复健康（控制胆固醇、防止血小板凝集、调节造血功能等）的食品；调节身体节律（神经中枢、神经末梢、摄取与吸收功能等）的食品和延缓衰老的食品。具有上述特点的食品，都属于功能性食品，适宜于特定人群食用，可调节机体的功能，又不以治疗为目的。对其中功能性成分的测定，成为我们现在的主要工作任务。

国家相关标准 ▷▷▷

GB/T 16740—1997《保健（功能）食品通用标准》

GB/T 8313—2002《茶多酚测定》

QB 2499—2000《茶饮料》（附录"茶饮料中茶多酚的测定方法"）

GB/T 5009.169—2003《食品中牛磺酸的测定》

任务驱动 ▷▷▷

1. 任务分析

通过本项目的学习，能够通过实际的任务引导，经过一步一步的实践操作，使学生掌握食品功能性成分——活性低聚糖及活性多糖、生物抗氧化剂茶多酚、类黄酮、牛磺酸的测定流程。

2. 能力目标

（1）了解活性低聚糖及活性多糖、生物抗氧化剂茶多酚、类黄酮、牛磺酸的成分。

（2）掌握活性低聚糖及活性多糖、生物抗氧化剂茶多酚、类黄酮、牛磺酸的测定方法。

任务教学方式 ▷▷▷

教学步骤	时间安排	教学方式（供参考）
阅读材料	课余	学生自学,查资料,相互讨论
知识点讲授 （含课堂演示）	2课时	在课堂学习中,结合多媒体课件解析活性低聚糖及活性多糖、生物抗氧化剂茶多酚、类黄酮、牛磺酸的种类、检测方法,使学生对食品功能性成分测定有良好的认识
评估检测		教师与学生共同完成任务的检测与评估,并能对问题进行分析及处理

很多功能性食品含有比一般食品更多的维生素、矿物质和其他必需营养素。其中一些营养素的健康功效已经得到了证明，它们在一定程度上确实可以改善健康状况。例如，叶酸可以预防新生儿神经管畸形；食用盐中添加钾可以降血压；多不饱和脂肪酸可以降低心脏病发生的危险性等。功能性食品也可能包含非营养性成分，而这些成分同样具有一定的生理功效。例如，糖醇可以降低龋齿发生的危险性；植物甾醇和甾醇酯可以降低 LDL 胆固醇；低聚糖可改善肠道健康；类黄酮可降低心脏病的发生；以及共轭亚油酸的减肥作用等。

知识一　活性低聚糖及活性多糖

低聚糖（oligosaccharide），又称为寡糖，是由 2～10 个单糖分子以 α-糖苷键或 β-糖苷键连接而成的低度聚合糖类，其相对分子质量介于 200～2000 之间。现代研究认为，具有生理活性的低聚糖包括：低聚果糖、低聚半乳糖、低聚乳果糖、水苏糖、棉籽糖、低聚异麦芽糖、低聚麦芽糖等。活性低聚糖部分除具有活性多糖（如膳食纤维、茶多糖等）的功用外，还具有独特的低甜度、抗龋齿、防治糖尿病等功效，是肠道菌群双歧杆菌良好的增殖因子。作为保健食品基料、稳定剂、乳化剂、抗氧化剂等初步应用于现代食品、医疗保健等方面。

活性多糖是指具有某种特殊生理活性的多糖化合物，如真菌多糖、植物多糖等。植物多糖（比如枸杞多糖、香菇多糖等）具有双向调节人体生理节奏的功能；纤维素和几丁质可构成植物或动物骨架；淀粉和糖原等可作为生物体储存能量的物质。

知识二　茶多酚

茶多酚（tea polyphenols）是茶叶中多酚类物质的总称，包括黄烷醇类、花色苷类、黄酮类、黄酮醇类和酚酸类等。其中以黄烷醇类物质（儿茶素）最为重要。茶多酚又称茶鞣或茶单宁，是形成茶叶色香味的主要成分之一，也是茶叶中有保健功能的主要成分之一。

① 抗癌　茶多酚能清除体内有害自由基，阻断脂质过氧化过程，提高人体内酶的活性，从而起到抗突变、抗癌症的功效。

② 防治心血管疾病　茶多酚对人体脂肪代谢有着重要作用。人体的胆固醇、甘油三酯等含量高，血管内壁脂肪沉积，血管平滑肌细胞增生后形成动脉粥样化斑块等心血管疾病。茶多酚，尤其是茶多酚中的儿茶素单体（ECG 和 EGC）及其氧化产物茶黄素等，有助于抑制这种斑块增生，使形成血凝黏度增强的纤维蛋白原降低，凝血变清，从而抑制动脉粥样硬化。茶多酚具有较强的抑制转换酶活性的作用，因而可以起到降低或保持血压稳定的作用。茶多酚对人体的糖代谢障碍具有调节作用，能降低血糖水平，从而有效地预防和治疗糖尿病。

③ 提高综合免疫能力　茶多酚通过提高人体免疫球蛋白总量并使其维持在高水平，刺激抗体活性的变化，从而提高人体的免疫力。

知识三　类黄酮

类黄酮（flavonoids）是植物重要的一类次生代谢产物，它以结合态（黄酮苷）或自由态（黄酮苷元）形式存在于水果、蔬菜、豆类和茶叶等许多食源性植物中。

1. 种类

类黄酮又称生物类黄酮，为人类饮食中含量最丰富的一类多酚化合物，广泛存在于水果、蔬菜、谷物、根茎、树皮、花卉、茶叶和红葡萄酒中。目前为止，已经确认有 4000 多种不同的类黄酮。类黄酮可进一步分为：

（1）黄酮醇类　这是最常见的类黄酮物质，如槲皮素、芸香素。槲皮素广泛存在于蔬菜、水果中，以红洋葱的含量最高。

（2）黄酮类或黄碱素类　如木犀草素、芹菜素，分别含于甜椒和芹菜。

（3）黄烷酮类　主要见于柑橘类水果，如橙皮苷、柚皮苷。

（4）黄烷醇类　主要为儿茶素，绿茶中含量最丰，红茶的儿茶素含量比绿茶约少一半。

（5）花青素类　主要为植物中的色素，不同植物含量不一。

（6）原花青素类　葡萄、花生皮、松树皮中都含有丰富的原花青素。

（7）异黄酮类　主要分布于豆类食品，目前已证明具有抗乳癌和骨质疏松的作用。

2. 作用

类黄酮是一类植物色素的总称，为三元环化合物，具有保护心脏的功效。人们已认识到：低密度脂蛋白对人体有害，易导致冠心病。类黄酮具有降低人体内低密度脂蛋白的功效。

知识四　牛磺酸

牛磺酸（taurine）又称 2-氨基乙磺酸，最早由牛黄中分离出来，故得名。牛磺酸广泛分布于动物组织细胞内，海生动物含量尤为丰富，哺乳类动物组织细胞内亦含有较高的牛磺酸，特别是神经、肌肉和腺体内含量更高，是机体内含量最丰富的自由氨基酸。

牛磺酸在脑内的含量丰富、分布广泛，能明显促进神经系统的生长发育和细胞增殖、分化，在脑神经细胞发育过程中起重要作用，可提高神经传导和视觉机能。牛磺酸在循环系统中可抑制血小板凝集，降低血脂；对心肌细胞有保护作用，可抗心律失常；改善机体内分泌系统的状态，调节机体代谢；具有增强机体免疫力和抗疲劳的作用。

1. 食品功能性成分的种类都有哪些？
2. 如何检测活性低聚糖及活性多糖、生物抗氧化剂茶多酚、类黄酮、牛磺酸等成分？

任务一　活性低聚糖及活性多糖的测定

（一）实训目的

利用高效液相色谱法测定功能性食品中低聚果糖的含量。

（二）实训器材及工具

① 高效液相色谱仪：Waters HPLC，配有 R410 示差折射检测器，M-45 泵，C_{18} 色谱柱，数据处理装置。

② 超声波振荡器。

③ 微孔过滤器（滤膜 0.45μm）。

（三）试剂

乙腈（色谱纯），无水乙醇，双蒸水，低聚糖对照品。

（四）实训步骤

1. 样品处理

① 胶囊、片剂、颗粒、冲剂、粉剂（不含蛋白质）的样品　用精度 0.0001g 的分析天平准确称取已均匀的样品（由于低聚糖原料含量不一，所以样品的称量应控制在使低聚糖最终的进样浓度约 5～10mg/mL 为宜），置于 100mL 容量瓶中，加水约 80mL，于超声波振荡器中振荡提取 30min，加水至刻度，摇匀，用 0.45μm 滤膜过滤后直接测定。

② 奶制品（含蛋白质）的样品　准确吸取 50mL 于小烧杯中，加 25mL 无水乙醇，加热使蛋白质沉淀，过滤，滤液经浓缩并用水定容至 25mL 刻度。

③ 饮料或口服液样品　准确吸取一定量的样品，加水稀释，定容至一定体积使低聚糖的最终进样浓度约 5～10mg/mL。

④ 果冻或布丁类样品　果冻类样品先均匀搅碎，称量，加适量水并加热至 60℃ 左右助溶，并于超声波振荡器中振荡提取，然后用水稀释至一定体积。布丁类样品可按奶制品处理。

2. 色谱分离条件

色谱柱　　　　　Waters 碳水化合物分析柱 3.9mm×300mm

柱温　　　　　　35℃

流动相　　　　　乙腈＋水（75＋25）

流速　　　　　　1～2mL/min

检测器灵敏度　　16×

进样量　　　　　10～25μL

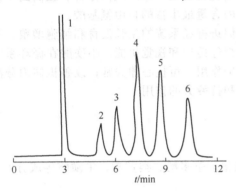

图 2-6-1　低聚果糖色谱图

1—溶剂峰；2—蔗糖；3—蔗果三糖；
4—蔗果四糖；5—蔗果五糖；6—蔗果六糖

3. 标准溶液的配制

精确称取 1.5000g 低聚果糖标准品于 50mL 容量瓶中，加水溶解，定容。

4. 样品测定

取样品处理液和对照品溶液各 10～25μL 注入高效液相色谱仪进行分离（见图 2-6-1）。以对照品峰的保留时间定性，以其峰面积计算出样液中被测物质的含量。

（五）结果分析

① 低聚糖的分离顺序　果糖＋葡萄糖、蔗糖、蔗果三糖、……、蔗果七糖。

② 低聚糖占总糖的百分含量　因为各组分均为同系物，所以可用面积归一法计算低聚糖各组分总面积值及各组分占固形物（总糖）的百分含量。

$$低聚果糖占总糖的含量(\%)=\frac{S_3+S_4+\cdots+S_7}{S_1+S_2+\cdots+S_7}\times100\%$$

式中　　　　　S_1——果糖＋葡萄糖的峰面积；

　　　　　　　S_2——蔗糖的峰面积；

　　　　　　　$S_3,\cdots,S_7$——蔗果三糖，……，蔗果七糖的峰面积。

③ 低聚糖在样品中的百分含量

$$低聚糖含量(\%)=\frac{S\times m_1\times V\times c}{S_1\times m\times V_1}\times100\% \tag{2-6-1}$$

式中　S——样品中各低聚糖组分的峰面积总和；

　　　S_1——对照样品溶液中各低聚糖组分的峰面积总和；

　　　m——样品的质量，g；

　　　m_1——对照样品质量，g；

　　　V——样品定容体积，mL；

　　　V_1——对照样品定容体积，mL；

　　　c——对照样品中各低聚糖组分占固形物（总糖）实测的含量。

（六）注意事项

① 因酶反应产物中除各种果糖外，还残留下不少葡萄糖、果糖和蔗糖（或麦芽糖）；低聚糖的分离与分子内部链的长短有关。

② 食品的化学构成比较复杂，某些功能性食品在生产工艺过程中会带来杂质、赋形剂及其中一些组分（如淀粉、麦片、豆粉）的变性而干扰本法的测定，故在样品处理中应尽量去除。

③ 低聚糖的检测有外标法和内标法，但由于功能性食品一般只需报告低聚糖的总量，故可用厂家提供的基料作对照样，在相同的分离条件下以面积比值法求出样品中低聚糖含量。

任务二　生物抗氧化剂茶多酚的测定

（一）实训目的

采用分光光度法测定茶饮料中茶多酚的含量。

（二）实训器材及工具

分光光度计。分析天平，感量 0.001g。

（三）试剂

① 酒石酸亚铁溶液　称取酒石酸钾钠（$C_{14}H_4O_6KNa \cdot H_2O$）0.50g 和硫酸亚铁（$FeSO_4 \cdot 7H_2O$）0.1g，用水溶解并定容至 100mL（低温保存有效期 10 天）。

② 磷酸氢二钠溶液（23.87g/L）　称取磷酸氢二钠（$Na_2HPO_4 \cdot 12H_2O$）23.87g，加水溶解后定容至 1L。

③ 磷酸二氢钾溶液（9.08g/L）　称取经 110℃ 烘干 2h 的磷酸二氢钾（KH_2PO_4）9.08g，加水溶解后定容至 1L。

④ pH 7.5 磷酸缓冲溶液　取上述磷酸氢二钠溶液 85mL 和磷酸二氢钾溶液 15mL，混合均匀。

⑤ 乙醇（95%）。

（四）实训步骤

1. 样品处理

① 较透明的样液（如果味茶饮料）　将样液充分摇匀后，备用。

② 较浑浊的样液（如果汁茶饮料）　量取 25mL 充分混匀的样液于 50mL 容量瓶中，加入 15mL 乙醇（95%），充分摇匀，放置 15min 后，用水定容至刻度。用慢速定量滤纸过滤，滤液备用。

③ 含碳酸气的样液　量取 100mL 充分混匀的样液于 250mL 烧杯中，称取其总质量，然后置于电炉上加热至沸，在微沸状态下加热 10min，将二氧化碳气排除。冷却后，用水补足其原来的质量，摇匀后，备用。

2. 标准溶液的测定

精确移取 1～5mL 上述制备的试液于 25mL 容量瓶中，加 4mL 水、5mL 酒石酸亚铁溶液，充分摇匀，用 pH 7.5 磷酸缓冲溶液定容至刻度。用 10mm 比色皿，在波长 540nm 处，以试剂空白作参比，测定其吸光度（A_1）。

3. 试液的测定

移取等量的试液于 25mL 容量瓶中，加 4mL 水，用 pH 7.5 的磷酸缓冲溶液定容至刻度，测定其吸光度（A_2）。

（五）结果分析

样品中茶多酚的含量按下式计算：

$$X = \frac{(A_1 - A_2) \times 1.957 \times 2 \times K}{V} \times 100 \qquad (2\text{-}6\text{-}2)$$

式中　X——样品中茶多酚的含量，mg/L；

　　A_1——试液显色后的吸光度；

　　A_2——试液底色的吸光度；

　　K——稀释倍数；

　　V——测定时吸取试液的体积，mL；

　1.957——用 10mm 比色皿，当吸光度等于 0.50 时，1mL 汤中茶多酚的含量相当于 1.957mg。

精密度：同一样品的两次测定结果之差，不得超过平均值的 5.0%。

（六）注意事项

① 磷酸缓冲溶液应冷藏，以免生长霉菌。

② 茶叶中多酚类物质与亚铁离子形成紫蓝色络合物，在 pH7.5 下稳定，所以要用 pH7.5 磷酸缓冲溶液配制样品溶液。

任务三　类黄酮的测定

（一）实训目的

采用分光光度法测定苹果果实中类黄酮总量。

（二）实训器材及工具

分光光度计；恒温水浴；冷冻研磨机；具塞试管。

（三）试剂

5%亚硝酸钠；10%硝酸铝；4%氢氧化钠；50%甲醇 80%乙醇等。

（四）实训步骤

1. 类黄酮的提取

果实置冷冻研磨机中液氮冷冻条件下研磨成粉末，称取 10g 粉末，加入 30mL 80%乙醇，避光放置 12h，30℃超声 30min，抽滤。残渣加入 30mL 80%乙醇，30℃超声 30min，抽滤，残渣按此操作重复提取一次。合并滤液，用 80%乙醇定容至 100mL。取 5mL 滤液，35℃减压旋蒸除去乙醇。依次用 5mL 甲醇和 10mL 水活化 C_{18} 固相萃取小柱，倒入样液，用 10mL 蒸馏水淋洗，弃去淋洗液，用 20mL 甲醇淋洗，收集淋洗液，35℃减压旋蒸近干，用甲醇定容至 5mL，过 0.22μm 有机滤膜。

2. 芦丁为标样测定

精确移取 1~5mL 上述制备的芦丁提取液于具塞试管中，各管加 0.5mL 5%$NaNO_2$，摇匀，静置 5min；加 0.5mL 10%$Al(NO_3)_3$，摇匀，静置 6min；加 2mL 4%NaOH，混匀，放置 10min，510nm 下测定吸光度。以试剂空白作参比，制作标准曲线。

3. 试液类黄酮的测定

取 4 支具塞试管，3 支测定管，1 支空白管，3 支测定管中加入过滤的粗提液 1mL，1 支空白管加同量 50%甲醇。各管加 0.5mL 5%$NaNO_2$，摇匀，静置 5min；加 0.5mL 10%$Al(NO_3)_3$，摇匀，静置 6min；加 2mL 4% NaOH，混匀，放置 10min，510nm 下测定吸光度。

（五）结果分析

样品中类黄酮的总含量按下式计算：

$$类黄酮含量(μg/g) = \frac{X \times V}{m} \qquad (2-6-3)$$

式中　X——由吸光度按标准曲线查的结果，μg/mL；

　　　V——粗提液总体积，mL；

　　　m——称样质量，g。

（六）注意事项

① 黄酮铝络合物易受 CO_2 作用使颜色有所变化，要求短时间完成操作，中间盖塞。

② 此法测得的是类黄酮的总量，如果想确定食品中类黄酮的成分，需要采用高效液相

色谱法测定。

任务四　牛磺酸的测定

（一）实训目的

利用液相色谱法测定保健食品中牛磺酸的含量。

（二）实训器材及工具

高效液相色谱仪（附紫外检测器）；离心机。

（三）试剂

醋酸钠缓冲液（0.1mol/L）；异硫氰酸苯酯；三乙胺；正己烷；乙腈（色谱纯）；双蒸水。

（四）实训步骤

1. 色谱条件

色谱柱：Phenomenex Gemini C_{18}柱（4.6mm×250mm，5μm）。

柱温：30℃。

检测波长：254nm。

流动相：0.1mol/L醋酸钠缓冲液-乙腈（93∶7）为 A，乙腈-水（4∶1）为 B，A、B两相按 94∶6 进行洗脱。

流速：1.0mL/min。

进样量：1μL。

2. 对照品溶液的制备

精密称取牛磺酸对照品约 20mg，置 25mL 容量瓶中，加水溶解并稀释至刻度，摇匀，即得对照品储备液。精密量取对照品储备液 5mL，加水定容至 10mL，即得对照品溶液。

3. 供试品溶液的制备

液体样品：精密量取某功能性饮料样品 1mL，置 10mL 容量瓶中，加水稀释至刻度，摇匀。

固体样品：精密称量 0.5g，置 100mL 容量瓶中，加水稀释超声（功率 180W，频率 50Hz）10min，最后加水稀释至刻度，摇匀。

4. 衍生和测定

精密量取供试品溶液和对照品溶液各 2mL，置具塞试管中，加入 7.5%三乙胺溶液-乙腈溶液（14∶86）1mL、15%异硫氰酸苯酯乙腈溶液（PITC 溶液）1mL，摇匀后在室温放置 1h，加入正己烷 2mL，振摇少许时间，再室温放置 1h。取下层溶液，用微孔滤膜（0.45μm）滤过，取滤液，即得。

5. 外标法测定

分别精密量取对照品储备溶液 5.0mL、7.0mL、9.0mL、11.0mL、13.0mL、15.0mL、17.0mL，加水分别定容至 25mL，进行衍生化处理并测定（图 2-6-2）。以牛磺酸进样量为横坐标、峰面积为纵坐标，进行线性回归。

（五）结果分析

根据保留时间定性，功能饮料中含有牛磺酸。

根据峰面积定量，将样品中的峰面积代入线性回归方程，得到样液中的牛磺酸含量：

$$X = \frac{c \times V_2}{V_1} \tag{2-6-4}$$

式中　X——试样中牛磺酸的含量，g/L（或 g/kg）；

$\quad\quad c$——样液中的牛磺酸的含量，mg/mL；

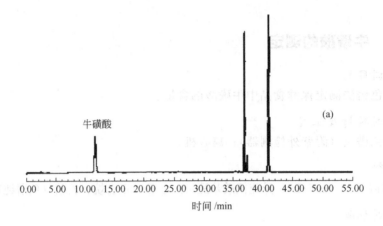

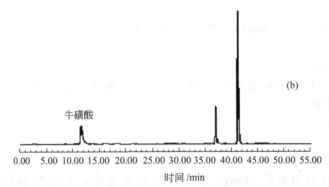

图 2-6-2 牛磺酸衍生物色谱图
(a) 对照品；(b) 功能饮料

V_1——试样的体积（或质量），mL（或 g）；

V_2——试样的稀释体积，mL。

（六）注意事项

所有试样和标准样品从衍生反应到进样的时间应保持一致，保证外标法的准确性。

利用牛磺酸可与异硫氰酸苯酯结合成为稳定的、紫外光下有较强吸收的衍生化产物这一性质，采用异硫氰酸苯酯柱前衍生法测定固态和液态保健食品中牛磺酸的方法。与国标 GB/T 5009.169—2003 中衍生剂（邻苯二甲醛）不同，结果准确，稳定可靠。

班级：＿＿＿＿＿＿＿＿ 组别：＿＿＿＿＿＿＿＿ 姓名：＿＿＿＿＿＿＿＿

项目考核		评价内涵与标准	项目内权重/%	学生自评 20%	学生互评 30%	教师评价 50%
考核内容	指标分解					
知识内容	食品的功能性成分的基础知识，包括活性低聚糖及活性多糖、生物抗氧化剂茶多酚、类黄酮、牛磺酸	结合学生自查资料，熟练掌握功能性成分的基础知识，对活性低聚糖及活性多糖、生物抗氧化剂茶多酚、类黄酮、牛磺酸的基础知识有良好的认识	10			
	高效液相色谱方法的理解	能够掌握高效液相色谱的操作及使用流程	10			

项目考核		评价内涵与标准	项目内权重/%	学生自评20%	学生互评30%	教师评价50%
考核内容	指标分解					
项目完成度	检验流程分析	实验前物质、设备准备、预备情况,正确分析检验流程	10			
	检验方案设计	能够正确设计感官功能检验、感官灵敏度检验以及描述能力检验的品评方案,方案的格式及质量	20			
	检验过程	知识应用能力,应变能力,能正确地分析和解决遇到的问题	20			
	检验结果分析及优化	检验结果分析的表达与展示,能准确表达制定的合成方案,准确回答师生提出的疑问	10			
表现	配合默契的伙伴	能正确、全面获取信息并进行有效的归纳	5			
		能积极参与合成方案的制定,进行小组讨论,提出自己的建议和意见	5			
	团队协作	善于沟通,积极与他人合作完成任务,能正确分析和解决遇到的问题	5			
		遵守纪律,着装与总体表现	5			
综合评分						
综合评语						

思考题

1. 正确叙述活性低聚糖及活性多糖、生物抗氧化剂茶多酚、类黄酮、牛磺酸的概念。

2. 设计一套对食品功能性成分的完整检验方案,给出检验报告。

项目小结

食品中功能性成分很多,检测方法也不尽相同,本项目针对常见的功能性成分(活性低聚糖及活性多糖、生物抗氧化剂茶多酚、类黄酮、牛磺酸等)的测定方法进行训练,主要采用的是分光光度法和高效液相色谱法。在这种方法的检验过程中,应注意以下事项:

1. 压力表无压力显示或压力波动时不能进行分析,应检查泵中气泡是否已排除,各连接处有无漏液,排除故障后方能进行操作。如压力升高,甚至自动停泵,应检查柱端有无污染堵塞,可小心卸开柱的进口端螺母,挖出被污染填充剂后,补入同类填充剂,仔细安装好,再进行操作。

2. 进样前,色谱柱应用流动相充分冲洗平衡,各色谱柱的使用应登记,以方便选择和更新。

3. 色谱流路系统,从泵、进样器、色谱柱到检测器流通池,在分析完毕后,均应充分冲洗,特别是用过含盐流动相的,更应注意先用水再用甲醇-水,充分冲洗。如发现泵漏液等较严重的情况,应请有经验的维修人员进行检查、维修。

4. 以硅胶作载体的化学键合相填充剂的稳定性受流动相 pH 值的影响,使用时,应详细参阅说明书,在规定的 pH 值范围内选用流动相,一般 pH 范围为 2.5~7.5。使用高 pH 值流动相时,可在泵与进样器之间连接硅胶短柱,以饱和流动相保护分析柱,并尽可能缩短在高 pH 值下的使用时间,用后立即冲洗。

项目七　食品包装材料的检验

典型工作任务 ▶▶▶

食品包装容器及包装材料，指用于盛放食品或为保护食品安全卫生、方便运输、促进销售，按一定的技术方法而采用的与食品直接接触的容器、材料及辅助物的总称。材料及辅助物包括纸、竹、木、金属、搪瓷、陶瓷、塑料、橡胶、天然纤维、化学纤维、玻璃制品和接触食品的涂料等。随着对食品安全问题越来越重视，食品包装材料对于食品卫生安全和地球环境的影响也必须进行检测，以塑料成型品的卫生指标检测、食品用橡胶制品、食品包装用纸的测定作为典型的工作任务进行。

国家相关标准 ▶▶▶

GB/T 5009.60—2003《食品包装用聚乙烯、聚苯乙烯、聚丙烯成型品卫生标准的分析方法》

GB/T 19142—2003《出口商品包装　通则》

任务驱动 ▶▶▶

1. 任务分析

通过本项目的学习，能够通过实际的任务引导，经过一步一步的实践操作，使学生掌握食品包装用塑料成型品、食品用橡胶制品、食品包装用纸的测定流程。

2. 能力目标

（1）了解食品包装的分类。

（2）掌握包装材料的主要卫生指标。

（3）掌握塑料成型品、食品用橡胶制品、食品包装用纸的主要卫生指标的检测方法及操作技能。

任务教学方式 ▶▶▶

教学步骤	时间安排	教学方式（供参考）
阅读材料	课余	学生自学，查资料，相互讨论
知识点讲授 （含课堂演示）	2课时	在课堂学习中，结合多媒体课件解析食品包装用塑料成型品、食品用橡胶制品、食品包装用纸的检测方法，使学生对食品包装材料测定有良好的认识
评估检测		教师与学生共同完成任务的检测与评估，并能对问题进行分析及处理

案例：　苏黎世州检验中心在对亚洲食品进行检测后，于2007年6月对包括中国"老干妈"（油浸式食物，采用玻璃罐装、金属旋盖式包装，内加塑胶圈）在内的10种亚洲食品实施禁售。PVC垫圈是导致多个亚洲产品被禁售的"罪魁祸首"。下架原因是密封材料中的邻苯二甲酸盐（phthalate），其易被油质吸收，不利于健康。PVC（聚氯乙烯）是使用最广泛的塑料材料之一，曾经被制成软玩具，风靡全球。后来人们开始关注孩子嘴嚼这些软塑玩具时，有害物质（软化剂）渗出的问题。

食品包装容器及材料按其内装物性质主要分为以下几类：①液体商品包装；②粮谷等固体粉状、颗粒状食品包装；③果蔬包装；④金属罐食品包装。按包装材料类型、材质及使用范围分类见表 2-7-1。

表 2-7-1　食品包装材料种类与适用范围

材料名称	包装容器类型	适用范围
竹、木包装材料	箱、桶、盒	水果、干果(蜜饯、果脯类)、酒类等外包装
纸及纸板材料	牛皮纸袋、加工纸盒、纸箱、瓦楞纸箱、复合纸罐、纤维硬纸桶	水果、糖果、糕点、肉制品、酱制品、水产制品
棉麻袋材料	布袋、麻袋	粮食、花生、白砂糖、面粉等
金属材料	桶、盒、罐	茶叶、饼干、饮料、干果等
玻璃材料	瓶、罐等容器	调味品、饮料、腌制品、酒类等
塑料材料	聚乙烯、聚丙烯、聚苯乙烯、聚偏氯二乙烯、聚酯等制成的袋与瓶	各类加工小食品、糕点、矿泉水、粮食、饮料等
复合材料	塑料与纸、铝箔复合制成的袋	肉制品、防潮防氧化食品等

知识一　塑料包装材料的种类

（1）热塑性塑料　在特定温度范围内能反复受热软化流动和冷却硬化定性，其树脂的化学组成和基本性能不变化。这类塑料有聚乙烯、聚丙烯、聚氯乙烯、聚乙烯醇、聚酰胺、聚碳酸酯、聚偏二氯乙烯等塑料。

（2）热固性塑料　在一定温度下经一定时间固化后，再次受热，只能分解，不能软化，因此不能反复成型。这类塑料有：三聚氰胺树脂、酚醛树脂、脲醛树脂。

塑料食品包装中安全问题及危害包括：苯乙烯单体，邻苯二甲酸酯类，双酚 A，氯乙烯，己内酰胺，甲醛，镉等。

知识二　纸质包装材料的种类

包装用纸：牛皮纸，半透明纸，玻璃纸，涂布纸，复合纸，食品包装纸。

包装用纸板：白纸板，标准纸板，加工纸板，瓦楞纸板。

纸质包装材料安全问题及危害包括：微生物，芳香胺，多环芳烃化合物，荧光化学物，重金属和农药等。

知识三　金属包装材料的种类

马口铁皮，主要有两类：电镀锡薄钢板（电镀铁）、涂覆镀锡薄钢板（涂料铁）。电镀锡薄钢板：主要用于蘑菇、春笋等新鲜浅色水果罐头。

涂覆镀锡薄钢板：除浅色水果、蘑菇、春笋罐头等用电素铁外，大部分食品罐头采用薄钢板、镀锌薄钢板、铝箔、复合铝箔、真空镀铝等涂料铁。

金属材料及制品的安全问题及危害包括：内壁涂膜残留物和有害金属离子的溶出等。

知识四　食品包装用材料及容器卫生标准分析方法

溶出试验是评估食品包装容器安全卫生性能的一项重要内容，通过溶出实验，可定量计算出包装材料中未反应的单体和添加剂向食品中的迁移量。将试样于一定的温度下，在四种不同食品模拟浸泡液中浸泡一定的时间后，测定高锰酸钾试验、蒸发残渣、重金属等内容。

食品包装材料的检测，一般是模拟不同食品，制备几种浸泡液，在一定温度下对试样浸泡一定时间后进行测定。模拟浸泡液分为以下几种，来替代不同的食品类型：①3％～4％醋酸液代替酸性食品；②己烷、庚烷代替水分少的植物油；③20％或 60％乙醇代替乙醇或含酒精饮料；④水溶液代替水性食品；⑤碳酸氢钠代替碱性食品。浸泡条件：GB/T 5009.156—2003《食品用包装材料及其制品的浸泡试验方法 通则》规定了每平方厘米表面积加 2mL 浸泡液，而对于无法计算表面积的材料，按每克试样加 20mL 浸泡液。

溶出物的检测项目：

（1）高锰酸钾消耗量　指那些迁移到浸泡液中，能被高锰酸钾氧化的全部物质的总量，以每升消耗高锰酸钾的质量（mg）表示。这些物质主要是有机物质，是从聚合物迁移到模拟浸泡液中，如聚合物单体烯烃、二聚、三聚物等低分子量聚合体、塑料添加剂等。用蒸馏水浸泡所测样品，所有容易溶出的有机小分子物质会溶解在水里，形成混合液。该混合液用强氧化性高锰酸钾溶液进行滴定，有机小分子物质会全部被氧化，而水则不会参与化学反应，通过消耗的高锰酸钾消耗量，表示可溶出有机物质的含量。

（2）蒸发残渣　蒸发残渣是向浸泡液迁移的不挥发物的总量，同时聚合物中的着色剂等的迁移情况也反映在蒸发残渣上。以每升溶液中残留的质量（mg）表示。

（3）甲醛　对热固性塑料三聚氰胺成型品的测定原理：甲醛与盐酸苯肼生成氮杂茂，在酸性条件下铁氰化钾将其氧化成红色的化合物。检测波长 520nm，分光光度法测定。

（4）重金属　浸泡液中重金属（以铅计）与硫化钠反应，在酸性条件形成黄棕色硫化铅，与标准比较不得变深，即表示重金属含量符合标准。

（5）脱色试验　取洗净待测样品一个，用沾有冷餐油、65％乙醇的棉花，在接触食品部位的小面积内，用力往返擦拭 100 次，棉花上不得沾有颜色，否则判为不合格。

1. 食品包装材料的种类都有哪些？
2. 如何进行食品包装材料的卫生检测？

任务一　快餐盒、塑料桶等包装材料的检测

（一）实训目的
利用食品包装用材料及容器卫生标准分析方法检测快餐盒、塑料桶等包装材料。

（二）实训器材及工具
酸式滴定管；蒸发皿。

（三）试剂
高锰酸钾；硫酸；65％乙醇；0.01mol/L 草酸；4％醋酸；正己烷。

（四）实训步骤
1. 取样
每批按 0.1％取样，小批时取样不少于 6～10 只。
2. 浸泡
蒸馏水：60℃保温 2h。4％醋酸：60℃保温 2h。65％乙醇：常温 [(20±1)℃] 浸泡 2h。正己烷：常温 [(20±1)℃] 浸泡 2h。以上浸泡液量按接触面积每平方厘米 2mL，在容器中则加入浸泡液至 2/3～4/5 容积为准。
3. 高锰酸钾消耗量的测定
锥形瓶的处理：取 100mL 水，放入 250mL 锥形瓶中，加入 5mL 硫酸、5mL 高锰酸钾溶液，煮沸 5min 进行充分清洗，倒去，用蒸馏水冲洗备用。

准确吸取 100mL 水浸泡液（有残渣需过滤）于已处理的锥形瓶中，加入 5mL 硫酸（1＋2）、10mL 0.01mol/L 高锰酸钾，煮沸 5min，趁热准确加入 10mL 0.01mol/L 草酸，用 0.01mol/L 高锰酸钾滴定至微红色，同时取 100mL 水做试剂空白。

4. 蒸发残渣的测定

取各浸泡液 200mL 置于预先恒重的玻璃蒸发皿或浓缩器（回收正己烷）中，水浴蒸干，然后于 105℃ 干燥至恒重，同时做空白实验。

5. 脱色试验

取洗净待测成型品食具一个，用沾有冷餐油、65％乙醇的棉花，在接触食品部位的小面积内，用力往返擦拭 100 次，棉花上不得染有颜色。四种浸泡液不得染有颜色。

（五）结果分析

1. 高锰酸钾消耗量的计算

$$高锰酸钾消耗量(mg/L) = \frac{(V_1 - V_2) \times c \times 31.6 \times 1000}{100} \quad (2-7-1)$$

式中　V_1——样品浸泡液滴定时消耗高锰酸钾溶液的体积，mL；

　　　V_2——试剂空白滴定时消耗高锰酸钾溶液的体积，mL；

　　　c——高锰酸钾标准滴定溶液的实际浓度，mol/L；

　31.6——与 1.0mL 的高锰酸钾标准滴定溶液 0.001mol/L 相当的高锰酸钾的质量，mg/mmol。

导致高锰酸钾消耗量超标的原因很多，如溶剂残留、表层油墨、黏合剂、薄膜的添加剂游离析出等都有可能导致。

2. 蒸发残渣的计算

$$蒸发残渣(mg/L) = \frac{(m_1 - m_2) \times 1000}{200} \quad (2-7-2)$$

式中　m_1——样品浸泡液蒸发残渣质量，mg；

　　　m_2——空白浸泡液蒸发残渣质量，mg。

（六）注意事项

（1）不同的有机物与高锰酸钾的氧化还原反应速率不同，反应也不彻底。想要求出有机物的绝对量是不可能的，只能在反应过程中，用高锰酸钾消耗量来表示。

（2）高锰酸钾消耗量并非适用于所有试样。在滴定时，溶液煮沸不可太快，最好在加热 5min 后开始沸腾。加热时间不可太长，因其本身会分解；最好在 60～80℃ 之间滴定，终点到达时的温度应高于 50℃，且微红色至少要维持 15s 不褪。

（3）因塑料所用染料多为脂溶性，依次擦拭或浸泡液中有颜色均判为不合格。

任务二　不锈钢食具容器的检测

（一）实训目的

对以不锈钢为原料制成的各种炊具、餐具、食具及其他接触食品的容器、工具、设备等进行卫生监测。

（二）实训器材及工具

分光光度计；3cm 比色杯；25mL 具塞比色管。

（三）试剂

① 4％（体积分数）乙酸　量取冰醋酸 4mL 或 36％（体积分数）乙酸 11mL，用水稀释至 100mL。

② 硫酸 $[c(H_2SO_4)=2.5mol/L]$ 取 70mL 优级纯硫酸边搅拌边加入水中，放冷后加水至 500mL。

③ 0.3g/100mL 高锰酸钾溶液 称取 0.3g 高锰酸钾加水溶解至 100mL。

④ 20g/100mL 尿素溶液 称取 20g 尿素加水溶解成 100mL。

⑤ 10g/100mL 亚硝酸钠溶液 称取 10g 亚硝酸钠加水溶解成 100mL。

⑥ 饱和氢氧化钠溶液。

⑦ 5g/100mL 焦磷酸钠溶液 称取 5g 焦磷酸钠 $(Na_4P_2O_7 \cdot 10H_2O)$，加水溶解成 100mL。

⑧ 二苯碳酸二肼溶液 称取 0.5g 二苯碳酸二肼溶于 50mL 丙酮中，加水 50mL。临用时配制，保存于棕色瓶中，如溶液颜色变深则不能使用。

⑨ 10g/100mL 枸橼酸氢二铵溶液。

⑩ 1g/100mL 丁二酮肟乙醇溶液；1g/100mL 丁二酮肟溶液。

⑪ 20%氢氧化钠溶液。

⑫ 盐酸：$c(HCl)=0.5mol/L$。

⑬ 氨水。

⑭ 三氯甲烷。

⑮ 双硫腙-三氯甲烷。

⑯ 枸橼酸铵溶液。

⑰ 盐酸羟铵溶液。

⑱ 氰化钾溶液。

(四) 实训步骤

1. 取样

按产品数量的 1‰抽取检验样品，小批量生产，每次取样不少于 6 件，分别注明产品名称、批号、钢号、取样日期。样品一半供化验用，另一半保存 2 个月，备作仲裁分析用。

2. 浸泡

用肥皂水洗刷样品表面污物，自来水冲洗干净，再用水冲洗，晾干备用。

器形规则、便于测量计算表面积的食具容器，每批取 2 件成品，计算浸泡面积并注入水测量容器容积 (以容积的 2/3～4/5 为宜)。记下面积、容积，把水倾去，滴干。

器形不规则、容积较大或难以测量计算表面积的制品，可采其原材料 (板材) 或取同批制品中 (使用同类钢号为原料的制品) 有代表性制品裁割一定面积板块作为样品，浸泡面积以总面积计。板材的总面积不要小于 $50cm^2$，每批取样三块，分别放入合适体积的烧杯中，加浸泡液的量按每平方厘米 2mL 计。如两面都在浸泡液中，总面积应乘以 2。

把煮沸的 4% (体积分数) 乙酸倒入成品容器或盛有板材的烧杯中，加玻璃盖，小火煮沸 0.5h，取下，补充 4%乙酸至原体积，室温放置 24h，将以上样品浸泡液倒入洁净玻璃瓶中供分析用。

在煮沸过程中因蒸发损失的 4%乙酸浸泡液应随时补加，容器的 4%乙酸浸泡液中金属含量经分析结果计算公式计算亦折为每平方厘米 2mL 浸泡液计。

3. 二苯碳酸二肼比色法测定铬

(1) 标准曲线的绘制 取铬标准使用液 0mL、0.25mL、0.50mL、1.00mL、1.50mL、2.00mL、2.50mL、3.00mL，分别移入 100mL 烧杯中，加 4% (体积分数) 乙酸至 50mL，以下同样品操作。以吸光度为纵坐标、标准浓度为横坐标，绘制标准曲线。

(2) 测定 取样品浸泡液 50mL 放入 100mL 烧杯中，加玻璃珠 2 粒、2.5mol/L 硫酸 2mL、0.3g/100mL 高锰酸钾溶液数滴，混匀。加热煮沸至约 30mL (微红色消失时，再加

0.3g/100mL 高锰酸钾液呈微红色），放冷。加 25mL 20g/100mL 尿素溶液，混匀，滴加 10g/100mL 亚硝酸钠溶液至微红色消失。加饱和氢氧化钠溶液呈碱性（pH＝9），放置 2h 后过滤，滤液加水至 100mL，混匀。取此液 20mL 于 25mL 比色管中，加 1mL 2.5mol/L 硫酸、1mL 5g/100mL 焦磷酸钠溶液，混匀。加 2mL 0.5g/100mL 二苯碳酸二肼溶液，加水至 25mL，混匀，放置 5min，于 540nm 处测定吸光度。另取 4％（体积分数）乙酸溶液 100mL 同上操作，作为试剂空白，调节零点。

4. 丁二酮肟比色法测定镍

（1）标准曲线的绘制　取镍标准使用液 0mL、0.25mL、0.50mL、1.00mL、2.00mL、3.00mL、4.00mL、5.00mL，加 4％（体积分数）乙酸至 100mL，移入 125mL 分液漏斗中，以下同样品操作。以吸光度为纵坐标、标准浓度为横坐标，绘制标准曲线。

（2）测定　取样品浸泡液 100mL，加 20％氢氧化钠溶液调至中性或弱碱性，放置 2h 过滤，滤液移入 125mL 分液漏斗中，加 2mL 枸橼酸氢二铵溶液，加数滴 2mol/L 氨水调溶液 pH 值为 8～9。加 2mL 丁二酮肟乙醇溶液，加 10mL 三氯甲烷，剧烈振摇 1min，静置，将三氯甲烷分离至 60mL 分液漏斗中，向水层加三氯甲烷 5mL 按上述操作反复进行两次，合并三氯甲烷液，弃去水层。用 10mL 0.3mol/L、氨水洗涤三氯甲烷层，剧烈振摇 30s 静置，分离三氯甲烷层于另一 60mL 分液漏斗中，向该漏斗中加 10mL 0.5mol/L 盐酸，剧烈振摇 1min 静置，分离三氯甲烷层于另一分液漏斗中。加 5mL 0.5mol/L 盐酸同上操作，合并 0.5mol/L 盐酸液，移入 25mL 具塞比色管中，加 2mL 饱和溴水，振摇。静置 1min，加 5mol/L 氨水至无色，再多加 2mL 5mol/L 氨水，在流水中冷至室温。加 2mL 丁二酮肟溶液，加水至 25mL 充分混合，放置 20min，于 540nm 处测定吸光度。另取 4％（体积分数）乙酸液 100mL，同上操作，作为试剂空白，调节零点。

5. 双硫腙法测定铅

量取 10.0mL 样品浸泡液。加水准确稀释至 50mL，取 25mL 带塞比色管两只，一只加入 10.0mL 浸泡稀释液，一只加入 2.00mL 铅标准溶液（相当 2μg）及 1mL 4％（体积分数）乙酸，再加水至 10mL。于两管内分别加 1.0mL 枸橼酸铵溶液、0.5mL 盐酸羟胺溶液和 1 滴酚红指示液，混匀后滴加氨水至红色再多加 1 滴，然后加入 1.0mL 氰化钾溶液，摇匀。再各加 5.0mL 双硫腙-三氯甲烷液，振摇 2min。静置后进行比色，样品管的红色不得深于标准管，否则用 1cm 比色杯，以三氯甲烷调节零点，于波长 510nm 处测吸光度，进行比较定量。

（五）结果分析

1. 铬的计算

$$X = \frac{m}{50 \times \frac{20}{100}} \times F \tag{2-7-3}$$

式中　X——样品浸泡液中铬含量，mg/L；

　　50——样品浸泡液体积，mL；

　　20——待测液体积，mL；

　100——稀释定容体积，mL；

　　m——测定时样液中铬的含量，μg；

　　F——折算成每平方厘米 2mL 浸泡液的校正系数。

2. 镍的计算

$$X = \frac{m}{V} \times F \tag{2-7-4}$$

式中　X——样品浸泡液中镍含量，mg/L；

　　　m——测定时样液中相当于镍的含量，μg；

　　　V——测定时取样液的体积，mL；

　　　F——折算成每平方厘米 2mL 浸泡液的校正系数；

3. 铅的计算

$$X = \frac{m_1 - m_2}{V_1} \times F \tag{2-7-5}$$

$$F = \frac{V_2}{2S}$$

式中　X——样品浸泡液中铅的含量，mg/L；

　　　m_1——从校正曲线上查得的样品测定管中铅的含量，μg；

　　　m_2——试剂空白管中铅的含量，μg；

　　　F——折算成每平方厘米 2mL 浸泡液的校正系数；

　　　V_1——测定时所取样品浸泡液体积，mL；

　　　V_2——样品浸泡液总体积，mL；

　　　S——与浸泡液接触的样品面积，cm^2；

　　　2——每平方厘米 2mL 浸泡液，mL/cm^2。

（六）注意事项

（1）根据接触的食品选择溶出条件，如浸泡液、溶出时间和溶出温度。

（2）所用浸泡液的量，要根据每平方厘米试样的表面积 2mL 浸泡液计算得到。

（3）不能或难以注入浸泡液的试样（如刀、叉等餐具），可按实际表面积，每平方厘米取 2mL 进行浸泡。

（4）不同的有机物与高锰酸钾的氧化还原反应速率不同，反应也不彻底。想要求出有机物的绝对量是不可能的，只能在反应过程中，用高锰酸钾消耗量来表示。

班级：＿＿＿＿＿＿＿　　组别：＿＿＿＿＿＿＿　　姓名：＿＿＿＿＿＿＿

项目考核		评价内涵与标准	项目内权重/%	学生自评 20%	学生互评 30%	教师评价 50%
考核内容	指标分解					
知识内容	食品包装材料的基础知识：食品包装用塑料成型品、食品用橡胶制品、食品包装用纸的认知	结合学生自查资料，熟练掌握食品包装材料的基础知识，对塑料成型品、食品用橡胶制品、食品包装用纸知识有良好的认识	10			
	分光光度方法的理解	能够掌握分光光度计的操作及使用流程	10			
项目完成度	检验流程分析	实验前物质、设备准备、预备情况，正确分析检验流程	10			
	检验方案设计	能够正确设计食品包装容器及包装材料的检验方案，方案的格式及质量	20			
	检验过程	知识应用能力，应变能力，能正确地分析和解决遇到的问题	20			
	检验结果分析及优化	检验结果分析的表达与展示，能准确表达制定的合成方案，准确回答师生提出的疑问	10			

项目考核		评价内涵与标准	项目内权重/%	学生自评20%	学生互评30%	教师评价50%
考核内容	指标分解					
表现	配合默契的伙伴	能正确、全面获取信息并进行有效的归纳	5			
		能积极参与合成方案的制定,进行小组讨论,提出自己的建议和意见	5			
	团队协作	善于沟通,积极与他人合作完成任务,能正确分析和解决遇到的问题	5			
		遵守纪律、着装与总体表现	5			
综合评分						
综合评语						

思考题

1. 正确叙述食品包装材料的概念与种类。

2. 设计一套对食品包装材料的完整检验方案,给出检验报告。

项目小结

食品中包装材料的很多,检测方法也不尽相同,这里针对常见的功能性成分,塑料制品的卫生测定进行训练,主要采用的是溶出法。在食品包装材料的检测过程中重点检测高锰酸钾消耗量、蒸发残渣、脱色试验、重金属等。

1. 试样浸泡溶液经过加热后,测定其高锰酸钾消耗量,表示可溶出有机物质的含量。

2. 蒸发残渣即表示在不同浸泡液中的溶出量。四种溶液为模拟接触水、酸、酒不同性质食品的情况。测定蒸发残渣时,应防止灰尘落入浸泡液中。

3. 浸泡液中重金属(以铅计)与硫化钠作用,在酸性溶液中形成黄棕色硫化铅,与标准比较不得更深,即表示重金属含量符合标准。测定时,加入柠檬酸铵溶液可防止钙、镁、铝、铁等金属离子在碱性溶液中生成氢氧化物沉淀;加入氰化钾作为掩蔽剂,防止铜、汞、锌等金属子与硫化钠作用而排除干扰。

4. 脱色试验:取洗净待测食具一个,用沾有冷餐油、乙醇(65%)的棉花,在接触仪器部位的小面积内,用力往返擦拭100次,棉花上不得染有颜色,四种浸泡液也不得染有颜色。

模块三 综合能力培养模块
——综合实训

　　综合实训项目（学习性工作任务）完全是以真实的食品质量检验任务中理化检验项目和国家标准规定的方法来选择、设计。让学生以食品理化检验任务的完整工作过程："标准收集→方案制定→仪器设备的准备→样品提取及制备→试剂的配制→样品的预处理→检验测定→数据处理→鉴定结论→报告撰写"，在真实的工作环境中，进行项目组织、实施，并完成检验技能的综合训练与提高。完整检验过程的"资讯、决策、计划、实施、检查、评估"六个阶段实现了"工作过程——思维过程完整性"综合实训的目的，使学生获得一种相对独立的专业知识和核心技能后，通过食品理化检验技术综合训练提升学生的综合专业能力，以满足行业和企业的需求，为以后走上社会成为合格的检验工作者打下坚实的基础。

知识目标
1. 了解食品检测相关的基础理论知识与职业技能相适应的专业技术知识。
2. 熟悉食品相关的国家标准、国际标准及行业标准。
3. 掌握各种食品检验指标、检验方法。
4. 掌握食品检验标准的应用能力、检测方法的选择能力。

技能目标
1. 掌握样品的前处理技术。
2. 掌握仪器设备的使用、维护，试剂的配制等技能。
3. 掌握产品检验的实操技能，能够进行数据处理、出具检验报告等。
4. 具备实验室的规划、设计、组建等能力。

项目一　乳及乳制品的检验

典型工作任务 ▶▶▶
　　乳制品是指以乳为主要原料，经加热干燥、冷冻或发酵等工艺加工制成的各种液体或固体食品，主要包括巴氏杀菌乳、灭菌乳、酸牛乳、乳粉、炼乳、奶油、干酪等。如何准确地测定乳中的脂肪、蛋白质、酸度、非脂乳固体等指标，是食品检验人员必须掌握的基础知识和基本技能。乳及乳制品中各项指标的测定是乳制品检验的重要内容，它贯穿于产品开发、生产、市场监督的全过程。

国家相关标准 ▶▶▶

GB 19645—2010《巴氏杀菌乳》

GB 5413.34—2010《乳和乳制品酸度的测定》

GB 5413.3—2010《婴幼儿食品和乳品中脂肪的测定》

GB 5413.39—2010《乳和乳制品中非脂乳固体的测定》

GB 5009.5—2010《食品中蛋白质的测定》

任务驱动 ▶▶▶

1. 任务分析

通过本项目的学习，能够通过实际的任务引导，经过一步一步的实践操作，使学生融会贯通乳及乳制品理化指标的检验流程，掌握乳及乳制品中各理化指标测定的操作技能和注意事项。

2. 能力目标

（1）了解乳及乳制品的分类及工艺流程。

（2）熟悉乳制品的主要理化指标和检测项目。

（3）掌握乳及乳制品中酸度、脂肪、蛋白质、非脂乳固体等理化指标的测定方法。

任务教学方式 ▶▶▶

教学步骤	时间安排	教学方式(供参考)
课外查阅并阅读材料	课余	学生自学,查资料,相互讨论
知识点讲授 (含课堂演示)	2课时	在课堂学习中,应结合多媒体课件讲解乳及乳制品的相关生产加工工艺过程,掌握乳制品的相关检测指标,重点讲解乳品的常规检测理化指标
任务操作	12课时	完成乳品的酸度、脂肪、蛋白质、非脂乳固体等理化指标检测实训任务,学生边学边做,同时教师应该在学生实训中有针对性地向学生提出问题,引发思考
评估检测		教师与学生共同完成任务的检测与评估,并能对问题进行分析及处理

知识一　乳制品发证范围的确定及申证单元的划分

实施食品生产许可证管理的乳制品包括：巴氏杀菌乳、灭菌乳、酸牛乳、乳粉、炼乳、奶油、干酪。乳制品的申证单元为3个：液体乳（包括巴氏杀菌乳、灭菌乳、酸牛乳），乳粉（包括全脂乳粉、脱脂乳粉、全脂加糖乳粉、调味乳粉）其他乳制品（包括炼乳、奶油、干酪）。

知识二　巴氏杀菌乳生产加工工艺及容易出现的质量安全问题

1. 生产加工工艺

巴氏杀菌乳通常是指将乳加热到 75～80℃ 温度下，进行 10～15s 的杀菌，杀死致病微生物。巴氏杀菌属非无菌灌装，保质期短，不宜在常温下储存、分销。

巴氏杀菌乳生产工艺流程：

乳的预处理→预热、均质→巴氏杀菌→冷却→灌装→储存

（1）原料乳的验收和预处理　巴氏杀菌乳的质量很大部分取决于原料乳的质量，因此必须加强对原料乳的质量控制，其预处理主要包括过滤、净化、冷却、标准化等工序。

（2）预热、均质　牛乳通过预热至 60℃ 左右，将气体排出，经均质后可使脂肪球直径变小（小于 $2\mu m$），使产品组织状态均匀，口感好，不产生脂肪上浮现象。

（3）巴氏杀菌　低温长时间杀菌法：60～65℃，保持 30min；70～72℃，保持 15～20min。高温短时间杀菌法：采用 72～75℃，16～40s，或 80～85℃，10～15s 的方法进行加热。

（4）冷却　牛乳经杀菌后应立即冷却至 5℃ 左右，以抑制乳中残留细菌的繁殖，延长产品的保存期。

（5）灌装　灌装的目的主要是便于分送销售，便于饮用，此外还能防止污染，保持杀菌乳的良好滋味和气味，防止吸收外界异味，减少维生素等成分的损失。

（6）储存　巴氏杀菌乳用复合袋、纸盒灌装后，在 5℃ 左右的条件下储存。

2. 容易或者可能出现的质量安全问题

（1）生产过程中微生物污染导致产品变质，原因是使用了不合格原材料；或生产设备受污染，清洗不良或存在卫生死角；或包装材料的污染。

（2）生产过程中杀菌剂或清洗剂残留导致产品有异味。

（3）产品储藏温度不适宜导致变质。

3. 关键控制点

巴氏杀菌乳的保质期基本上是由原料乳的质量决定的，最佳的工艺技术水平及生产卫生等条件是非常重要的，此外还有工厂良好的管理。生产过程的控制点是原料验收、标准化、巴氏杀菌。

知识三　乳制品生产企业必备条件

1. 必备生产设备

配料设备；净乳设备；均质设备；杀菌设备（如管式热交换器）；灌装、包装设备。

2. 必备的检验设备

见表 3-1-1。

表 3-1-1　乳制品出厂检验所需要的主要设备

序号	检验项目	所需检验仪器
1	蛋白质	天平、蛋白质测定装置
2	脂肪	天平、专用离心机
3	蔗糖	天平
4	复原乳酸度	天平、pH 计
5	水分	天平、干燥箱
6	不溶度指数	天平、不溶度指数搅拌器、离心机
7	杂质度	天平、杂质度过滤机
8	硝酸盐	天平、分光光度计
9	亚硝酸盐	天平、分光光度计
10	霉菌和酵母	天平、微生物培养箱、显微镜、无菌操作室（超净工作台）
11	菌落总数	天平、微生物培养箱、无菌操作室（超净工作台）
12	大肠菌群	天平、微生物培养箱、显微镜、无菌操作室（超净工作台）

知识四　乳制品检验

乳制品检验流程见图 3-1-1。

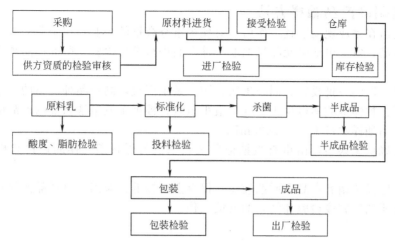

图 3-1-1　乳制品检验流程

1. 产品检验项目

（1）推荐性指标　脂肪、蛋白质、非脂乳固体、酸度、杂质度、感官。

（2）强制性指标　硝酸盐、亚硝酸盐、黄曲霉毒素 M_1、菌落总数、大肠菌群、致病菌、标签、净含量。（注：强制性指标和推荐性指标的依据标准是 GB5408.1。）

乳制品的发证检验、监督检验、出厂检验分别按照《乳制品生产许可证审查细则》中所列出的相应检验项目进行（表 3-1-2）。企业的出厂检验项目中标有"＊"的，企业应当每年检验两次。

表 3-1-2　巴氏杀菌乳质量检验项目表

序号	检验项目	发证	监督	出厂	备注
1	感官	√	√	√	
2	净含量	√	√	√	
3	脂肪	√	√	√	
4	蛋白质	√	√	√	
5	非脂乳固体	√	√	√	
6	酸度	√	√	√	
7	杂质度	√	√	√	
8	硝酸盐	√	√	＊	
9	亚硝酸盐	√	√	＊	
10	黄曲霉毒素 M_1	√	√		
11	菌落总数	√	√	√	
12	大肠菌群	√	√	√	
13	致病菌	√	√		
14	标签	√	√		

注：依据标准 GB5408.1、GB7718 等。

2. 产品检验判定原则

产品发证检验应当按照国家标准、行业标准进行判定。检验项目全部符合规定，判为符合发证条件；检验项目中有一项或者一项以上不符合规定的，判为不符合发证条件。产品监督检验按监督检验项目进行。检验项目全部符合标准规定的，判为合格；检验项目中有一项或者一项以上不符合标准规定的，判为不合格。

知识五　乳制品产品抽样方法

（1）审查组在完成现场审查工作后，对现场审查合格的企业，在企业的成品库内随机抽取发证检验样品，每个申证单元随机抽取一种产品进行发证检验。所抽样品须为同一批次保质期内的产品。

（2）组批：以同一批投料、同一班次、同一条生产线，同一品种规格的产品为一批。

（3）抽样：抽样基数不得少于 200 个最小包装。根据企业申请取证的产品的品种，巴氏杀菌乳每个产品抽样数量不少于 3500mL。

（4）样品确认无误后，由审查组抽样单位盖章及封样日期。样品送检验机构，一份检验，一份备查。

（5）由于巴氏杀菌乳产品保质期较短，保存温度较低，应当注意样品的保存温度，且必须在产品的保质期内完成检验和结果的反馈工作。

▋任务一　巴氏杀菌乳中脂肪的测定 ▋

（一）原理

用乙醚和石油醚抽提样品的碱水解液，通过蒸馏或蒸发去除溶剂，测定溶于溶剂中的抽提物的质量。

（二）试剂和材料

① 氨水（NH_4OH）：质量分数约 25％。

② 乙醇（C_2H_5OH）：体积分数至少为 95％。

③ 乙醚（$C_4H_{10}O$）：不含过氧化物，不含抗氧化剂，并满足试验的要求。

④ 石油醚：沸程 30～60℃。

⑤ 混合溶剂：等体积混合乙醚和石油醚，使用前制备。

⑥ 刚果红溶液（$C_{32}H_{22}N_6Na_2O_6S_2$）：将 1g 刚果红溶于水中，稀释至 100mL。

（三）仪器和设备

分析天平；离心机；烘箱；水浴锅；抽脂瓶。

（四）分析步骤

1. 用于脂肪收集的容器（脂肪收集瓶）的准备

于干燥的脂肪收集瓶中加入几粒沸石，放入烘箱中干燥 1h。使脂肪收集瓶冷却至室温，称量，精确至 0.1mg。

2. 空白试验

空白试验与样品检验同时进行，使用相同步骤和相同试剂，但用 10mL 水代替试样。

3. 测定

称取充分混匀试样 10g（精确至 0.0001g）于抽脂瓶中。

（1）加入 2.0mL 氨水，充分混合后立即将抽脂瓶放入（65±5）℃的水浴中，加热 15～20min，不时取出振荡。取出后，冷却至室温。静置 30s 后可进行下一步骤。

（2）加入 10mL 乙醇，缓和但彻底地进行混合，避免液体太接近瓶颈。如果需要，可加入 2 滴刚果红溶液。

（3）加入 25mL 乙醚，塞上瓶塞，将抽脂瓶保持在水平位置，小球的延伸部分朝上夹到摇混器上，按约 100 次/min 振荡 1min，也可采用手动振摇方式，但均应注意避免形成持久乳化液。抽脂瓶冷却后小心地打开塞子，用少量的混合溶剂冲洗塞子和瓶颈，使冲洗液流入抽脂瓶。

（4）加入 25mL 石油醚，塞上重新润湿的塞子，按（3）所述，轻轻振荡 30s。

（5）将加塞的抽脂瓶放入离心机中，在 500～600r/min 下离心 5min。否则将抽脂瓶静置至少 30min，直到上层液澄清，并明显与水相分离。

（6）小心地打开瓶塞，用少量的混合溶剂冲洗塞子和瓶颈内壁，使冲洗液流入抽脂瓶。如果两相界面低于小球与瓶身相接处，则沿瓶壁边缘慢慢地加入水，使液面高于小球和瓶身相接处（见图 3-1-2），以便于倾倒。

（7）将上层液尽可能地倒入已准备好的加入沸石的脂肪收集瓶中，避免倒出水层（图 3-1-3）。

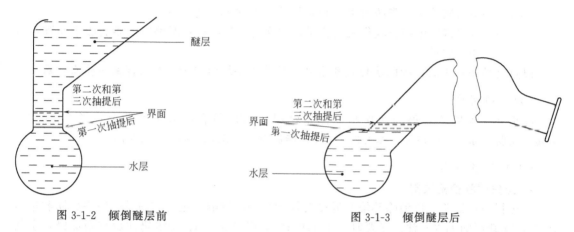

图 3-1-2　倾倒醚层前　　　　　　　　　　　图 3-1-3　倾倒醚层后

（8）用少量混合溶剂冲洗瓶颈外部，冲洗液收集在脂肪收集瓶中。要防止溶剂溅到抽脂瓶的外面。

（9）向抽脂瓶中加入 5mL 乙醇，用乙醇冲洗瓶颈内壁，按（2）所述进行混合。重复（3）～（8）操作，再进行第二次抽提，但只用 15mL 乙醚和 15mL 石油醚。

（10）重复（2）～（8）操作，再进行第三次抽提，但只用 15mL 乙醚和 15mL 石油醚。（注：如果产品中脂肪的质量分数低于 5%，可只进行两次抽提。）

（11）合并所有提取液，既可采用蒸馏的方法除去脂肪收集瓶中的溶剂，也可于沸水浴上蒸发至干来除掉溶剂。蒸馏前用少量混合溶剂冲洗瓶颈内部。

（12）将脂肪收集瓶放入（102±2）℃的烘箱中加热 1h，取出脂肪收集瓶，冷却至室温，称量，精确至 0.1mg。

（13）重复（12）操作，直到脂肪收集瓶两次连续称量差值不超过 0.5mg，记录脂肪收集瓶和抽提物的最低质量。

（14）为验证抽提物是否全部溶解，向脂肪收集瓶中加入 25mL 石油醚，微热，振摇，直到脂肪全部溶解。如果抽提物全部溶于石油醚中，则含抽提物的脂肪收集瓶的最终质量和最初质量之差，即为脂肪含量。

（15）若抽提物未全部溶于石油醚中，或怀疑抽提物是否全部为脂肪，则用热的石油醚洗提。小心地倒出石油醚，不要倒出任何不溶物，重复此操作 3 次以上，再用石油醚冲洗脂肪收集瓶口的内部。最后，用混合溶剂冲洗脂肪收集瓶口的外部，避免溶液溅到瓶的外壁。将脂肪收集瓶放入（102±2）℃的烘箱中，加热 1h，按（12）和（13）所述操作。

（16）取（13）中测得的质量和（15）测得的质量之差作为脂肪的质量。

（五）结果计算

样品中脂肪含量按下式计算：

$$X = \frac{(m_1 - m_2) - (m_3 - m_4)}{m} \times 100 \qquad (3\text{-}1\text{-}1)$$

式中　X——样品中脂肪含量，g/100g；

　　　　m——样品的质量，g；

　　　　m_1——脂肪收集瓶和抽提物的质量，g；

　　　　m_2——脂肪收集瓶的质量，或在有不溶物存在下测得的脂肪收集瓶和不溶物的质量，g；

　　　　m_3——空白试验中，脂肪收集瓶和测得的抽提物的质量，g；

　　　　m_4——空白试验中脂肪收集瓶的质量，或在有不溶物存在时测得的脂肪收集瓶和不溶物的质量，g。

以重复性条件下获得的两次独立测定结果的算术平均值表示，结果保留三位有效数字。

（六）精密度

在重复性条件下获得的两次独立测定结果之差应符合：脂肪含量≥15％，≤0.3g/100g；脂肪含量5％～15％，≤0.2g/100g；脂肪含量≤5％，≤0.1g/100g。

（七）注意事项

1. 空白试验检验试剂

要进行空白试验，以消除环境及温度对检验结果的影响。进行空白试验时在脂肪收集瓶中放入1g新鲜的无水奶油。必要时，于100mL溶剂中加入1g无水奶油后重新蒸馏，重新蒸馏后必须尽快使用。

2. 空白试验与样品测定同时进行

对于存在非挥发性物质的试剂可用与样品测定同时进行的空白试验值进行校正。抽脂瓶与天平室之间的温差可对抽提物的质量产生影响。在理想的条件下（试剂空白值低，天平室温度相同，脂肪收集瓶充分冷却，该值通常小于0.5mg。在常规测定中，可忽略不计。如果全部试剂空白残余物大于0.5mg，则分别蒸馏100mL乙醚和石油醚，测定溶剂残余物的含量。用空的控制瓶测得的量和每种溶剂的残余物的含量都不应超过0.5mg，否则应更换不合格的试剂或对试剂进行提纯。

3. 乙醚中过氧化物的检验

取一只玻璃小量筒，用乙醚冲洗，然后加入10mL乙醚，再加入1mL新制备的100g/L碘化钾溶剂，振荡，静置1min，两相中均不得有黄色。也可使用其他适当的方法检验过氧化物。在不加抗氧化剂的情况下，为长久保证乙醚中无过氧化物，使用前3天按下法处理：将锌箔削成长条，长度至少为乙醚瓶的一半，每升乙醚用80cm² 锌箔。使用前，将锌片完全浸入每升含有10g五水硫酸铜和2mL 98％（质量分数）的硫酸中1min，用水轻轻彻底地冲洗锌片，将湿的镀铜锌片放入乙醚瓶中即可。也可以使用其他方法，但不得影响检测结果。

任务二　巴氏杀菌乳中蛋白质的测定（凯氏定氮法）

（一）原理

乳中的蛋白质在催化加热条件下被分解，产生的氨与硫酸结合生成硫酸铵。碱化蒸馏使氨游离，用硼酸吸收后以硫酸或盐酸标准溶液滴定，根据酸的消耗量乘以换算系数，即为蛋白质的含量。

（二）试剂和材料

除非另有规定，本方法中所用试剂均为分析纯，水为 GB/T 6682 规定的三级水。

① 硫酸铜（$CuSO_4 \cdot 5H_2O$）。

② 硫酸钾（K_2SO_4）。

③ 硫酸（H_2SO_4，密度为 1.84g/L）。

④ 硼酸（H_3BO_3）。

⑤ 甲基红指示剂。

⑥ 溴甲酚绿指示剂。

⑦ 亚甲基蓝指示剂。

⑧ 氢氧化钠（NaOH）。

⑨ 95%乙醇（C_2H_5OH）。

⑩ 硼酸溶液（20g/L）　称取 20g 硼酸，加水溶解后并稀释至 1000mL。

⑪ 氢氧化钠溶液（400g/L）　称取 40g 氢氧化钠加水溶解后，放冷，并稀释至 100mL。

⑫ 硫酸标准滴定溶液（0.0500mol/L）或盐酸标准滴定溶液（0.0500mol/L）。

⑬ 甲基红乙醇溶液（1g/L）　称取 0.1g 甲基红，溶于 95%乙醇，用 95%乙醇稀释至 100mL。

⑭ 亚甲基蓝乙醇溶液（1g/L）　称取 0.1g 亚甲基蓝，溶于 95%乙醇，用 95%乙醇稀释至 100mL。

⑮ 溴甲酚绿乙醇溶液（1g/L）　称取 0.1g 溴甲酚绿，溶于 95%乙醇，用 95%乙醇稀释至 100mL。

⑯ 混合指示液　2 份甲基红乙醇溶液与 1 份亚甲基蓝乙醇溶液临用时混合。也可用 1 份甲基红乙醇溶液与 5 份溴甲酚绿乙醇溶液临用时混合。

（三）仪器和设备

天平；定氮蒸馏装置；自动凯氏定氮仪。

（四）分析步骤

1. 试样处理

称取充分混匀的液体试样 10～25g（约相当于 30～40mg 氮），精确至 0.001g，移入干燥的 100mL、250mL 或 500mL 定氮瓶中，加入 0.2g 硫酸铜、6g 硫酸钾及 20mL 硫酸，轻摇后于瓶口放一小漏斗，将瓶以 45°角斜支于有小孔的石棉网上。小心加热，待内容物全部炭化，泡沫完全停止后，加强火力，并保持瓶内液体微沸，至液体呈蓝绿色并澄清透明后，再继续加热 0.5～1h。取下放冷，小心加入 20mL 水。放冷后，移入 100mL 容量瓶中，并用少量水洗定氮瓶，洗液并入容量瓶中，再加水至刻度，混匀备用。同时做试剂空白试验。

2. 测定

按图 3-1-4 装好定氮蒸馏装置，向水蒸气发生器内装水至 2/3 处，加入数粒玻璃珠，加甲基红乙醇溶液数滴及数毫升硫酸，以保持水呈酸性。加热煮沸水蒸气发生器内的水并保持沸腾。

向接收瓶内加入 10.0mL 硼酸溶液及 1～2 滴混合指示液，并使冷凝管的下端插入液面下，根据试样中氮含量，准确吸取 2.0～10.0mL 试样处理液由小玻杯注入反应室，以

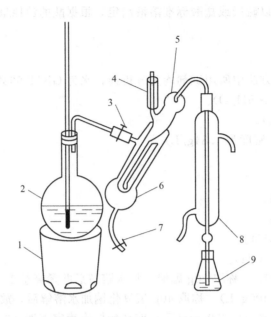

图 3-1-4 定氮蒸馏装置图

1—电炉；2—水蒸气发生器（2L烧瓶）；3—螺旋夹；
4—小玻杯及棒状玻塞；5—反应室；6—反应室外层；
7—橡胶管及螺旋夹；8—冷凝管；9—蒸馏液接收瓶

10mL 水洗涤小玻杯并使之流入反应室内，随后塞紧棒状玻塞。将 10.0mL 氢氧化钠溶液倒入小玻杯，提起玻塞使其缓缓流入反应室，立即将玻塞盖紧，并加水于小玻杯以防漏气，夹紧螺旋夹，开始蒸馏。蒸馏 10min 后移动蒸馏液接收瓶，液面离开冷凝管下端，再蒸馏 1min。然后用少量水冲洗冷凝管下端外部，取下蒸馏液接收瓶。以硫酸或盐酸标准溶液滴定至终点，其中 2 份甲基红乙醇溶液与 1 份亚甲基蓝乙醇溶液指示剂，颜色由紫红色变成灰色，pH5.4；1 份甲基红乙醇溶液与 5 份溴甲酚绿乙醇溶液指示剂，颜色由酒红色变成绿色，pH5.1。

同时做试剂空白。

（五）结果计算

试样中蛋白质的含量按下式进行计算：

$$X = \frac{(V_1 - V_2) \times c \times 0.0140}{m \times V_3 / 100} \times F \times 100 \tag{3-1-2}$$

式中　X——试样中蛋白质的含量，g/100g；

　　　V_1——试液消耗硫酸或盐酸标准滴定液的体积，mL；

　　　V_2——试剂空白消耗硫酸或盐酸标准滴定液的体积，mL；

　　　V_3——吸取消化液的体积，mL；

　　　c——硫酸或盐酸标准滴定溶液浓度，mol/L；

　0.0140——与 1.0mL 硫酸 $[c(1/2H_2SO_4) = 1.000mol/L]$ 或盐酸 $[c(HCl) = 1.000mol/L]$ 标准滴定溶液相当的氮的质量，g/mmol；

　　　m——试样的质量，g；

　　　F——氮换算为蛋白质的系数。一般食物为 6.25；纯乳与纯乳制品为 6.38；面粉为 5.70；玉米、高粱为 6.24；花生为 5.46；大米为 5.95；大豆及其粗加工制品为 5.71；大豆蛋白制品为 6.25；肉与肉制品为 6.25；大麦、小米、燕麦、裸麦为 5.83；芝麻、向日葵为 5.30；复合配方食品为 6.25。

以重复性条件下获得的两次独立测定结果的算术平均值表示，蛋白质含量≥1g/100g时，结果保留三位有效数字；蛋白质含量<1g/100g时，结果保留两位有效数字。

精密度：在重复性条件下获得的两次独立测定结果的绝对差值不得超过算术平均值的 10%。

任务三　乳和乳制品酸度的测定（基准法）

（一）原理

中和 100mL 干物质为 12% 的复原乳至 pH 8.3 所消耗的 0.1mol/L 氢氧化钠体积，经计算确定其酸度。

（二）试剂和材料

除非另有规定，本方法所用试剂均为分析纯，水为 GB/T 6682 规定的三级水。

氢氧化钠标准溶液（0.1000mol/L）；氮气。

（二）仪器和设备

天平；滴定管；pH 计；磁力搅拌器。

（四）分析步骤

1. 试样的制备

将样品全部移入到约两倍于样品体积的洁净干燥容器中（带密封盖），立即盖紧容器，反复旋转振荡，使样品彻底混合。在此操作过程中，应尽量避免样品暴露在空气中。

2. 测定

（1）称取 4g 样品（精确到 0.01g）于锥形瓶中。

（2）用量筒量取 96mL 约 20℃ 的水，使样品复原，搅拌，然后静置 20min。

（3）用滴定管向锥形瓶中滴加氢氧化钠溶液，直到 pH 达到 8.3。滴定过程中，始终用磁力搅拌器进行搅拌，同时向锥形瓶中吹氮气，防止溶液吸收空气中的二氧化碳。整个滴定过程应在 1min 内完成。记录所用氢氧化钠溶液的体积（mL），精确至 0.05mL，进行计算。

（五）结果计算

试样中的酸度数值以（°T）表示，按下式计算：

$$X = \frac{c \times V \times 12}{m \times (1-w) \times 0.1} \tag{3-1-3}$$

式中　X——试样的酸度，°T；

　　　c——氢氧化钠标准溶液的浓度，mol/L；

　　　V——滴定时所用氢氧化钠溶液的体积，mL；

　　　m——称取样品的质量，g；

　　　w——试样中水分的质量分数，%；

　　　12——12g 乳粉相当于 100mL 复原乳（脱脂乳粉应为 9，脱脂乳清粉应为 7）；

　　　0.1——酸度理论定义氢氧化钠的物质的量浓度，mol/L。

以重复性条件下获得的两次独立测定结果的算术平均值表示，结果保留三位有效数字。

精密度：在重复性条件下获得的两次独立测定结果的绝对差值不得超过 1.0°T。

任务四　乳和乳制品中非脂乳固体的测定

（一）原理

先分别测定出乳及乳制品中的总固体含量、脂肪含量（如添加了蔗糖等非乳成分含量，也应扣除），再用总固体减去脂肪和蔗糖等非乳成分含量，即为非脂乳固体。

（二）仪器和材料

天平；干燥箱；水浴锅。

① 平底皿盒　高 20～25mm，直径 50～70mm 的带盖不锈钢或铝皿盒，或玻璃称量皿。

② 短玻璃棒　适合于皿盒的直径，可斜放在皿盒内，不影响盖盖儿。

③ 石英砂或海砂　可通过 500μm 孔径的筛子，不能通过 180μm 孔径的筛子，并通过适用性测试。将约 20g 的海砂同短玻棒一起放于一皿盒中，然后敞盖在（100±2）℃的干燥箱中至少烘 2h。把皿盒盖盖儿后放入干燥器中冷却至室温后称重，准确至 0.1mg。用 5mL 水将海砂润湿，用短玻璃棒混合海砂和水，将其再次放入干燥箱中干燥 4h。把皿盒盖盖儿后放入干燥器中冷却至室温后称重，精确至 0.1mg，两次称重的差不应超过 0.5mg。如果两次称重的质量差超过了 0.5mg，则需对海砂进行下面的处理后，才能使用：将海砂在体积分数为 25％的盐酸溶液中浸泡 3 天，经常搅拌，尽可能地倾出上清液，用水洗涤海砂，直到中性，在 160℃条件下加热海砂 4h，然后重复进行适用性测试。

（三）分析步骤

1. 总固体的测定

在平底皿盒中加入 20g 石英砂或海砂，在（100±2）℃的干燥箱中干燥 2h，于干燥器内冷却 0.5h，称重，并反复干燥至恒重。称取 5.0g（精确至 0.0001g）试样于恒重的皿内，置水浴上蒸干，擦去皿外的水渍，于（100±2）℃干燥箱中干燥 3h，取出放入干燥器中冷却 0.5h，称重，再于（100±2）℃干燥箱中干燥 1h，取出冷却后称重，至前后两次质量相差不超过 1.0mg。

2. 脂肪的测定

按 GB 5413.3 中规定的方法测定。

3. 蔗糖的测定

按 GB 5413.5 中规定的方法测定。

（四）结果计算

试样中总固体的含量按公式计算：

$$X = \frac{m_1 - m_2}{m} \times 100 \tag{3-1-4}$$

式中　X——试样中总固体的含量，g/100g；

m_1——皿盒、海砂加试样干燥后质量，g；

m_2——皿盒、海砂的质量，g；

m——试样的质量，g。

试样中非脂乳固体的含量：

$$X_{NFT} = X - X_1 - X_2 \tag{3-1-5}$$

式中　X_{NFT}——试样中非脂乳固体的含量，g/100g；

X——试样中总固体的含量，g/100g；

X_1——试样中脂肪的含量，g/100g；

X_2——试样中蔗糖的含量，g/100g。

以重复性条件下获得的两次独立测定结果的算术平均值表示，结果保留三位有效数字。

评一评

班级：_____　组别：_____　姓名：_____

项目考核		评价内涵与标准	项目内权重/%	学生自评20%	学生互评30%	教师评价50%
考核内容	指标分解					
知识内容	乳制品生产工艺、常规理化指标、检验流程及注意事项	结合学生自查资料，能够基本了解乳制品的生产工艺，熟悉乳制品常规理化指标，掌握乳制品检验项目内容、检验流程及注意事项	20			
项目完成度	检验方案设计	能够正确设计乳制品检验的方案，方案的格式及质量符合要求	10			
	实训过程	完成乳制品检验的整个流程，熟悉检验方案的设计原理，能正确地分析和解决遇到的问题，实训操作的标准化程度	30			
	检测结果分析及优化	检测结果分析的表达与展示，能准确表达结果，准确回答师生提出的疑问	20			
表现	配合默契的伙伴	能正确、全面获取信息并进行有效的归纳	5			
		能积极参与合成方案的制定，进行小组讨论，提出自己的建议和意见	5			
	团队协作	善于沟通，积极与他人合作完成任务，能正确分析和解决遇到的问题	5			
		遵守纪律、着装与总体表现	5			
综合评分						
综合评语						

思考题

1. 乳制品中加工过程中容易出现的质量问题有哪些？

2. 巴氏杀菌乳的质量指标有哪些？

3. 设计一套对乳及乳制品中常规指标的完整检验方案，并给出检验报告。

项目小结

实施食品生产许可证管理的乳制品包括：巴氏杀菌乳、灭菌乳、酸牛乳、乳粉、炼乳、奶油、干酪。乳制品的申证单元为3个：液体乳（包括巴氏杀菌乳、灭菌乳、酸牛乳），乳粉（包括全脂乳粉、脱脂乳粉、全脂加糖乳粉、调味乳粉），其他乳制品（包括炼乳、奶油、干酪）。经过本项目的学习，应了解乳制品的加工工艺流程，熟悉加工过程中容易出现的质量问题及关键控制点，重点掌握乳制品中常规理化指标有脂肪、蛋白质、酸度、非脂乳固体的检验方法。

项目二 饮料的检验

典型工作任务 ▶▶▶

实施食品生产许可管理的饮料产品是指乙醇含量小于 0.5％的各种软饮料（又称非酒精饮料）产品，包括碳酸饮料、瓶装饮用水、茶饮料、果汁饮料、蔬菜汁饮料、含乳饮料、植物蛋白饮料、特殊用途饮料、固体饮料及其他饮料等 10 大类。饮料中各项指标的测定是饮料检验的重要内容，它贯穿于产品开发、生产、市场监督的全过程。

国家相关标准 ▶▶▶

GB/T 12143—2008《饮料通用分析方法》

GB/T 12456—2008《食品中总酸的测定》

任务驱动 ▶▶▶

1. 任务分析

通过本项目的学习，能够通过实际的任务引导，经过一步一步的实践操作，使学生融会贯通饮料的常规理化指标的检验流程，掌握饮料中各理化指标测定的操作技能和注意事项。

2. 能力目标

（1）了解饮料的分类及生产工艺流程。

（2）熟悉饮料生产中容易出现的质量问题。

（3）掌握饮料中酸度的测定方法。

任务教学方式 ▶▶▶

教学步骤	时间安排	教学方式（供参考）
课外查阅并阅读材料	课余	学生自学，查资料，相互讨论
知识点讲授（含课堂演示）	2 课时	在课堂学习中，应结合多媒体课件讲解饮料的相关生产工艺过程，掌握饮料的相关检测指标，重点讲解饮料的常规检测理化指标
任务操作	4 课时	完成饮料的酸度检测实训任务，学生边学边做，同时教师应该在学生实训中有针对性地向学生提出问题，引发思考
评估检测		教师与学生共同完成任务的检测与评估，并能对问题进行分析及处理

知识一 软饮料的分类及申证单元

根据软饮料的分类标准 GB 10789—2008，软饮料包括碳酸饮料、瓶装饮用水、茶饮料、果汁饮料、蔬菜汁饮料、含乳饮料、植物蛋白饮料、特殊用途饮料、固体饮料及其他饮料等 10 大类。实施食品生产许可管理的饮料产品共分为 6 个申证单元，即碳酸饮料、瓶装饮用水、茶饮料、果（蔬）汁及蔬菜汁饮料、含乳饮料和植物蛋白饮料、固体饮料。下面以果（蔬）汁饮料为例进行说明。

知识二　果（蔬）汁饮料生产工艺及容易出现的问题

1. 生产工艺

以浓缩果（蔬）汁（浆）为原料：

水＋辅料

↓

浓缩汁（浆）→稀释、调配→杀菌→无菌灌装（热灌装）→检验→成品

2. 生产加工过程中容易出现的质量安全问题

（1）产生氧化引起味道不纯、色泽发暗；

（2）食品添加剂超范围和超量使用；

（3）原果汁含量与明示不符；

（4）微生物指标不合格。

知识三　果（蔬）汁及果（蔬）汁饮料生产必备的生产条件

1. 生产场所

（1）对于生产果（蔬）汁及果（蔬）汁饮料的企业，应具备原辅材料及包装材料仓库、成品仓库、水处理车间、配料车间、包装瓶杀菌自动灌装封盖车间、包装车间等生产场所。

（2）各生产场所的卫生环境应采取控制措施，并能保证其在连续受控状态。尤其是配料车间、灌装封盖车间内的空气应采用各种消毒设施，以保持其洁净度符合要求。

2. 必备的生产设备

（1）果（蔬）预处理设施（适用于直接以果蔬为原料）；

（2）榨汁机或制浆机（适用于直接以果蔬为原料）；

（3）水处理设备；

（4）储罐；

（5）巴氏杀菌设备；

（6）自动灌装封盖设备；

（7）生产日期和批号标注设施；

（8）管道设备清洗消毒设施。

知识四　原辅材料的有关要求

使用的水果（蔬菜）或其浓缩汁（浆）应符合生产的基本要求和 GB 17325—1998《食品工业用浓缩果蔬汁（浆）卫生标准》等有关标准的要求；其他原辅材料应符合 GB/T 10791—1989《软饮料原辅材料的要求》的规定；包装材料应符合 GB/T 10790—1989《软饮料的检验规则、标志、包装、运输、储存》的规定。对于实施生产许可证管理的产品，采购时应验证。

知识五　必备的出厂检验设备

果（蔬）汁及果（蔬）汁饮料生产企业应当具有下列出厂产品检验设备：①无菌室或超净工作台；②杀菌锅；③培养箱；④干燥箱；⑤显微镜；⑥分析天平；⑦计量容器；⑧pH计；⑨折光仪。

知识六　检验项目

1. 检验项目的确定

检验项目重点是涉及产品卫生安全以及影响产品特性的重要指标。发证检验项目、监督

检验项目及企业出厂检验按照表 3-2-1 中列出的相应检验项目进行。出厂检验项目注有"＊"标记的，企业每年应当检验两次。

表 3-2-1　果（蔬）汁及果（蔬）汁饮料产品质量检验项目表

序号	检验项目	发证	监督	出厂	备注
1	感官	√	√	√	
2	净含量	√	√	√	
3	总酸	√	√	√	
4	可溶性固形物	√	√	√	
5	原果汁含量	√	√	＊	
6	砷	√	√	＊	
7	铅	√	√	＊	
8	铜	√	√	＊	
9	细菌总数	√	√	√	
10	大肠菌群	√	√	√	
11	致病菌	√	√	＊	
12	霉菌	√	√	＊	
13	酵母	√	√	＊	
14	食品添加剂	√	√	＊	
15	标签	√	√		

2. 判定原则

产品发证检验应当按照国家标准、行业标准进行判定，没有国家标准和行业标准的，可以按照地方标准进行判定。特殊情况下可以按照企业标准明示执行的标准判定。检验项目全部符合规定的，判为符合发证条件；检验项目中有一项或者一项以上不符合规定的，判为不符合发证条件。产品监督检验按监督检验项目进行。检验项目全部符合标准规定的，判定为合格；检验项目中有一项或者一项以上不符合标准规定的，判为不合格。

知识七　抽样方法

发证检验和监督检验抽样应当按照下列规定进行。在企业的成品仓库内，从同一规格、同一批次的合格产品中随机抽取检验用样品和备用样品。所抽品种应为企业生产的主导产品。抽样基数不得少于 200 瓶，抽样数量为 18 瓶，将所抽样品分成两份送检验机构，分别用于检验和复查。审查组抽样人员与被抽查企业陪同人员确认无误后，双方在抽样单上签字、盖章，并当场加贴封条封存样品后送检验机构。封条上应有抽样人员签名、抽样单位盖章和抽样日期。

▇ 任务　橙汁饮料中总酸的测定 ▇▇▇

（一）原理

饮料中所含的酸主要是有机弱酸或其酸式盐，测定时主要是根据酸碱中和原理，用强碱溶液进行滴定，通过计算便可求出该饮料的总酸度。

（二）试剂

所有试剂均使用分析纯试剂；分析用水应符合 GB/T 6682 规定的二级水规格或蒸馏水，

使用前应经煮沸、冷却。

① 1％酚酞指示液　取酚酞 1g 溶于 60mL 乙醇中，再用水稀释至 100mL。

② 0.1mol/L 氢氧化钠标准滴定溶液　称取 110g 氢氧化钠（A.R.）于 250mL 烧杯中，加入 100mL 蒸馏水，振摇使其溶解成饱和溶液，冷却后置于聚乙烯塑料瓶中，密封，放置数日。澄清后，取上层清液 5.5mL，加新煮沸过的并已冷却的蒸馏水至 1000mL，摇匀。

a. 标定　准确称取约 0.6g（准确至 0.0001g）在 105～110℃ 干燥至恒重的基准邻苯二甲酸氢钾，加 80mL 新煮沸的冷蒸馏水，使之尽量溶解，加 2 滴酚酞指示剂，用配制的 NaOH 标准溶液滴定到溶液呈粉红色，30s 不褪色。同时做空白实验。

b. 计算　氢氧化钠标准滴定溶液的浓度：

$$c = \frac{m \times 1000}{(V_1 - V_2) \times 204.2} \tag{3-2-1}$$

式中　c——氢氧化钠标准滴定溶液的实际浓度，mol/L；

　　　m——基准邻苯二甲酸氢钾的质量，g；

　　　V_1——氢氧化钠标准溶液用量，mL；

　　　V_2——空白试验中氢氧化钠标准溶液用量，mL；

　　204.2－基准邻苯二甲酸氢钾的摩尔质量，g/mol。

③ 0.01mol/L 氢氧化钠标准滴定溶液　量取 100mL 0.1mol/L 氢氧化钠标准滴定溶液稀释到 1000mL（用时当天稀释）。

④ 0.05mol/L 氢氧化钠标准滴定溶液　量取 100mL 0.1mol/L 氢氧化钠标准滴定溶液稀释到 200mL（用时当天稀释）。

（三）仪器和设备

组织捣碎机；水浴锅；研钵；冷凝管；滴定分析用的玻璃器皿；分析天平。

（四）分析步骤

取 25.00～50.00mL 试样，使之含 0.035～0.070g 酸，置于 150mL 烧杯中。加 40～60mL 水及 2～3 滴 1％酚酞指示剂（1g/100mL），用 0.1mol/L 氢氧化钠标准滴定溶液（如样品酸度较低，可用 0.01mol/L 或 0.05mol/L 氢氧化钠标准滴定溶液）滴定至微红色 30s 不褪色。记录消耗 0.1mol/L 氢氧化钠标准滴定溶液的体积（V_1）。（同一被测样品须测定两次。）

空白试验：用水代替试液，以下按上述条件操作，记录消耗 0.1mol/L 氢氧化钠标准滴定溶液的体积（V_2）。

（五）分析结果

总酸以每千克（或升）样品中酸的质量（g）表示，按下式计算：

$$X = \frac{c(V_1 - V_2) \times K \times F}{m} \times 1000 \tag{3-2-2}$$

式中　X——总酸度，g/kg（或 g/L）；

　　　c——NaOH 标准溶液的浓度，mol/L；

　　　V_1——滴定试液时消耗 NaOH 标准溶液的体积，mL；

　　　V_2——空白试验时消耗 NaOH 标准溶液的体积，mL；

　　　F——试液的稀释倍数；

　　　m——试样的质量（或体积），g（或 mL）；

　　　K——酸的换算系数，即 1mmol NaOH 所相当于主要酸的质量（g），g/mmol。苹果酸为 0.067，酒石酸为 0.075，乙酸为 0.060，草酸为 0.045，乳酸为 0.090，柠檬酸为 0.064，柠檬酸（含 1 分子结晶水）为 0.070，磷酸为 0.033，盐酸为 0.036。

计算要求：

① 计算结果精确到小数点后第 2 位。

② 如两次测定结果差在允许范围内，则取两次测定结果的算术平均值报告结果。

③ 允许差：同一样品的两次测定值之差，不得超过两次测定平均值的 2%。

（六）说明

（1）若样液颜色太深，则在滴定前用与样液同体积的不含 CO_2 蒸馏水稀释之，稀释用蒸馏水不能含有 CO_2，因为 CO_2 溶于水会生成酸性的 H_2CO_3 形式，影响滴定终点时酚酞颜色的变化。

（2）试液稀释之用水量应根据样品中总酸含量来慎重选择，为使误差不超过允许范围，一般要求滴定时消耗 $0.1mol/L$ NaOH 标准溶液不得少于 5mL，最好在 $10 \sim 15mL$。

（3）由于饮料中有机酸均为弱酸，在用强碱（NaOH）滴定时，其滴定终点偏碱，一般在 pH8.2 左右，故可选用酚酞作终点指示剂。

项目考核		评价内涵与标准	项目内权重/%	学生自评 20%	学生互评 30%	教师评价 50%
考核内容	指标分解					
知识内容	饮料生产工艺流程、常规理化指标、检验流程及注意事项	结合学生自查资料,了解饮料生产工艺,掌握饮料的常规理化指标及检验项目,熟悉饮料检验的流程内容及饮料检验的注意事项	20			
项目完成度	检验方案设计	能够正确设计饮料检验的方案,方案的格式及质量符合要求	10			
	实训过程	完成饮料检验的整个流程,熟悉检验方案的设计原理,能正确地分析和解决遇到的问题,实训操作的标准化程度	30			
	检测结果分析及优化	检测结果分析的表达与展示,能准确表达结果,准确回答师生提出的疑问	20			
表现	配合默契的伙伴	能正确、全面获取信息并进行有效的归纳	5			
		能积极参与合成方案的制定,进行小组讨论,提出自己的建议和意见	5			
	团队协作	善于沟通,积极与他人合作完成任务,能正确分析和解决遇到的问题	5			
		遵守纪律、着装与总体表现	5			
综合评分						
综合评语						

思考题

1. 饮料中常规的检测项目有哪些？

2. 完整设计一套饮料中常规理化指标的检验方案。

项目小结

饮料包括碳酸饮料、瓶装饮用水、茶饮料、果汁饮料、蔬菜汁及蔬菜汁饮料、含乳饮料、植物蛋白饮料、特殊用途饮料、固体饮料、其他饮料等 10 大类。饮料常规的检验项目有总酸，固形物含量、原果汁含量的测定，重点掌握饮料中总酸的测定，熟悉实验原理和操作技能，学会记录和处理数据，制定合理的检验方案。

项目三　罐头的检验

典型工作任务 ▶▶▶

罐头食品按原料、加工及调味方法、产品性状的不同，可分为：肉类罐头、禽类罐头、水产类罐头、水果类罐头、蔬菜类罐头、其他类罐头六大类。根据罐头食品的加工工艺及相近原则进行划分，罐头食品的申证单元为 3 个：畜禽水产罐头、果蔬罐头、其他罐头。畜禽水产罐头包括肉类罐头、禽类罐头、水产类罐头；果蔬罐头包括水果类罐头、蔬菜类罐头；将不属于上述五类罐头的其他类罐头称为其他罐头。罐头产品中各项指标的测定是检验的重要内容，它贯穿于产品开发、生产、市场监督的全过程。

国家相关标准 ▶▶▶

GB 11671—2003《果、蔬罐头卫生标准》

GB 13100—2005《肉类罐头卫生标准》

GB/T 10786—2006《罐头食品的检验方法》

GB/T 5009.16—2003《罐头食品中锡的测定》

任务驱动 ▶▶▶

1. 任务分析

通过本项目的学习，能够通过实际的任务引导，经过一步一步的实践操作，使学生融会贯通罐头产品理化指标的检验流程，掌握罐头产品中各理化指标测定的操作技能和注意事项。

2. 能力目标

(1) 了解罐头产品的生产工艺及生产中容易出现的质量问题。

(2) 熟悉罐头产品的主要理化指标和检测项目。

(3) 掌握罐头产品中二氧化硫残留量、锡含量等理化指标的测定方法。

任务教学方式 ▶▶▶

教学步骤	时间安排	教学方式(供参考)
课外查阅并阅读材料	课余	学生自学,查资料,相互讨论
知识点讲授 (含课堂演示)	2 课时	在课堂学习中,应结合多媒体课件讲解罐头产品的相关生产工艺过程,掌握罐头产品的相关检测指标,重点讲解罐头的常规检测理化指标
任务操作	8 课时	完成罐头产品中二氧化硫残留量、锡等理化指标检测实训任务,学生边学边做,同时教师应该在学生实训中有针对性地向学生提出问题,引发思考
评估检测		教师与学生共同完成任务的检测与评估,并能对问题进行分析及处理

知识一　罐头的分类及申证单元

根据国家标准 GB/T 10784—2006《罐头食品分类》，罐头食品按原料、加工及调味方法、产品性状的不同，可分为：肉类罐头、禽类罐头、水产类罐头、水果类罐头、蔬菜类罐头、其他类罐头六大类。根据罐头食品的加工工艺及相近原则进行划分，罐头食品的申证单元为3个：畜禽水产罐头、果蔬罐头、其他罐头。畜禽水产罐头包括肉类罐头、禽类罐头、水产类罐头；果蔬罐头包括水果类罐头、蔬菜类罐头；将不属于上述五类罐头的其他类罐头称为其他罐头。

知识二　水果罐头的加工工艺及容易出现的质量问题

1. 水果罐头的加工工艺

原料处理→糖水配制→分选装罐→排气→密封→杀菌→冷却→检验→包装成品

2. 水果罐头容易出现的质量问题

(1) 罐内壁的腐蚀；

(2) 水果罐头的氢胀和穿孔腐蚀；

(3) 水果罐头变色；

(4) 细菌性胀罐；

(5) 细菌性败坏。

知识三　罐头生产企业必备条件

1. 生产场所

(1) 罐头食品生产企业必须按照 GB 8950—1988《罐头厂卫生规范》的要求进行布局。

(2) 生产企业必须设有原辅料库房、产品仓库、罐头加工车间、罐头包装车间、杀菌及冷却场所。

(3) 有特殊工艺流程要求的罐头，相应要有与之配套的厂房与设施。

(4) 根据原料的特殊贮藏要求，企业应当设置有冷库、保温库与解冻间。

2. 必备的生产设备

(1) 原料处理设备（如刀、清洗、盐渍、油炸开口锅等工具）。

(2) 配料及调味设备（如调味锅、过滤等设施）。

(3) 装罐设备（人工或机械装罐装置）。

(4) 排气及密封设备（封口机）。

(5) 杀菌及冷却设备（杀菌釜装置或杀菌锅，贮水罐）。

3. 原辅材料及包装容器的相关要求

罐头食品的原辅材料品种很多，其选购均要满足 QB 616—1976《罐头原辅材料》要求。企业生产罐头所使用的畜禽肉等主要原料应经兽医卫生检验检疫，并有合格证明，猪肉应选用政府定点屠宰企业的产品。进口原料肉必须提供出入境检验检疫部门的合格证明材料，不得使用非经屠宰死亡的畜禽肉。如使用的原辅料为实施生产许可证管理的产品，必须选用获得生产许可证企业生产的产品。罐头食品的包装容器主要分为硬包装（如马口铁罐等）、软包装（如铝箔复合薄膜等）两大类，其包装容器应符合国家有关标准的要求。在原辅材料、包装容器的审查中，应注意生产企业对采购的材料是否实行了质量检验，或按采购文件和进货验收规定进行质量验证，应查阅生产企业的采购记录以及原辅材料、包装容器的有关检验报告。

4. 必备的出厂检验设备

分析天平；圆筛；干燥箱；折光计（仪）；酸度计（pH 计）；真空干燥箱；无菌室（或超净工作台）；培养箱；显微镜；灭菌锅。

知识四　罐头产品检验

1. 检验项目

罐头食品的发证、定期监督检验和出厂检验按照表3-3-1中所列出的相应检验项目进行。出厂检验项目中注有"＊"标记的，企业应当每年检验两次。

2. 罐头产品抽样方法

(1) 每一申证单元随机抽取一种产品进行发证检验。

(2) 抽样：抽样基数不得少于200罐（瓶、袋），抽样数量为36罐（瓶、袋），样品分为两份送检验机构，每份样品18罐（瓶、袋），一份检测，一份备查。

(3) 样品以及抽样单元内容经确认无误后，由审查组抽样人员与被抽查单位在抽样单上签字、盖章，当场封存样品，加贴封条。封条上应有抽样人签名、抽样单位盖章以及抽样日期。

表3-3-1　罐头食品质量检验项目表

序号	检验项目	发证	监督	出厂	备　注
1	净含量(净重)	√	√	√	
2	固形物(含量)	√	√	√	
3	氯化钠含量	√	√	√	有此项目要求
4	脂肪(含量)	√			
5	水分	√			
6	蛋白质	√			
7	淀粉(含量)	√	√		
8	亚硝酸钠	√	√	＊	
9	糖水浓度(可溶性固形物)	√	√	√	
10	总酸度(pH)	√	√	√	
11	锡(Sn)	√	√	＊	
12	铜(Cu)	√	√	＊	
13	铅(Pb)	√	√	＊	
14	砷(As)	√	√	＊	
15	汞(Hg)		√	＊	果蔬类罐头不检
16	总糖量	√	√	√	有此项目的,如果酱罐头
17	番茄红素	√		＊	有此项目的,如番茄酱罐头
18	霉菌计数	√			
19	六六六	√	√	＊	仅限于食用菌罐头
20	滴滴涕	√	√	＊	
21	米酵菌酸	√			仅限于银耳
22	油脂过氧化值	√	√		有此项目的,如花生米、核桃仁等罐头
23	黄曲霉毒素 B_1	√	√	＊	
24	苯并[a]芘	√			有此项目的,如猪肉香肠、片装火腿罐头
25	干燥物含量	√			有此项目的,如八宝粥罐头
26	着色剂	√	√	＊	有此项目的,如糖水染色樱桃罐头、什锦果酱罐头、苹果山楂罐头、西瓜酱罐头
27	二氧化硫	√	√	＊	
28	商业无菌	√	√		
29	标签	√	√		

3. 判定原则

产品发证检验应当按照国家标准、行业标准进行，特殊情况下可以按照企业明示执行的标准进行。检验项目全部符合规定的，判为符合发证条件；检验项目中有一项或者一项以上不符合规定的，判为不符合发证条件。产品监督检验按监督检验项目进行。检验项目全部符合标准的，判为合格；检验项目中有一项或者一项以上不符合标准规定的，判为不合格。

任务一　午餐肉罐头中锡含量的测定（苯芴酮比色法）

（一）原理

样品经消化后，在弱酸介质中四价锡离子与苯芴酮生成微溶性橙红色络合物，在保护性胶体存在下进行比色测定。

（二）试剂

① 10％酒石酸溶液。

② 0.5％动物胶溶液（临时配制）。

③ 1％抗坏血酸溶液（临时配制）。

④ 0.01％苯芴酮溶液　称取 0.010g 苯芴酮，加少量甲醇及 1:9 硫酸数滴溶解，以甲醇稀释至 100mL。

⑤ 锡标准溶液　精密称取 0.1000g 金属锡（99.99％），置于小烧杯中，加 10mL 硫酸，盖以表面皿，加热至锡完全溶解，移去表面皿，继续加热至发生浓白烟，冷却；慢慢加 5mL 水，移入 100mL 容量瓶中，用 1:9 硫酸多次洗涤烧杯，洗液并入容量瓶中，并稀释至刻度，混匀。此溶液浓度为 1mg/mL。使用时再以 1:9 硫酸溶液稀释至 10μg/mL 锡标准使用液。

（三）测定步骤

1. 试样消化

称取 5.00～10.00g 捣碎试样，置于 250～500mL 凯氏烧瓶中，加数粒玻璃珠、10～15mL 硝酸，放置片刻后，小火缓缓加热，待作用缓和，放冷。沿管壁加入 5～10mL 硫酸，再加热，至瓶中液体开始变成棕色时，不断加入硝酸至有机物分解完全。加大火力，至产生白烟，待瓶口白烟冒净后，瓶内液体再产生白烟为消化完全，该溶液应澄清透明或微带黄色，放冷。加 20mL 水煮沸，除去残余的硝酸至产生白烟为止，如此处理两次，放冷。将冷后的溶液移入 100mL 容量瓶中，用水洗涤烧瓶，洗液并入容量瓶中，放冷，定容，混匀。按同法做一试剂空白。

2. 测定

吸取 1.0～5.0mL 消化液和同量的空白液分别置于 25mL 比色管中；吸取 0.00mL、0.20mL、0.40mL、0.60mL、0.80mL、1.00mL 锡标准溶液分别置于 25mL 比色管中。于上述各管中各加入 0.5mL 10％酒石酸溶液及 1 滴酚酞指示剂，混匀，各加 1:1 氨水中和至淡红色，加 3mL 1:9 硫酸、1mL 0.5％动物胶溶液及 2.5mL 1％抗坏血酸溶液，再加水至 25mL，混匀。各加 2mL 0.01％苯芴酮溶液，混匀，1h 后，用 2cm 比色皿，以零管调零，于波长 490nm 处测量吸光度。以锡标准液的含量（μg）为横坐标、吸光度为纵坐标，绘制标准曲线，然后从标准曲线上查出消化液和空白液的锡含量。

（四）结果计算

$$X = \frac{A_1 - A_2}{m \times \dfrac{V_2}{V_1}} \tag{3-3-1}$$

式中　X——样品中锡含量，mg/kg（或 mg/L）；

　　　A_1——测定用消化液中锡含量，μg；

　　　A_2——空白液中锡含量，μg；

　　　m——样品质量（或体积），g（或 mL）；

　　　V_1——消化液的总体积，mL；

　　　V_2——测定用消化液的体积，mL。

任务二　果蔬罐头中的二氧化硫残留的测定（盐酸副玫瑰苯胺法）

（一）原理

亚硫酸盐与四氯汞钠反应吸收后，生成稳定的化合物，再与甲醛和盐酸副玫瑰苯胺作用，经分子重排后生成紫红色络合物，颜色的深浅与二氧化硫浓度成正比。在 550nm 波长测定其吸光度，与标准系列比较定量。

（二）试剂

① 四氯汞钠吸收液　称取 27.2g 氯化高汞及 11.9g 氯化钠，溶于水中并稀释至 1000mL，放置过夜，过滤后备用。

② 12g/L 氨基磺酸铵溶液。

③ 2g/L 甲醛溶液　吸取 0.55mL 无聚合沉淀的 36% 甲醛，加水稀释至 100mL 混匀。

④ 淀粉指示液　称取 1g 可溶性淀粉，用少许水调成糊状，缓缓倾入 100mL 沸水中，边加边搅拌，煮沸，放冷备用，此溶液临用时现配。

⑤ 亚铁氰化钾溶液　称取 10.6g 亚铁氰化钾 [$K_4Fe(CN)_6 \cdot 3H_2O$]，加水溶解并稀释至 100mL。

⑥ 乙酸锌溶液　称取 22g 乙酸锌 [$Zn(CH_3COO)_2 \cdot 2H_2O$] 溶于少量水中，加入 3mL 冰醋酸后加水稀释至 100mL。

⑦ 盐酸副玫瑰苯胺溶液　称取 0.1g 盐酸副玫瑰苯胺 [$C_{19}H_{18}N_3Cl \cdot 4H_2O$] 于研钵中，加少量水研磨使溶解并稀释至 100mL。取出 20mL 置于 100mL 容量瓶中，加 6mol/L 盐酸溶液充分摇匀，使溶液由红变黄，如不变黄可再滴加少量盐酸至出现黄色，再加水稀释至刻度，混匀，备用（如无盐酸副玫瑰苯胺可用盐酸品红代替）。

盐酸副玫瑰苯胺的精制：

称取 20g 盐酸副玫瑰苯胺置于 400mL 水中，用 50mL 2mol/L 盐酸使其酸化，徐徐搅拌，加 4～5g 活性炭，加热煮沸 2min。将混合物倒入大漏斗（保温）中，趁热过滤。滤液放置过夜，出现结晶，然后用布氏漏斗抽滤，将结晶再悬浮于 1000mL 乙醚-乙醇（10＋1）的混合液中，振摇 3～5min，用布氏漏斗抽滤，用乙醚反复洗涤至醚层不带色为止。置于硫酸干燥器中干燥，研细后贮于棕色瓶中保存。

⑧ 0.1mol/L（1/2I_2）溶液。

⑨ 0.1000mol/L 硫代硫酸钠（$Na_2S_2O_3 \cdot 5H_2O$）标准溶液。

⑩ 二氧化硫标准溶液　称取 0.5g 亚硫酸氢钠，溶于 200mL 四氯汞钠吸收液中，静置过夜，将上清液用定量滤纸过滤后备用。

a. 标定　吸取 10.0mL 二氧化硫标准溶液于 250mL 碘量瓶中，加水 100mL，准确加入 20.00mL 0.1mol/L（1/2I_2）溶液及 5mL 冰醋酸摇匀，置于暗处 2min 后，立即用 0.1000mol/L 硫代硫酸钠（$Na_2S_2O_3 \cdot 5H_2O$）标准溶液滴定至淡黄色。用 0.5mL 淀粉指示液继续滴至无色。另取 100mL，准确加入 20.00mL 0.1mol/L（1/2I_2）溶液和 5mL 冰醋酸，按相同方法做试剂空白试验。

b. 计算

$$c_1 = \frac{(V_2 - V_1) \times c_0 \times 32.03}{10} \qquad (3\text{-}3\text{-}2)$$

式中　c_1——二氧化硫标准溶液浓度，mg/mL；

　　　c_0——硫代硫酸钠（$Na_2S_2O_3 \cdot 5H_2O$）标准溶液浓度，mol/L；

　　　V_1——测定用亚硫酸氢钠四氯汞钠溶液消耗硫代硫酸钠标准溶液体积，mL；

　　　V_2——试剂空白消耗硫代硫酸钠标准溶液体积，mL；

　　32.03——$1/2SO_2$ 的摩尔质量，g/mol。

⑪ 二氧化硫使用液　临用前将二氧化硫标准溶液用四氯汞钠吸收液稀释成每毫升相当于 $2\mu g$ 二氧化硫。

（三）操作方法

1. 样品处理

称取罐头样品，开罐后倒入组织捣碎机中捣成匀浆。称取 20g 匀浆，置 100mL 容量瓶中，加入 20mL 四氯汞钠吸收液，加入亚铁氰化钾及乙酸锌溶液各 2.5mL，最后用水定容到 100mL，混匀，静置 1h，过滤后备用。

2. 测定

吸取 0.50～5.0mL 上述样品处理液于 25mL 具塞比色管中。另分别吸取 0mL、0.20mL、0.40mL、0.60mL、0.80mL、1.00mL、1.50mL、2.00mL 二氧化硫标准使用液（相当于 $0\mu g$、$0.4\mu g$、$0.8\mu g$、$1.2\mu g$、$1.6\mu g$、$2.0\mu g$、$3.0\mu g$、$4.0\mu g$ 二氧化硫），分别置于 25mL 具塞比色管中。分别于样品及标准管中各加入四氯汞钠吸收液至 10mL，然后各加入 1mL 12g/L 氨基磺酸铵液、1mL 2g/L 甲醛溶液及 1mL 盐酸副玫瑰苯胺，摇匀后放置 20min，以 1cm 比色杯用 0 管调节零点，在 550nm 波长处测定其吸光度并绘制标准曲线。

（四）结果计算

$$X = \frac{A}{m \times \dfrac{V}{100} \times 1000} \qquad (3\text{-}3\text{-}3)$$

式中　X——样品中二氧化硫的含量，g/kg；

　　　A——测定用样液中二氧化硫的含量，μg；

　　　m——样品质量，g；

　　　V——测定用样液体积，mL。

（五）注意事项

（1）盐酸副玫瑰苯胺溶液中盐酸用量直接影响显色，量多显色浅，量少显色深，因此要注意盐酸的用量。

（2）二氧化硫标准使用液的浓度随放置时间逐渐降低，故临用前需用新标定的二氧化硫标液稀释。

（3）为了消除亚硝酸对显色的影响，故加入氨基磺酸铵，促使亚硝酸分解。

$$HNO_2 + NH_2SO_2ONH_4 \longrightarrow NH_4HSO_4 + N_2 \uparrow + H_2O$$

（4）本方法为直接比色法，显色温度及显色时间均影响显色，因此应严格控制显色的时间和温度一致。一般显色时间为 10～30min，温度 10～25℃ 显色比较稳定，高于 30℃ 结果偏低。

项目考核		评价内涵与标准	项目内权重/%	学生自评 20%	学生互评 30%	教师评价 50%
考核内容	指标分解					
知识内容	罐头检验的常规理化指标、流程及注意事项	结合学生自查资料,能够了解罐头生产工艺流程,掌握罐头产品常规理化指标、检验项目内容,熟悉罐头检验的流程及检验的注意事项	20			
项目完成度	检验方案设计	能够正确设计罐头检验的方案,方案的格式及质量符合要求	10			
	实训过程	完成罐头检验的整个流程,熟悉检验方案的设计原理,能正确地分析和解决遇到的问题,实训操作的标准化程度	30			
	检测结果分析及优化	检测结果分析的表达与展示,能准确表达结果,准确回答师生提出的疑问	20			
表现	配合默契的伙伴	能正确、全面获取信息并进行有效的归纳	5			
		能积极参与合成方案的制定,进行小组讨论,提出自己的建议和意见	5			
	团队协作	善于沟通,积极与他人合作完成任务,能正确分析和解决遇到的问题	5			
		遵守纪律、着装与总体表现	5			
综合评分						
综合评语						

思考题

1. 罐头中常规理化检验指标有哪些?
2. 设计一套罐头产品的常规理化指标的完整检验方案。

项目小结

　　了解罐头产品的分类,明确罐头检测的意义,熟悉罐头产品的国家标准和行业标准,重点掌握午餐肉罐头中锡测定(苯芴酮比色法)、果蔬罐头中二氧化硫残留量测定(盐酸副玫瑰苯胺法)的原理和操作技能,学会记录和处理数据,制定合理的检验方案。

项目四　肉制品的检验

典型工作任务 ▶▶▶

　　实施食品生产许可证管理的肉制品包括所有以动物肉类为原料加工制作的包装肉类加工产品。肉制品的申证单元为 4 个:腌腊肉制品(包括咸肉类、腊肉类、中国腊肠类和中国火腿类等);酱卤肉制品(包括白煮肉类、酱卤肉类、肉松类和肉干类等);熏烧烤肉制品(包括熏烤肉类、烧烤肉类和肉脯类等);熏煮香肠火腿制品(包括熏煮肠类和熏煮火腿类等)。肉制品中各项指标的测定是检验的重要内容,它贯穿于产品开发、生产、市场监督的全过程。

国家相关标准 ▶▶▶

GB/T 5009.44—2003《肉与肉制品卫生标准的分析方法》

GB 2730—2005《腌腊肉制品卫生标准》

GB 2726—2005《熟肉制品卫生标准》

GB 5009.33—2010《食品中亚硝酸盐与硝酸盐的测定》

任务驱动 ▶▶▶

1. 任务分析

通过本项目的学习，能够通过实际的任务引导，经过一步一步的实践操作，使学生融会贯通肉制品理化指标的检验流程，掌握肉制品中各理化指标测定的操作技能和注意事项。

2. 能力目标

（1）了解肉制品的加工工艺及容易出现的质量问题。

（2）熟悉肉制品的主要理化指标和检测项目。

（3）掌握肉制品中有害物质亚硝酸盐的测定方法。

任务教学方式 ▶▶▶

教学步骤	时间安排	教学方式（供参考）
课外查阅并阅读材料	课余	学生自学，查资料，相互讨论
知识点讲授（含课堂演示）	2课时	在课堂学习中，应结合多媒体课件讲解肉制品的相关生产加工工艺过程，掌握肉制品的相关检测指标，重点讲解肉制品的常规理化指标检测
任务操作	4课时	完成肉制品的亚硝酸盐理化指标检测实训任务，学生边学边做，同时教师应该在学生实训中有针对性地向学生提出问题，引发思考
评估检测		教师与学生共同完成任务的检测与评估，并能对问题进行分析及处理

知识一　发证产品范围及申证单元

实施食品生产许可证管理的肉制品包括所有以动物肉类为原料加工制作的包装肉类加工产品。肉制品的申证单元为4个：腌腊肉制品（包括咸肉类、腊肉类、中国腊肠类和中国火腿类等）；酱卤肉制品（包括白煮肉类、酱卤肉类、肉松类和肉干类等）；熏烧烤肉制品（包括熏烤肉类、烧烤肉类和肉脯类等）；熏煮香肠火腿制品（包括熏煮肠类和熏煮火腿类等）。在生产许可证上应注明获证产品名称即肉制品及申证单元名称。肉制品生产许可证有效期为3年，其产品类别编号为0401。

知识二　肉制品生产加工工艺及容易出现的质量安全问题

肉类制品又分生和熟两种，腌腊肉制品申证单元均为生制品，是半成品，食用前需经熟化，其他为熟制品，可直接食用。肉类制品种类繁多，加工工艺差别很大。

1. 原辅材料

（1）原料　鲜、冻畜禽肉，包括猪、牛、羊、鸡、鸭、鹅等以及法律法规允许食用的其他人工饲养动物肉类，是肉类制品生产加工的主要材料。各种原料均有不同的加工程度，比如猪肉有片肉、分割肉；鸡分为白条鸡、按部位分割鸡，还有直接进活鸡自己宰杀的。原料还有鲜、冻之分，所以各企业因使用原料的不同、加工工艺和生产条件也不完全一致。

（2）辅料

① 调味料　食盐、糖、味精、酒等。

② 香辛料　葱、姜、蒜、八角、茴香、胡椒、豆蔻、草果、香叶等。

③ 品质改良剂　肉类制品加工所用的品质改良剂，即食品添加剂，常用的有以下五种：

a. 护色剂：亚硝酸钠（钾）和硝酸钠（钾）等。

b. 水分保持剂：磷酸钠、六偏磷酸钠和三聚磷酸钠等。

c. 增稠剂：明胶和卡拉胶等。

d. 防腐剂：山梨酸和山梨酸钾等。

e. 着色剂：高粱红、红曲米和红曲红等。

④ 充填剂　淀粉和植物蛋白粉等。

2. 生产加工工艺

选料修整→配料→腌制→滚揉→绞切→搅拌→充填→烘烤→蒸煮→熏制→冷却

3. 容易出现的质量安全问题

（1）腐败变质　肉类制品营养丰富，水分活度较高，易受微生物污染。由于微生物繁殖，造成的肉制品的腐败变质，是最严重的质量问题。细菌在繁殖过程中，会产酸、产气，有些致病性菌还会释放出毒素，包装食品会发生胀袋。食用了腐败变质食品，会引起中毒。

（2）氧化酸败　肉类制品中的蛋白质和脂肪均会被氧化，产生酸败，温度越高，氧化越快。

（3）添加剂使用不当　添加剂的使用在改善食品感官性能、降低加工成本和延长货架期等方面，起到了很大的作用。但食品添加剂使用不当，会危害人体健康。GB2760《食品添加剂使用卫生标准》对食品添加剂的使用范围和添加量作出了严格规定。目前存在的问题：一是不了解标准要求，盲目使用添加剂；二是明知故犯，超量或超范围使用添加剂；三是采购的原辅材料中可能掺有添加剂。

4. 关键控制过程

（1）原辅材料的验收　应当按照《生猪屠宰条例》规定，选用政府定点屠宰企业生产的猪肉。其他原料肉应有卫生检验检疫合格证明，进口原料肉必须提供出入境检验检疫部门的合格证明材料，不得使用非经正常屠宰死亡的畜禽肉及非食用性原料。辅料应符合相应国家标准或行业标准规定。特别要注意对原辅材料含有的添加剂进行控制。严禁使用不合格原料，及未经证明其安全的原料。如果使用的原辅材料为实施生产许可证管理的产品，必须选用获得生产许可证企业生产的产品。

（2）添加剂的使用　严格执行 GB 2760《食品添加剂使用卫生标准》，严禁使用该标准中未明确允许使用的添加剂，不得超范围、超限量使用添加剂。

（3）加工过程的温度控制　在肉制品加工过程中，应严格控制原料肉、半成品和成品的温度，防止由于温度升高造成肉品腐败及微生物污染与繁殖。

（4）工艺流程的设计　车间布局与工艺流程的设计应合理，热加工区应为生料加工区与熟料加工区的分界线，能使生熟分开。杜绝操作人员流向与物料流向不合理造成的交叉污染。

知识三　必备的生产资源

1. 生产场所

肉制品生产企业除必须具备必备的生产环境外，其生产场所、厂房设计应当符合从原料到成品出厂的生产工艺流程要求。

（1）腌腊肉制品　应具有原料冷库、辅料库，有原料解冻、选料、修整、配料、腌制车间，包装间和成品库。生产中国腊肠类的企业，还应具有晾晒及烘烤车间。生产中国火腿类的企业，还应具有发酵及晾晒车间。

（2）酱卤肉制品、熏烧烤肉制品、熏煮香肠火腿制品 应具有原料冷库、辅料库、生料加工间、热加工间、冷却间、包装间和成品库。生产熏煮香肠火腿制品的企业，还应具有滚揉或腌制间。

2. 必备的生产设备

厂房应有温度控制设施，能满足不同工序的要求。直接用于生产加工的设备、设施及用具均应采用无毒、无害、耐腐蚀、不生锈、易清洗消毒，不易于微生物滋生的材料制成。应具备与生产能力相适应的冷藏车运送成品。

3. 必备的出厂检验设备

（1）腌腊肉制品 分析天平；烘箱；生产中国火腿类产品的还应具备分光光度计。

（2）酱卤肉制品 天平；灭菌设备；微生物培养箱；无菌室或超净工作台；显微镜；生产肉松及肉干产品的还应具备分析天平及烘箱。

（3）熏烧烤肉制品 天平；灭菌设备；微生物培养箱；无菌室或超净工作台；显微镜；生产肉脯产品的还应具备分析天平及烘箱。

（4）熏煮香肠火腿制品 天平；灭菌设备；微生物培养箱；无菌室或超净工作台；显微镜。

知识四 肉制品的检验

1. 检验项目

肉制品的发证检验、定期监督检验、出厂检验分别按照表 3-4-1 中所列出的相应检验项目进行（表 3-4-1）。企业的出厂检验项目中注有 "＊" 标记的，企业应当每年检验两次。

表 3-4-1　肉制品检验项目

序号	检验项目	发证	监督	出厂	备　　注
1	感官	√	√	√	
2	净含量	√	√		
3	食盐	√	√		
4	水分	√	√		
5	酸价	√	√		
6	亚硝酸盐	√	√		
7	食品添加剂	√	√	＊	具体项目根据实际情况而定
8	标签	√	√		

2. 抽样方法

根据企业申请取证产品品种，每个申证单元随机抽取一种产品进行发证检验。对于现场审查合格的企业，审查组在完成必备条件现场审查工作后，在企业的成品库内随机抽取发证检验样品。所抽样品须为同一批次保质期内的产品，抽样基数不少于 20kg，每批次抽样样品数量为 4kg（不少于 4 个包装），分成 2 份。样品确认无误后，由审查组抽样人与被审查单位在抽样单上签字、盖章，当场封存样品，并加贴封条，封条上应有抽样人员签名、抽样单位盖章及抽样日期，样品送检验机构，一份检测，一份备查。不具备产品出厂检验能力的企业，或部分小厂检验项目尚不能自检的企业，应委托国家质检总局统一公布的检验机构，按生产批逐批进行出厂检验。企业同一批投料、同一班次、同一条生产线的产品为一个生产批。

任务　火腿肠中亚硝酸盐的含量测定

（一）原理

样品经沉淀蛋白质、除脂肪后，在弱酸条件下亚硝酸盐与对氨基苯磺酸重氮化，再与盐酸萘乙二胺偶合形成红色染料，通过测定吸光度可与标准进行比较定量。

（二）试剂

① 亚铁氰化钾溶液　称取 10.6g $K_4Fe(CN)_6 \cdot 3H_2O$，溶于水，定容至 100mL。

② 乙酸锌溶液　称取 11g $Zn(CHCOO)_2 \cdot 2H_2O$ 加 1.5mL 冰醋酸，溶于水，定容至 50mL。

③ 饱和硼砂溶液　称取 5g $NaB_4O_7 \cdot 10H_2O$ 溶于 100mL 热水中，冷却备用。

④ 20％盐酸　取 54mL 浓盐酸加水 45mL。

⑤ 0.4％对氨基苯磺酸　称取 0.4g 对氨基苯磺酸溶于 100mL 20％盐酸中。

⑥ 200μg/mL 亚硝酸钠标准液　精密称取 0.1000g 经硅胶干燥 24h 的亚硝酸钠（G.R.），加水溶解后，定容至 500mL。

⑦ 5.0μg/mL 亚硝酸钠标准使用液　吸取亚硝酸钠标准液 5.0mL 于 200mL 容量瓶中，用重蒸馏水定容。

⑧ 0.2％盐酸萘乙二胺溶液。

（三）仪器

电炉；电热恒温水浴锅；玻棒；漏斗；铁架台；烧杯；容量瓶；吸管；比色管。

（四）操作步骤

1. 样品处理

称取 5g 左右经捣碎机磨碎样品，于 50mL 烧杯中，加入饱和硼砂溶液 6.3mL，以玻棒搅匀，用 70℃左右的重蒸馏水约 100mL 将其洗入 250mL 的容量瓶中，置于沸水浴中加热 15min，取出，一边转动一边加入 5mL 亚铁氰化钾溶液，摇匀，再加入 5mL 乙酸锌溶液以沉淀蛋白质。定容，混匀，静置 30min，除去上层脂肪，过滤，弃去初滤液 30mL，收集滤液备用。

2. 绘制标准曲线

吸取 0.00mL、0.20mL、0.40mL、0.60mL、0.80mL、1.00mL、1.20mL 亚硝酸钠标准使用液，分别置入 7 支 50mL 比色管中，各加入 0.4％对氨基苯磺酸 2mL，混匀。静置 3～5min 后各加入 1.00mL 0.2％盐酸萘乙二胺溶液，加水至刻度，混匀，静置 15min，用 2cm 比色皿，以零管调零，于 538nm 处测量吸光度。以亚硝酸钠含量为横坐标、吸光度为纵坐标，绘制标准曲线。

3. 样液测定

吸取 40mL 样品处理液于 50mL 比色管中，按标准曲线绘制步骤进行，测定吸光度，通过吸光度从标准曲线上查出亚硝酸钠的含量（μg）。

（五）结果计算

$$X = \frac{x}{m \times \dfrac{40}{250} \times 1000} \tag{3-4-1}$$

式中　X——样品中亚硝酸盐的含量，g/kg；

x ——40mL 样品处理液中亚硝酸钠的含量，μg；

m ——火腿肠的质量，g。

结果表述：报告算术平均值的二位有效数字。

允许差：在重复性条件下获得的两次独立测定结果的绝对差值不得超过算术平均值的 10%。

班级：_____　　组别：_____　　姓名：_____

项目考核		评价内涵与标准	项目内权重/%	学生自评 20%	学生互评 30%	教师评价 50%
考核内容	指标分解					
知识内容	肉制品检验的常规理化指标、流程及注意事项	结合学生自查资料,能够了解肉制品生产工艺及容易出现质量问题,掌握肉制品的常规理化指标及检验项目内容,熟悉肉制品检验的流程内容及检验的注意事项	20			
项目完成度	检验方案设计	能够正确设计肉制品检验的方案,方案的格式及质量符合要求	10			
	实训过程	完成肉制品检验的整个流程;熟悉检验方案的设计原理,能正确地分析和解决遇到的问题,实训操作的标准化程度	30			
	检测结果分析及优化	检测结果分析的表达与展示,能准确表达结果,准确回答师生提出的疑问	20			
表现	配合默契的伙伴	能正确、全面获取信息并进行有效的归纳	5			
		能积极参与合成方案的制定,进行小组讨论,提出自己的建议和意见	5			
	团队协作	善于沟通,积极与他人合作完成任务,能正确分析和解决遇到的问题	5			
		遵守纪律、着装与总体表现	5			
综合评分						
综合评语						

思考题

1. 肉制品常规理化检验指标有哪些？

2. 设计一套完整的肉制品常规理化检验方案。

项目小结

了解肉制品的分类及加工工艺流程,熟悉生产中容易出现的质量问题,掌握肉制品的常规的理化指标,其中的亚硝酸盐的检测尤为重要。国标中检测亚硝酸盐的方法有多种,结合实验条件,有效选择检测方法,重点掌握盐酸萘乙二胺法测定肉制品中亚硝酸盐。

项目五　粮油制品的检验

典型工作任务 ▶▶▶

实施食品生产许可证管理的粮油制品包括所有以粮油为原料加工制作的包装粮油类加工产品。以植物油为例，应了解植物油的分类及生产加工工艺，熟悉生产中容易出现的质量问题。植物油的各项指标的测定是检验的重要内容，它贯穿于产品开发、生产、市场监督的全过程。

国家相关标准 ▶▶▶

GB 2716—2005《食用植物油卫生标准》

任务驱动 ▶▶▶

1. 任务分析

通过本项目的学习，能够通过实际的任务引导，经过一步一步的实践操作，使学生融会贯通植物油理化指标的检验流程，掌握植物油中各理化指标测定的操作技能和注意事项。

2. 能力目标

（1）了解食用植物油的分类及生产工艺。
（2）熟悉食用植物油的主要理化指标和检测项目。
（3）掌握食用植物油中酸价、过氧化值等理化指标的测定方法。

任务教学方式 ▶▶▶

教学步骤	时间安排	教学方式（供参考）
课外查阅并阅读材料	课余	学生自学,查资料,相互讨论
知识点讲授（含课堂演示）	2 课时	在课堂学习中,应结合多媒体课件讲解食用植物油的相关生产加工工艺过程,掌握食用植物油的相关检测指标,重点讲解食用植物油的常规检测理化指标
任务操作	6 课时	完成食用植物油中的酸价、过氧化值等理化指标检测实训任务,学生边学边做,同时教师应该在学生实训中有针对性地向学生提出问题,引发思考
评估检测		教师与学生共同完成任务的检测与评估,并能对问题进行分析及处理

知识一　发证产品范围及申证单元

实施食品生产许可证管理的粮油制品包括所有以粮油为原料加工制作的包装粮油类加工产品。下面以食用植物油产品为例，对粮油及其制品的检验要求作一详细介绍。食用植物油：以菜籽、大豆、花生、葵花籽、棉籽、亚麻籽、油茶籽、玉米胚、红花籽、米糠、芝麻、棕榈果实、橄榄果实（仁）、椰子果实以及其他小品种植物油料（如核桃、杏仁、葡萄籽等）制取的原油（毛油），经过加工制成的食用植物油（含食用调和油）。

知识二　食用植物油生产加工工艺及容易出现的质量安全问题

1. 食用植物油的加工工艺 （以大豆为例）

清理→破碎→软化→轧胚→浸出→蒸发→气提→大豆原油→过滤→脱胶（水化）→脱酸

（碱炼）→脱色→脱臭→成品油

2. 食用植物油容易出现的质量安全问题

（1）酸价超标；

（2）过氧化值超标；

（3）溶剂残留超标；

（4）加热试验项目不合格。

知识三　食用植物油制品生产企业必备的出厂检验设备

酸度计；凯氏定氮装置；分析天平；干燥箱；无菌室或超净工作台；微生物培养箱；灭菌锅。

知识四　食用植物油的检验

食用植物油的发证检验、定期监督检验、出厂检验分别按照表 3-5-1 中所列出的相应检验项目进行。企业的出厂检验项目中注有"＊"标记的，企业应当每年检验两次。

表 3-5-1　食用植物油质量检验项目表

序号	检验项目	发证	监督	出厂	备　　注
1	色泽	√	√	√	
2	气味、滋味	√	√	√	
3	透明度	√	√	√	
4	水分及挥发物	√	√		
5	不溶性杂质	√	√		
6	酸值（酸价）	√	√	√	橄榄油测定酸度
7	过氧化值	√	√	√	
8	加热试验（280℃）	√	√	√	
9	含皂量	√	√		
10	烟点	√	√		
11	冷冻试验	√	√		
12	溶剂残留量	√		√	此出厂检验项目可委托检验
13	铅	√	√	＊	
14	总砷	√	√	＊	
15	黄曲霉毒素 B_1	√	√	＊	
16	棉籽油中游离棉酚含量	√	√	＊	棉籽油
17	熔点	√	√	√	棕榈（仁）油
18	抗氧化剂（BHA、BHT）	√	√	＊	
19	标签		√		

注：1. 企业出厂检验项目中有√标记的，为常规检验项目。

2. 企业出厂检验项目中有＊标记的，企业应当每年检验两次。

3. 产品标签内容除符合 GB 7718 要求外，还应注明酿造食用植物油或配制食用植物油、氨基酸态氮含量、质量等级、用于佐餐、烹调、产品标准号（生产工艺）。

■ 任务一　食用植物油中酸价的测定

（一）原理

植物油中的游离脂肪酸用氢氧化钾标准溶液滴定，每克植物油消耗氢氧化钾的质量（mg），称为酸价。

（二）试剂

① 中性乙醚-乙醇混合液 按乙醚-乙醇（2+1）混合。用氢氧化钾溶液（3g/L）中和至酚酞指示液呈中性。

② 氢氧化钾标准滴定溶液 $[c(KOH)=0.050mol/L]$。

③ 酚酞指示液：10g/L乙醇溶液。

（三）分析步骤

称取 3.00~5.00g 混匀的试样，置于锥形瓶中，加入 50mL 中性乙醚-乙醇混合液，振摇使油溶解，必要时可置热水中，温热促其溶解。冷至室温，加入酚酞指示液 2~3 滴，以氢氧化钾标准滴定溶液（0.050mo/L）滴定，至初现微红色，且0.5min内不褪色为终点。

（四）结果计算

试样的酸价按下式进行计算：

$$X = \frac{V \times c \times 56.11}{m} \tag{3-5-1}$$

式中 X——试样的酸价（以氢氧化钾计），mg/g；

V——试样消耗氢氧化钾标准滴定溶液体积，mL；

c——氢氧化钾标准滴定的实际浓度，mol/L；

m——试样质量，g；

56.11——与 1.0mL 氢氧化钾标准滴定溶液 $[c(KOH)=1.000mol/L]$ 相当的氢氧化钾质量，mg/mmol。

计算结果保留两位有效数字。

精密度：在重复条件下获得的两次独立测定结果的绝对差值不得超过算术平均值的10%。

任务二 食用植物油中过氧化值的测定

（一）原理

油脂氧化过程中产生过氧化物，与碘化钾作用，生成游离碘，以硫代硫酸钠溶液滴定，计算含量。

（二）试剂

① 饱和碘化钾溶液 称取 14g 碘化钾，加 10mL 水溶解，必要时微热使其溶解，冷却后贮于棕色瓶中。

② 三氯甲烷-冰醋酸混合液 量取 40mL 三氯甲烷，加 60mL 冰醋酸，混匀。

③ 硫代硫酸钠标准滴定溶液 $[c(Na_2S_2O_3)=0.0020mol/L]$。

④ 淀粉指示液（10g/L） 称取可溶性淀粉 0.50g，加少许水，调成糊状，倒入 50mL 沸水中调匀，煮沸。临用时现配。

（三）分析步骤

称取 2.00~3.00g 混匀（必要时过滤）的试样，置于 250mL 碘瓶中，加 30mL 三氯甲烷-冰醋酸混合液，使试样完全溶解。加入 1.00mL 饱和碘化钾溶液，紧密塞好瓶盖，并轻轻振摇0.5min，然后在暗处放置3min。取出加100mL水，摇匀，立即用硫代硫酸钠标准滴定溶液（0.0020mol/L）滴定，至淡黄色时，加 1mL 淀粉指示液，继续滴定至蓝色消失为终点，取相同量三氯甲烷冰醋酸溶液、碘化钾溶液、水，按同一方法，做试剂空白试验。

（四）结果计算

试样的过氧化值按下式进行计算：

$$X_1 = \frac{(V_1 - V_2) \times c \times 0.1269}{m} \times 100 \qquad (3\text{-}5\text{-}2)$$

$$X_2 = X_1 \times 78.8 \qquad (3\text{-}5\text{-}3)$$

式中　X_1——试样的过氧化值，g/100g；

　　　X_2——试样的过氧化值，mmol/kg；

　　　V_1——试样消耗硫代硫酸钠标准滴定溶液体积，mL；

　　　V_2——试剂空白消耗硫代硫酸钠标准滴定溶液体积，mL；

　　　c——硫代硫酸钠标准滴定溶液的浓度，mol/L；

　　　m——试样质量，g；

0.1269——与1.00mL硫代硫酸钠标准滴定溶液 $[c(Na_2S_2O_3)=1.000mol/L]$ 相当的碘的质量，g/mmol；

　78.8——换算因子。

计算结果保留两位有效数字。

精密度：在重复条件下获得的两次独立测定结果的绝对差值不得超过算术平均值的10%。

班级：_____　　组别：_____　　姓名：_____

项目考核		评价内涵与标准	项目内权重/%	学生自评 20%	学生互评 30%	教师评价 50%
考核内容	指标分解					
知识内容	植物油检验的常规理化指标、流程及注意事项	结合学生自查资料,了解植物油加工工艺及容易出现的质量问题,掌握植物油检验的常规理化指标及检验项目内容,熟悉植物油检验的流程及注意事项	20			
项目完成度	检验方案设计	能够正确设计植物油检验的方案,方案的格式及质量符合要求	10			
	实训过程	完成植物油检验的整个流程,熟悉检验方案的设计原理,能正确地分析和解决遇到的问题,实训操作的标准化程度	30			
	检测结果分析及优化	检测结果分析的表达与展示,能准确表达结果,准确回答师生提出的疑问	20			
表现	配合默契的伙伴	能正确、全面获取信息并进行有效的归纳	5			
		能积极参与合成方案的制定,进行小组讨论,提出自己的建议和意见	5			
	团队协作	善于沟通,积极与他人合作完成任务,能正确分析和解决遇到的问题	5			
		遵守纪律、着装与总体表现	5			
综合评分						
综合评语						

思考题

1. 食用植物油容易出现的质量安全问题有哪些？
2. 食用植物油的常规理化检验指标有哪些？
3. 完整设计一套食用植物常规理化指标的检验方案。

项目小结

食用植物油的理化指标有多项，其中植物油中的酸价、过氧化值的测定尤为重要，测定方法有多种，应该学会根据样品性质，有效合理地选择测定方法。

模块四 专业能力拓展模块
——食品安全检测高新技术

项目一 快速检测方法

典型工作任务 ▶▶▶

现代工业化手段以及科学技术的发展大大提高了食品加工的速度，增加了食品的品种，改变了食品的性状，延长了食品的保藏期，但随之产生的食品安全问题也日益突出和严峻，除了加强对食品的生产、加工、流通、销售等各个环节进行监管外，选择合适的检测方法也很关键。实验室检测方法和仪器是很难及时、快速而全面地监控食品安全状况的，这就需要大量能够迅速、准确、方便、灵敏的食品分析快速检测技术。通过本项目的学习，掌握常用的食品快速检测方法。

任务驱动 ▶▶▶

1. 任务分析

食品快速检测是指能将原有的检测方法时间缩短的检测方法，按照检测手段分为化学比色分析检测技术、免疫分析检测技术、分子生物学检测技术、生物学发光检测法、传感器技术、纳米技术、色谱（层析）技术、便携式色谱质谱联用技术等。通过本项目的训练，使学生掌握常用的食品快速检测方法原理，能够进行典型项目的检测。

2. 能力目标

(1) 了解快速检测的定义。

(2) 了解快速检测的分类。

(3) 了解各种快速检测方法的应用概况。

(4) 掌握各种快速检测方法原理。

(5) 会做常见食品快速检测项目。

任务教学方式 ▶▶▶

教学步骤	时间安排	教学方式（供参考）
阅读材料	课余	学生自学，查资料，相互讨论
知识点讲授（含课堂演示）	2课时	在课堂学习中，应结合多媒体课件演示快速检测的定义、快速检测的分类、各种快速检测方法原理及应用情况
任务操作	8课时	完成常见典型项目的快速检测实训任务，学生边学边做，同时教师应该在学生实训中有针对性地向学生提出问题，引发思考
评估检测		教师与学生共同完成任务的检测与评估，并能对问题进行分析及处理

知识一　食品快速检测的定义

食品快速检测没有经典的定义，是一种约定俗成的概念，即：能够在短时间内出具检测结果的行为称为快速检测。主要体现在三个方面：一是试验准备过程简化，使用材料、试剂较少；二是样品经过简单的处理后即可进行测试或采用高效快速的样品处理方式；三是简单、快速和准确的分析方法，能对处理好的样品在很短的时间内测试出结果。从广义上讲，能将原有的检测方法时间缩短的都可以称为快速检测方法。

知识二　食品快速检测的分类

食品安全快速检测按照工作场所分为现场快速检测和实验室快速检测，实验室快速检测着重于利用一切可以利用的仪器设备对检测样品进行快速定性与定量；现场快速检测着重于利用一切可以利用的手段对检测样品快速定性与半定量。

食品安全快速检测按照检测手段分为化学比色分析检测技术、免疫分析检测技术、分子生物学检测技术、生物学发光检测法、传感器技术、纳米技术、色谱技术、便携式色谱-质谱联用技术等。

化学比色分析检测技术如试纸色谱比色法、试纸（试剂盒＜卡＞）比色法、试管比色法等方法，与一般的仪器分析方法相比，具有价格低、操作相对简便、结果显示直观、一次性使用、不需检修维护、专一性强等优点，但方法灵敏度较低。

免疫分析技术如免疫磁珠分离法、免疫检测试纸条、免疫乳胶试剂、免疫酶技术、免疫深沉法、免疫色谱法等能较好地测定有机磷类、氨基甲酸酯类等几十种农药，也是目前国外发展的主流技术，特别对于兽药的残留检测。所用仪器和试剂盒主要依赖进口，价格较高，而国产产品质量和价格都不具备明显优势，推广受到限制。

生物学检测技术主要用于微生物检测，在乳中以及畜禽产品的菌落总数、大肠菌群的检测中应用较多。

传感器技术检测时能够按照一定的规律把被测量转换成为可用信号。这种检测方法速度快、灵敏度高、效率高，在目前的食品安全的快速检测研究中是一个热点，但这种方法在重现性、稳定性和使用寿命等方面还有待改进。在农、兽药残留的快速检测领域中，很多时候都是使用生物传感器。按照感受器来进行划分，可分为免疫传感器、酶传感器、细胞传感器和微生物传感器。如果按照换能器能划分，又可以分为光学型、压电型、电化学型和电导型。

纳米技术直到 2003 年以后才被逐渐在食品快速检测中应用，目前发展迅速。纳米技术与生物学、免疫学等技术结合应用于食品快速检测是近年来的研究趋势。

色谱技术起初主要用于物质的分离，随着不断发展，广泛用于各种成分的检测，该种方法具有较低的最低检测限，所需样品量少，分析准确，同时也具有较快的速度。色谱技术主要包括纸色谱、薄层色谱、柱色谱（气相色谱、液相色谱）等。

知识三　化学比色测定原理及应用

化学比色技术是利用迅速产生明显的颜色的化学反应检测待测物质，通过与标准比色卡相比较进行目视定性或半定量分析。常用的化学比色法包括各种检测试纸和试剂，随着检测仪器的不断发展，与其相配套的微型检测仪器也相应出现。化学比色分析技术在有机磷农药、硝酸盐、亚硝酸盐、甲醛、二氧化硫、甲醛次硫酸氢钠（吊白块）、亚硫酸盐等化学有害物质和菌落总数、大肠菌群、霉菌、沙门菌、葡萄球菌等微生物的检测方面已经得到广泛应用。化学比色分析法是根据食品中待测成分的化学特点，将待测食品通过化学反应法，使待测成分与特定试剂发生特异性显色反应，通过与标准品比较颜色或在一定波长下与标准品比较吸光值得到最终结果。化学比色分析法是目前比较普遍与成熟的理化快速检测方法，被广泛应用于各类食品分析中。

知识四　免疫学分析检测技术原理及应用

　　免疫快速检测法的原理是抗原和抗体的特异性反应。根据检测标记物之间的差别，分为放射免疫检测（RIA）、发光免疫检测（LIA）、酶免疫检测（EIA）、荧光免疫检测（FIA）、免疫磁珠技术、免疫胶体金试纸、免疫色谱等。另外，随着这几年各方面的发展，又出现了大量的新型免疫分析技术，比如流动注射免疫色谱和挑剔金免疫色谱等。

　　放射免疫法是利用放射性同位素标记抗原或抗体，通过免疫反应来进行测定，其具有灵敏度高、特异性强、简单快速、成本低等特点，已广泛应用于生物化学、临床医学及环境监测等领域。食品安全检测领域主要是集中在抗生素类药物如四环素类药物、磺胺类药物、β-内酰胺类药物的检测。

　　酶联免疫吸附检测法（ELISA）是在放射免疫法的基础上发展起来的，两者的区别在于标记物的不同。ELISA 法的主要类型有夹心法、间接法、竞争法、捕获包被法、亲和素标记法等，其中竞争法测定的是小分子抗原，适用于食品安全分析。ELISA 法在农药残留检测中应用广泛，如 Watanabe 等用商品化的酶联免疫试剂用 ELISA 法筛查农产品和食品中的农药和兽药残留，具有快速灵敏、操作简单和单次检测样品量大的特点，而且可以直接检测尿液、血样和饲料等样品，目前已建立了许多兽药如青霉素、氯霉素、磺胺、克伦特罗等的 ELISA 检测法。

　　荧光免疫法（FIA 法）是以荧光物质作为标记物，基于免疫反应进行检测的方法。被标记的多为抗体，故也称荧光抗体法。FIA 法分为均相和非均相，其中时间分辨荧光免疫法（Tr-FIA）、荧光酶免疫法属于非均相免疫测定法，而荧光偏振免疫法（FPIA）属于均相免疫法。

　　TrFIA 法以三价稀土离子或其螯合物为示踪物进行标记，利用示踪物荧光寿命长的特性，通过时间延迟将特异性和非特异性荧光分开而实现检测，它具有灵敏度高、线性范围宽的特点。

　　荧光酶免疫法利用酶与荧光底物的化学反应作为放大系统进行检测，多用于医学领域中的病毒抗体、毒素抗原、细菌、肿瘤标志物等生物大分子的检测，在食品安全分析中应用较少。FPIA 法适宜检测小至中等分子的物质，常用于药物、激素如磺胺二甲嘧啶、马杜霉素、草不绿残留等的测定。FPIA 法简单快速、重现性好，但其灵敏度比非均相法低。纳米材料、量子点等新技术的出现推动了荧光免疫法的发展。采用双镧系螯合硅纳米材料作为标记物可获得高灵敏度的时间分辨免疫荧光法。

　　免疫磁珠技术是利用免疫凝集反应原理将病原菌特异性抗体偶联在磁性固体颗粒表面，与样品中待检病原菌发生特异性结合，载有病原菌的磁性颗粒在外加磁物的作用下向磁极方向聚集，从而使病原菌不断得到分离、浓缩。该技术代替了常规的选择性增菌培养过程，可特异有效地将目的微生物从样品中快速分离出来。在大肠杆菌 O157∶H7、单核增生李斯特菌的检测方面有研究报道。

　　免疫胶体金试纸条法，它将特异的抗体交联到试纸条上和有颜色的物质上，试纸条上有一条保证试纸条功能正常的控制线和一条或几条显示结果的测试线，当纸上抗体和特异抗原结合后，再和带有颜色的特异抗原进行反应时，就形成了带有颜色的三明治结构，并且固定在试纸条上，如没有抗原，则没有颜色。免疫学分析法常用于检测有害微生物、农药残留、兽药残留及转基因食品。它的优点是特异性和灵敏度都比较高，对于现场初筛有较好应用前景。其不足是由于抗原与抗体的反应专一性，针对每种待测物都要建立专门的检测试剂和方法，为此类方法的普及带来难度。如果食品在加工过程中抗原被破坏，则检测结果的准确性将受到影响。

免疫色谱法借助固载纤维的毛细管作用，使待测物沿膜表面运动与检测区标记物结合显色，从而实现待测物的检测，具有快速简单、成本低的优点，检测对象包括抗生素、重金属、生物毒素、农药残留、兽药残留等。目前，食品安全领域应用较多的是使用着色物（如胶体金、胶体碳、乳胶颗粒等）标记的免疫色谱法，它是先将抗体固定在硝酸纤维素膜上，膜上有控制线和显示结果的测试线，样品中抗原与抗体发生特异性结合后，用着色物使该区域显色，通过对比测试线与控制线颜色实现目标物的快速检测，测试线颜色越浅，表明待测物含量越高。

知识五　分子生物学检测技术原理及应用

随着分子生物学和生物信息学的发展，一些病原菌的保守核酸系列可以被用作检测的标靶。在此基础上建立了众多的检测技术，其中核酸探针（NAP）和聚合酶链反应（PCR）以其敏感特异、简便快速的特点应用最为广泛。

核酸探针检测技术其原理是利用核酸杂交，将病原菌保守基因 DNA 双链中的一条进行标记制成 DNA 探针，由于 DNA 分子杂交时严格遵守碱基配对的原则，通过检测样品与标记性 DNA 探针能否形成杂交分子，即可判断样品中是否含有此种病原菌。

聚合酶链反应（PCR）技术检测细菌的基本原理是利用细菌遗传物质中各菌属菌种高度保守的核酸序列，设计出相关引物，对提取到的细菌核酸片段进行扩增，进而用凝胶电泳和紫外核酸检测仪观察扩增结果。从 PCR 扩增开始到得出试验结果一般仅需 2~4h 再加上富集的时间，整个过程所需的时间可以控制在 24h 之内。在果蔬食品中的金黄色葡萄球菌、李斯特菌、志贺菌、铜绿假单胞菌、肠出血性大肠杆菌 O157 和副溶血性弧菌等多种致病菌的检测均有应用报道。

知识六　生物学发光检测法原理及应用

生物学发光检测法利用细菌细胞裂解时会释放出三磷酸腺苷（ATP），使用荧光虫素和荧光虫素酶可使之释放出能量产生磷光，光的强度就代表 ATP 的量，从而推断出菌落总数。美国 NHD 公司推出 ATP 食品细菌快速检测系统的 ProfiLe-13560 通过底部有筛孔的比色杯将非细菌细胞和细菌细胞分离，这种比色杯细菌细胞无法通过，之后用细菌细胞释放液裂解细菌细胞，检测释放出的 ATP 量，则为细菌的 ATP 量，得出细菌总数。此检测系统与标准培养法比对，相关系数在 90% 以上且测定只需 5min，已被美国军方采用。美国 Charm Science Inc. 有一系列通过检测细菌的 ATP 量控制不同食品卫生安全的产品，如检验食物表面的 Poctet Swab PLus、检测水产品表面的 Water Giene TM、检测生肉的 Charm CHEF 等，操作方法都是使用专用药签刮抹待测部位，然后将药签装入笔形管内，插入便携检测仪读数即可。

知识七　传感器技术原理及应用

生物传感器是将生物感应元件的专一性与能够产生和待测物浓度成比例的信号传导器结合起来的一种分析装置。与传统的化学传感器和离线分析技术（如 HPLC 或 MS）相比，生物传感器有着许多不可比拟的优势，如高选择性、高灵敏度、较好的稳定性、低成本、可微型化、便于携带、可以现场检测等。它作为一种新的检测手段，正迅猛发展。根据生物识别元件和生物功能膜的不同，可将生物传感器分为酶传感器、免疫传感器、微生物传感器、组织传感器、细胞器传感器、类脂质膜传感器、DNA 杂交传感器等。在现场快速检测领域，生物传感器检测技术与比色、免疫胶体金试纸、ELISA 等检测方法相比还未得到普遍应用，但国内外针对这方面的研究报道很多，各种新技术如纳米、分子印迹等为其提供了丰富的发展空间，近年来生物传感器的研制越来越趋向于向微型化、集成化、智能化以及无创伤的方向发展，随着检测仪器和检测方法的不断成熟，生物传感技术在食品现场快速检测领域将有更广阔的应用前景。

用于农药残留检测的常见酶传感器有胆碱酯酶传感器和有机磷水解酶传感器。以胆碱酯酶为识别元件的传感器灵敏度高，抑制物范围广，但检测步骤多，且大多数测试过程不可逆，难以反复利用。有机磷水解酶传感器的结构简单、检测快速，但其检出限有待提高。近年来，材料制备技术、光通信技术的发展为生物传感器提供了许多新材料、新方法，特别是在材料的选择上，传感器的制备不断吸收分子印迹、纳米材料、量子点等新技术，呈现出新的发展趋势。

免疫传感器是基于抗原抗体结合免疫反应原发展起来的生物传感器。近年来，免疫传感器的研究主要涉及信号放大、多组分检测、自动化、小型化以及传感器的再生等方面。Yang 等采用金纳米颗粒增加生物分子之间的相互作用，制备增强型化学发光传感器，它对葡萄球菌肠毒素的灵敏度比传统的酶联免疫吸附法（ELISA 法）提高了 10 倍。采用金纳米颗粒的导电性制备莠去津、甲藻毒素的免疫传感器，检测能力也能大幅提高。使用磁珠、量子点等材料富集免疫试剂或被测物，也可提高灵敏度。如使用磁玻璃珠丝网印刷电极检测婴儿食品中的玉米烯酮、水样中的多氯联苯的检出限可达 $7\sim10ng/L$。通过采用不同标记物标记或不同方法标记、不同反应器进行阵列检测或进行分离检测，还可实现同一样品中农药残留、兽药残留的多组分检测。

组织传感器、细胞传感器、非生物传感器也被应用于食品安全的检测。Fernndez 等报道了一种免疫标记的便携式六通道表面等离子体传感器，可实现牛奶样品中氟喹诺酮类、磺胺类、苯丙醇类药物的同时检测。Daz-Daz 等用催化三氯苯酚的分子印迹微凝胶材料模拟氯化物过氧化氢酶的脱卤作用，制备了电化学传感器，可检测浓度在 $25\mu moL/L$ 水平以上的三氯苯酚。

知识八　纳米技术原理及应用

普通的 ELISA 技术采用的酶标板是一个固相载体，具有固/液相反应接触面积小、连接的抗体易脱落、反应速度慢且不彻底等缺点。目前研究成功的磁分离 ELISA 技术是一种以磁性纳米材料代替传统 ELISA 中的酶标板，将 ELISA 的显色系统与磁分离技术相结合而形成的一种新型检测方法。这门技术主要利用纳米材料的高比表面积、易于形成胶体溶液等特性，使抗原-抗体分子接触面积变大，反应较为彻底。此外，磁分离使缓冲液的交换操作更为简便快速，灵敏度也得到了提高。目前该技术已广泛应用于食品的快速检测中。

知识九　色谱技术原理及应用

色谱法（chromatography）又称色层分析法或层析法，色谱法是一种基于被分离物质的物理、化学及生物学特性的不同，使它们在某种基质中移动速度不同而进行分离和分析的方法。经过分离后的组分，在检测器中被检测，通过保留时间、利用不同检测方法、保留指数、柱前或柱后化学反应、与其他仪器联用定性。被测物质的量与它在色谱图上的峰面积（或峰高）成正比。数据处理软件（工作站）可以给出包括峰高和峰面积在内的多种色谱数据。通常情况是采用峰面积通过校正因子、归一化法、外标法、内标法、标准加入法等方法进行定量。色谱技术由于具有较低的最低检测限，所需样品量少，分析准确，同时也具有较快的速度，在食品检测中得到广泛的应用。

知识十 便携式色谱-质谱联用技术原理及应用

随着与检测技术相关的各种配套装备的不断发展，近几年针对食品安全的检测车使以前无法应用到现场的一些检测方法得到进一步应用，车载的色谱-质谱联用仪主要由主机、顶空设备、采样探头和专用笔记本电脑4部分组成。它的优点是可以较快速地检测到极低的污染，并能分析污染物质的化学成分，而且与仪器相配套的笔记本电脑里还储存有2000种有害化合物的分析材料，可以针对检测的物质立即从电脑里调出相关的资料进行分析，选取处理方法。目前我国多家单位已配备了食品安全检测车，实现了现场多种污染物的准确定量。

1. 食品快速检测技术的概念是什么？
2. 食品快速检测技术的分类有哪些？
3. 简述食品快速检测技术的原理及应用。

任务一 小麦粉、各类面粉及其制品中过氧化苯甲酰的快速测定（化学比色法）

过氧化苯甲酰作为面粉增白剂已被普遍采用。过氧化苯甲酰可以氧化小麦粉内的叶黄素，适量添加可以改善小麦粉色泽，抑制微生物滋生，加强面粉弹性和提高面制品的品质，但超量使用就会严重影响人体健康，有的甚至引发疾病。过量添加过氧化苯甲酰不仅会破坏小麦面粉中的营养成分，严重的是过氧化苯甲酰的分解产物为苯甲酸，苯甲酸的分解过程在肝脏内进行，长期过量食用对肝脏功能会有严重的损害。国家食品添加剂委员会于1996年重新规定了过氧化苯甲酰最大允许添加量为0.06g/kg，但仍有一些厂家不顾消费者的健康，在小麦中随意添加过氧化苯甲酰。因此，严格控制面制品中过氧化苯甲酰含量，是治理餐桌污染，保障消费者健康权益的重要工作。

丙酮溶液中，碘化钾和过氧化苯甲酰反应游离出点单质，在与面粉中淀粉反应呈蓝色，面粉中过氧化苯甲酰的含量越高，溶液的颜色越深。将实验结果与色卡对比，即可判断面粉中的过氧化苯甲酰的大致含量。精密测定可用标准硫代硫酸钠溶液滴定。

（一）实训目的
学习小麦粉、各类面粉及其制品中过氧化苯甲酰的比色快速测定。

（二）实训器材及工具
10mL 纳氏比色管（或具塞塑料离心管）；碘量瓶；酸式滴定管。

（三）试剂和溶液
丙酮；500g/L 碘化钾溶液；0.05mol/mL 硫代硫酸钠溶液。

（四）操作步骤
1. 半定量比色
取2g面粉于10mL比色管中，加无水乙醇到10mL，塞盖振荡2min，静置10min。开盖取上清液0.5mL于比色管中滴加检测丙酮5滴，塞盖摇匀，于60℃水浴加热5min。开盖滴加检测500g/L碘化钾2滴，塞盖摇匀。

2. 精密定量

精密称取试样约 250mg，放入 100mL 的碘量瓶中，加丙酮 15mL 使之溶解，加 500g/L 碘化钾溶液 3mL。振摇 1min 后，立即用 0.05mol/L 硫代硫酸钠溶液滴定。

（五）结果判定

10min 后，观察结果，并与空白和比色卡对照，若颜色与空白对照相同为阴性。空白对照品：取 0.5mL 无水乙醇替代用品，同样操作，每消耗 1mL 0.05mol/L 硫代硫酸钠相当于过氧化苯甲酰 12.11mg。

任务二　粉丝中吊白块的快速测定（AHMT+DTNB 组合试剂法）

甲醛次硫酸氢钠，俗称"吊白块"，是纺织和橡胶工业原料。近年来，一些食品生产加工厂家非法把甲醛次硫酸氢钠添加到粉丝、米线、腐竹、食糖等食物中进行增白，对人体健康造成严重危害。准确迅速地检测出食品中甲醛次硫酸氢钠含量成为一个重要的课题。利用 AHMT＋DTNB 组合试剂法测定粉丝中的吊白块。甲醛次硫酸氢钠在食物中分解成甲醛、次硫酸氢钠和二氧化硫。吊白块分解后的甲醛，用 AHMT 实际快速检测，当出现阳性（紫色）结果时，再快速检测样品的二氧化硫来确定样品中是否含有甲醛次硫酸氢钠成分。

（一）实训目的

掌握吊白块的快速检测方法，熟练配制快速检测相应的试剂，正确判定检测结果。

（二）实训器材及工具

番薯粉丝、米粉、豆腐皮或腐竹等样品若干。

（三）试剂和溶液

① 饱和氢氧化钾溶液　取 28g 氢氧化钾溶于适量蒸馏水中，稍冷后，加蒸馏水至 100mL。

② 5g/L AHMT 盐酸溶液　取 0.5g AHMT 溶于 100mL 0.2mol/L 盐酸溶液中。此溶液置于暗处或保存于棕色瓶中，可保存半年。

③ 1.5％高碘酸钾的氢氧化钾溶液　称取 1.5g KIO₄ 于 100mL 0.2mol/L 氢氧化钾溶液中，置于水浴上加热使其溶解，备用。

④ 二氧化硫测试液　DTNB 的 PBS 溶液，配制：可称取 DTNB 40mg 溶于 1000mL 0.1mol/L PBS 溶液（pH 8.0）中；或者用 0.05mol/L PBS 溶液（pH＝8.0）配制成 0.015mol/L DTNB 溶液。

（四）操作步骤

将样品粉碎或剪碎，取 1g 于试管中，加纯净水到 10mL，用力振摇 20 次，放置 5min。取 1mL 样品处理后的上清液至试管中，加入 4 滴氢氧化钾溶液，再加入 4 滴 AHMT 盐酸溶液，盖盖儿后混匀。1min 后，加 2 滴高碘酸钾的氢氧化钾溶液，摇匀。3min 后观察显色情况，不变色或紫红色以外的其他颜色表示所测样品不含有吊白块。如呈紫红色，另取一检测管，吸取样品提取液上清液 0.5mL 于检测管中，再滴二氧化硫测试液 2 滴，盖上盖子摇匀。2min 后观察显色情况，呈黄色表示所测样品含有吊白块；不变色或呈黄色以外其他颜色表示所测样品含有甲醛，不含有吊白块。给出检测结果，完成粉丝中吊白块的检测报告。

任务三　酶联免疫法快速筛选测定水产品中孔雀石绿及其代谢物残留量（DB 34/T 1421—2011）

孔雀石绿是有毒的三苯甲烷类化学物，既是染料，也是杀菌剂，可致癌，虽然于 2002

年 5 月中国农业部已将孔雀石绿列入《食品动物禁用的兽药及其化合物清单》，但目前仍有水产品中被验出含有孔雀石绿。本任务基于竞争性酶联免疫方法原理，样品中 MG 或 LMG 经提取液和乙腈等提取纯化后，LMG 通过氧化剂被氧化为 MG，与 MG-生物素竞争微孔板上包被的 MG 抗体，没有结合的 MG-生物素在洗板中被除去。再加入过量的酶标记的链亲和素，与结合了抗体的 MG-生物素结合，多余的酶标记的链亲和素在洗板中被去除。结合的酶使随后加入的 HEP 底物（TMB）显色，样品中 MG 和 LMG 含量越少，则结合的酶越多，颜色则越深；反之，颜色则越浅。用酶标仪在波长 450nm 处测定吸光度值，在一定浓度范围内吸光度值与样品中 MG 和 LMG 含量成反比。

（一）实训目的

掌握通过酶联免疫吸附法快速筛选测定水产品中孔雀石绿及其代谢物残留量的操作。

（二）实训器材及工具

酶标仪；分析天平；恒温培养箱；均质器；涡旋振荡器；离心机；氮吹仪；微量单道/多道移液器；水浴锅；聚四氟乙烯离心管等。

（三）试剂和溶液

见表 4-1-1。

表 4-1-1　实训试剂和溶液

试剂/溶液名称		备　注	
实验室用试剂		所用试剂除另有规定外,均为分析纯,水符合 GB/T 6682 规定的二级水	
乙腈			
正己烷			
孔雀石绿标准溶液		0ng/mL、0.05ng/mL、0.15ng/mL、0.5ng/mL、1.5ng/mL、4.5ng/mL	
孔雀石绿联免疫试剂盒	微孔板	包被有孔雀石绿抗体	应在有效期内。超过 1 个月不使用,生物素偶合物、辣根过氧化物酶标记的链亲和素以及标准品应保存在 −20℃。其他试剂应在 2～8℃ 的温度下贮存。不同批次的试剂盒不可混用
	提取液 A	使用前,取出提取物 A,用 90mL 蒸馏水溶解至完全溶解	
	提取液 B	使用前,根据需量,用双蒸馏水稀释 10 倍	
	纯化试剂		
	氧化剂液	使用前,根据需量,用乙腈稀释 10 倍	
	提取液 C	使用前,根据需量,用双蒸馏水稀释 10 倍	
	7MG-生物素偶合物稀释液		
	8MG-生物素偶合物	使用前 5min 按需要量,用 MG-生物素偶合物稀释液稀释 100 倍	
	辣根过氧化物酶标记的链亲和素稀释液		
	辣根过氧化物酶标记的链亲和素	使用前 10min 按需要量,用辣根过氧化物酶标记的链亲和素稀释液稀释 100 倍	
	洗液	使用前 10min,用双蒸馏水稀释 20 倍	
	TMB 底物		
	终止液		

（四）测定方法

1. 制备与保存

（1）抽样：按 SC/T 3016—2004 水产品抽样方法。

（2）食用样品取可食部分，均质到粉碎均匀（糊状），装入干净容器，标明标记，－20℃保存。

（3）苗种样品直接均质到粉碎均匀（糊状），装入干净容器，标明标记，－20℃保存。

2. 提取与纯化

操作之前将试剂盒中所有试剂在室温（20～25℃）下放置1～2h。

称取2.00g（±0.0001g）均质好的样品于50mL离心管内，依次加入1.0mL样品提取液A、0.4mL样品提取液B和6.0mL乙腈，涡旋振荡4min或者振摇20min。4000g离心10min，取2.0mL上清液到预先加入（300±20)mg纯化剂的5mL离心管中，2500r/min涡旋振荡1min，静置10min，4000g离心10min，取1.0mL上清液到另一5mL离心管中，减压蒸馏或者50～60℃水浴氮气吹干。加入100μL的氧化剂液，涡旋振荡1min，4000g离心1min，静置15min。依次加入400μL样品提取液C、650μL正己烷，涡旋振荡1min后，4000g离心5min。弃除上层有机溶液，下层清液备用（在24h内有效）。

3. 酶联免疫测定

（1）测定在室温20～25℃条件下操作。

（2）将测定所需的微孔条插入框架，记录标准和样品的位置，每个标准和样品应做2个平行。

（3）分别在各孔中加入90μL标准品或制备好的样品。

（4）分别在各孔中加入30μL MG-生物素偶合物，轻敲微孔板边缘混匀1min。

（5）盖好盖板膜，室温下避光孵育30min。

（6）倾出微孔中的液体，每孔加入250μL的洗液，轻敲微孔板边缘混匀1min。倾出微孔中的洗液，在吸水纸上拍打，彻底清除微孔中的残留液和气泡，重复上述操作3次。

（7）每孔中加入100μL的辣根过氧化物酶标记的链亲和素，室温下避光孵育15min。

（8）洗板，方法同（7），重复操作3次。

（9）迅速在每孔中加入100μL TMB底物（推荐使用多通道移液器，底物本身是无色的，颜色发生变化则不能使用），轻敲微孔板边缘混匀1min，盖好盖板膜，室温下避光孵育10～15min。

（10）迅速在每孔中加入100μL的终止液，5min内在450nm处测定OD值（吸光度值）。

（五）结果计算

1. 计算相对吸光度值

分别计算标准和样品的平均吸光值。按下列公式计算标准液和样液的相对吸光度值：

$$A = \frac{B}{B_0} \times 100\% \tag{4-1-1}$$

式中　A——相对吸光度值；

　　　B——标准液和样液的平均吸光度值；

　　　B_0——0ng/mL标准液的平均吸光度值。

2. 绘图标准曲线

以相对吸光度值为纵坐标，标准浓度的对数值（lg10）为横坐标绘制标准曲线。每次实验均需要重新绘制标准曲线。

3. 样品结果计算

通过标准曲线可以计算出样品的浓度值。

样品的孔雀石绿残留的总量按式计算：

$$X = c \times n \tag{4-1-2}$$

式中　X——样品待测组分的量，$\mu g/kg$；

　　　　c——样品待测组分的浓度；

　　　　n——稀释倍数。

（六）方法的检出限、回收率、重复性

1. 检出限

本方法孔雀石绿及其代谢残留物的检出限为 $0.1\mu g/kg$。

2. 回收率

在样品中添加 $0.1\sim4\mu g/kg$ 浓度水平，回收率为 $70\%\sim120\%$。

3. 重复性

本方法的批内变异系数 $\leqslant15\%$，批间变异系数 $\leqslant20\%$。

（七）结果表述

当所对应的样品的测定值小于其检出限时，报告为孔雀石绿未检出；当测定值大于检出限时，报告为孔雀石绿检出。

出现阳性值时（超过相关标准、规定的限量值），需用液相色谱-质谱联用技术（LC/MS）加以确证。

任务四　乳制品中三聚氰胺的快速检测（胶体金免疫色谱法）

三聚氰胺（melamine），又名密胺、氰尿三酰胺。三聚氰胺作为化工原料主要用于生成三聚氰胺-甲醛树脂，同时还广泛用于涂料、塑料、黏合剂、纺织、造纸等工业生产中。三聚氰胺属于低毒急性毒类，动物长期摄入三聚氰胺会造成生殖、泌尿系统的损害，膀胱、肾部结石，并可进一步诱发膀胱癌。三聚氰胺常混合有结构类似的氰尿酸，在摄入人体进入肾细胞后，三聚氰胺会与氰尿酸结合形成结晶沉积，从而造成肾结石并堵塞肾小管，并有可能导致肾衰竭。胶体金免疫色谱法应用竞争抑制免疫色谱的原理，样本中的三聚氰胺在流动的过程中与胶体金标记的特异性抗体结合，抑制了抗体和硝酸纤维素膜检测线上三聚氰胺-BSA 偶联物的结合。如果样本中三聚氰胺含量大于 $1mg/kg$，测试区（或检测线，T 线）红线浅于质控区（或参比线，C 线），则为阳性；测试区（T 线）比质控区（C 线）颜色深或颜色一样，则为阳性。

（一）实训目的

掌握利用胶体金免疫色谱技术快速测定乳粉中三聚氰胺的方法；处理样品、点样、展开等操作熟练；正确判定检测结果。

（二）实训器材及工具

速测金标卡。原料乳、纯乳、纯乳粉、纯酸奶等样品。

（三）操作步骤

1. 原料处理

（1）原料奶　取生产用原料奶 $1mL$ 加入到 $1.5mL$ 离心管中，$3000r/min$ 离心约 $5min$ 至分离出脂肪层。脂肪层下 $5mm$ 处液体即为待测液。

（2）乳粉或饲料　取 $1g$ 样品于试管中，加入 $5mL$ 纯净水，将试管放入一杯开水中，摇动使样品溶解，离心使其分层，稀溶液为待测液。

（3）鲜牛乳　直接使用样品加样检测。

2. 滴加处理液

将三聚氰胺检测卡置于干净平坦的台面上，用塑料滴管垂直滴加 3 滴无空气样品处理液于加样孔（S）内。

3. 读取测试结果

等待紫色条带的出现，在 5min 时读取测试结果。给出测试结果，完成乳制品中三聚氰胺的检测报告。

班级：_____　　组别：_____　　姓名：_____

项目考核		评价内涵与标准	项目内权重/%	学生自评 20%	学生互评 30%	教师评价 50%
考核内容	指标分解					
知识内容	快速检测的定义、分类、常用快速检测方法原理	结合学生自查资料，熟练识读快速检测的定义、分类、常用快速检测方法原理，使学生对快速检测的基础知识有良好的认识	20			
项目完成度	快速检测的任务、快速检测的要素	实训前物质、设备准备、预备情况，正确分析品评过程各要素	10			
	实训过程	实训操作的标准化程度	20			
		知识应用能力，应变能力，能正确地分析和解决遇到的问题	10			
	检测结果分析及优化	检测结果分析的表达与展示，能准确表达结果，准确回答师生提出的疑问	20			
表现	配合默契的伙伴	能正确、全面获取信息并进行有效的归纳	5			
		能积极参与合成方案的制定，进行小组讨论，提出自己的建议和意见	5			
	团队协作	善于沟通，积极与他人合作完成任务，能正确分析和解决遇到的问题	5			
		遵守纪律、着装与总体表现	5			
综合评分						
综合评语						

思考题

1. 快速检测的定义是什么？分类怎样进行？
2. 快速检测方法的原理是什么？
3. 规范化操作并完成典型快速检测项目。

项目小结

食品快速检测是指能将原有的检测方法时间缩短的检测方法。快速检测由于其试验准备过程简化，使用材料、试剂较少，样品经过简单的处理后即可进行测试或采用高效快速的样品处理方式，简单、快速和准确的分析方法，能对处理好的样品在很短的时间内测试出结果，成为现代检测发展的一个重要方向。快速检测按照检测手段分为化学比色分析检测技术、免疫分析检测技术、分子生物学检测技术、生物学发光检测法、传感器技术、纳米技术、色谱技术、便携式色谱-质谱联用技术等。根据现代食品检验工、化学分析工的职业要求，检测分析人员应在掌握这些快速检测方法原理基础上，应能够规范化的操作相关仪器设备、使用试剂材料，正确进行检测过程，准确分析计算表达检测结果。

典型工作任务 ▶▶▶

　　色谱法对于混合物的分离是非常有效的手段，但由于通常所用检测器的限制，它们对于分离出的化合物却很难进行明确的定性和结构鉴定。而质谱法、红外光谱法、核磁共振波谱法等光谱分析技术与之相反，通常对被测物的纯度要求较高，不适于混合物的分析，但却可以给出纯化合物的分子结构信息。采用色谱法和光谱法的联用，不仅能发挥各自的优点，而且可以弥补相互的不足。目前色谱联用技术的应用范围不断扩大，已广泛应用于包括食品分析等很多领域。掌握常见的联用技术对于食品检测具有重要的意义。

任务驱动 ▶▶▶

1. 任务分析

　　色谱联用技术对混合物的分析具有较高的灵敏度、选择性以及广泛的实用性。色谱联用技术主要包括气相色谱-质谱联用技术、液相色谱-质谱联用技术、液相色谱-气相色谱联用技术、色谱-固相微萃取联用技术、色谱-核磁共振联用技术、色谱-红外光谱联用技术等。食品检测中常用的联用技术主要是气相色谱-质谱联用技术、液相色谱-质谱联用技术。通过本项目的训练，使读者掌握常用的色谱联用分析方法原理，能够进行典型项目的检测。

2. 能力目标

（1）了解常用色谱联用技术分类。

（2）掌握常用色谱联用技术方法原理。

（3）能够进行常见食品联用技术检测项目操作。

任务教学方式 ▶▶▶

教学步骤	时间安排	教学方式(供参考)
阅读材料	课余	学生自学,查资料,相互讨论
知识点讲授 (含课堂演示)	2课时	在课堂学习中,应结合多媒体课件演示色谱的定义、色谱的分类、色谱和质谱的原理以及常见联用技术方法原理
任务操作	8课时	完成常见典型项目的联用技术检测实训任务,学生边学边做,同时教师应该在学生实训中有针对性地向学生提出问题,引发思考
评估检测		教师与学生共同完成任务的检测与评估,并能对问题进行分析及处理

知识一　气相色谱-质谱联用技术

　　气相色谱-质谱法联用技术（GC-MS）是一种结合气相色谱和质谱的特性，在试样中鉴别不同物质的方法。GC-MS 的使用包括药物检测（主要用于监督药物的滥用）、火灾调查、环境分析、爆炸调查和未知样品的测定。GC-MS 也用于为保障机场安全测定行李和人体中的物质。另外，GC-MS 还可以用于识别物质中以前认为在未被识别前就已经蜕变了的痕量元素。GC-MS 已经被广泛地普为司法学物质鉴定的金标方法，因为它被用于进行"专一性测试"。所谓"专一性测试"就是能十分肯定地在一个给定的试样中识别出某个物质的实际存在。而非专一性测试则只能指出试样中有哪类物质存在。尽管非专一性测试能够用统计的方法提示该物质具体是哪种物质，但存在识别上的正偏差。

知识二 液相色谱-质谱联用技术

液相色谱-质谱联用技术（LC-MS），以液相色谱作为分离系统，质谱为检测系统。样品在质谱部分和流动相分离，被离子化后，经质谱的质量分析器将离子碎片按质量数分开，经检测器得到质谱图。LC-MS体现了色谱和质谱优势的互补，将色谱对复杂样品的高分离能力，与MS具有高选择性、高灵敏度及能够提供相对分子质量与结构信息的优点结合起来，在药物分析、食品分析和环境分析等许多领域得到了广泛的应用。LC-MS除了可以分析气相色谱-质谱（GC-MS）所不能分析的强极性、难挥发、热不稳定性的化合物之外，还具有以下几个方面的优点：分析范围广，分离能力强，定性分析结果可靠，检测限低，分析时间快，自动化程度。

知识三 色谱定性分析方法

各种色谱定性定量方法一致。色谱定性方法主要有五种：保留时间定性、利用不同检测方法定性、保留指数定性、柱前或柱后化学反应定性、与其他仪器联用定性。

1. 保留时间定性

在一定的色谱系统和操作条件下，每种物质都有一定的保留时间，如果在相同色谱条件下，未知物的保留时间与标准物质相同，则可初步认为它们为同一物质。为了提高定性分析的可靠性，还可进一步改变色谱条件（分离柱、流动相、柱温等）或在样品中添加标准物质，如果被测物的保留时间仍然与标准物质一致，则可认为它们为同一物质。

2. 利用不同检测方法定性

同一样品可以采用多种检测方法检测，如果待测组分和标准物在不同的检测器上有相同的响应行为，则可初步判断两者是同一种物质。在液相色谱中，还可通过二极管阵列检测器比较两个峰的紫外或可见光谱图。

3. 保留指数定性

在气相色谱中，可以利用文献中的保留指数数据定性。根据保留指数随温度的变化率，还可判断化合物的类型，因为不同类型化合物的保留指数随温度的变化率不同。

4. 柱前或柱后化学反应定性

在色谱柱后装T型分流器，将分离后的组分导入官能团试剂反应管，利用官能团的特征反应定性。也可在进样前将被分离化合物与某些特殊反应试剂反应生成新的衍生物，于是，该化合物在色谱图上的出峰位置或峰的大小就会发生变化甚至不被检测，由此得到被测化合物的结构信息。

5. 与其他仪器联用定性

将具有定性能力的分析仪器如质谱（MS）、红外（IR）、原子吸收光谱（AAS）、原子发射光谱（AES，ICP-AES）等仪器作为色谱仪的检测器即可获得比较准确的定性信息。

知识四 色谱定量分析方法

色谱定量分析的依据是被测物质的量与它在色谱图上的峰面积（或峰高）成正比。数据处理软件（工作站）可以给出包括峰高和峰面积在内的多种色谱数据。因为峰高比峰面积更容易受分析条件波动的影响，且峰高标准曲线的线性范围也较峰面积的窄，因此，通常情况是采用峰面积进行定量分析。色谱定量分析方法有五种：校正因子定量、归一化法定量、外标法定量、内标法定量、标准加入法定量。

（一）校正因子定量

绝对校正因子（f_i）：单位峰面积所对应的被测物质的浓度（或质量），即：

$$f_i = \frac{c}{A}$$

样品组分的峰面积与相同条件下该组分标准物质的校正因子相乘，即可得到被测组分的浓度。绝对校正因子受实验条件的影响，定量分析时必须与实际样品在相同条件下测定标准物质的校正因子。

相对校正因子 f'：某物质 i 与一选择的标准物质 s 的绝对校正因子之比。即：

$$f' = \frac{f_i}{f_s}$$

相对校正因子只与检测器类型有关，而与色谱条件无关。

（二）归一化法定量

归一化法是将所有组分的峰面积 A_1 分别乘以它们的相对校正因子后求和，即所谓"归一"，被测组分 x 的含量可以用下式求得：

$$X(\%) = \frac{A_x f_x}{\sum\limits_{i=1}^{n} A_i f_i}$$

采用归一化法进行定量分析的前提条件是样品中所有成分都要能从色谱柱上洗脱下来，并能被检测器检测。归一法主要在气相色谱中应用。

（三）外标法定量

1. 直接比较法

将未知样品中某一物质的峰面积与该物质的标准品的峰面积直接比较进行定量。通常要求标准品的浓度与被测组分浓度接近，以减小定量误差。

2. 标准曲线法

将被测组分的标准物质配制成不同浓度的标准溶液，经色谱分析后制作一条标准曲线，即物质浓度与其峰面积（或峰高）的关系曲线。根据样品中待测组分的色谱峰面积（或峰高），从标准曲线上查得相应的浓度。标准曲线的斜率与物质的性质和检测器的特性相关，相当于待测组分的校正因子。

（四）内标法定量

内标法是将已知浓度的标准物质（内标物）加入到未知样品中去，然后比较内标物和被测组分的峰面积，从而确定被测组分的浓度。由于内标物和被测组分处在同一基体中，因此可以消除基体带来的干扰。而且当仪器参数和洗脱条件发生非人为的变化时，内标物和样品组分都会受到同样影响，这样消除了系统误差。当对样品的情况不了解、样品的基体很复杂或不需要测定样品中所有组分时，采用这种方法比较合适。内标物应满足的要求：所给定的色谱条件下具有一定的化学稳定性；在接近所测定物质的保留时间内洗脱下来；与两个相邻峰达到基线分离；物质特有的校正因子应为已知的或者可测定；与待测组分有相近的浓度和类似的保留行为；具有较高的纯度。

为了进行大批样品的分析，有时需建立校正曲线。具体操作方法是用待测组分的纯物质配制成不同浓度的标准溶液，然后在等体积的这些标准溶液中分别加入浓度相同的内标物，混合后进行色谱分析。以待测组分的浓度为横坐标，待测组分与内标物峰面积（或峰高）的比率为纵坐标，建立标准曲线（或线性方程）。在分析未知样品时，分别加入与绘制标准曲线时同样体积的样品溶液和同样浓度的内标物，用样品与内标物峰面积（或峰高）的比值，在标准曲线上查出被测组分的浓度，或用线性方程计算。

（五）标准加入法定量

标准加入法可以看作是内标法和外标法的结合。具体操作是取等量样品若干份，加入不同浓度的待测组分的标准溶液进行色谱分析，以加入的标准溶液的浓度为横坐标、峰面积为纵坐标绘制工作曲线。样品中待测组分的浓度即为工作曲线在横坐标延长线上的交点到坐标原点的距离。由于待测组分以及加入的标准溶液处在相同的样品基体中，因此，这种方法可以消除基体干扰。但是，由于对每一个样品都要配制三个以上的、含样品溶液和标准溶液的混合溶液，因此，这种方法不适于大批样品的分析。

知识五　质谱法检测原理

质谱法是一种与光谱并列的谱学方法，通常意义上是指广泛应用于各个学科领域中通过制备、分离、检测气相离子来鉴定化合物的一种专门技术。质谱法在一次分析中可提供丰富的结构信息，将分离技术与质谱法相结合是分离科学方法中的一项突破性进展。在众多的分析测试方法中，质谱学方法被认为是一种同时具备高特异性、高灵敏度且得到了广泛应用的普适性方法。质谱仪器一般由样品导入系统、离子源、质量分析器、检测器、数据处理系统等部分组成。质谱分析是一种测量离子荷质比（电荷-质量比）的分析方法，其基本原理是使试样中各组分在离子源中发生电离，生成不同荷质比的带正电荷的离子，经加速电场的作用，形成离子束，进入质量分析器。在质量分析器中，再利用电场和磁场使发生相反的速度色散，将它们分别聚焦而得到质谱图，从而确定其质量。

1. 气相色谱-质谱联用技术有哪些应用？
2. 液相色谱-质谱联用技术的原理是什么？
3. 色谱定性、定量分析方法有哪些？
4. 质谱法检测原理是什么？

任务一　动物尿液中盐酸克伦特罗（瘦肉精）残留量的检测
——气相色谱-质谱方法

盐酸克伦特罗又称"瘦肉精"，是一种平喘药。该药物既不是兽药，也不是饲料添加剂，而是肾上腺类神经兴奋剂。克伦特罗在家畜和人体内吸收好，而且与其他 β-兴奋剂相比，它的生物利用度高，以致人食用了含有克伦特罗的猪肉会出现中毒。自 2002 年 9 月 10 日起，在中国境内禁止在饲料和动物饮用水中使用盐酸克伦特罗。盐酸克伦特罗可明显促进动物生长，并增加瘦肉率。它能够改变动物体内的代谢途径，促进肌肉特别是骨骼肌中蛋白质的合成，抑制脂肪的合成，从而加快生长速度，瘦肉相对增加，改善胴体品质。饲料中添加了盐酸克伦特罗后，可使猪等畜禽生长速率、饲料转化率、胴体瘦肉率提高 10% 以上。人食用含克伦特罗的猪肉后，重者出现心慌、肌肉震颤、头疼、神经过敏等症状；轻者感觉不明显，长期食用可致"慢性中毒"，引致染色体畸变，诱发恶性肿瘤。

检测技术是决定一个国家食品安全水平的关键。为此，各国都把设置检测机构、建立先进检测标准方法放在重要的地位。本任务通过气相色谱-质谱联用检测动物尿液中的盐酸克伦特罗。对样品在 pH5.2 的缓冲溶液中进行提取。萃取的样液用 C_{18} 和 SCX 小柱，固相萃取净化，分离的药物残留经过双三甲基硅基三氟乙酰胺（BSTFA）衍生后用带有质量选择检测器的气相色谱仪测定。

（一）实训目的
掌握气相色谱-质谱联用检测动物尿液中的盐酸克伦特罗方法。

（二）实训器材及工具

离心泵；真空接头；匀浆机；机械真空泵；涡旋混合器；恒温箱；气相色谱仪 C_{18} 小柱；SCX 小柱等。

（三）试剂和溶液

① 乙酸铵缓冲溶液（20mmol/L，pH 5.2）　溶解 1.45g 乙酸铵于 500～700mL 水中，用乙酸调整 pH 值为 5.2，并稀释到 1L。

② 甲醇。

③ 氨化甲醇（4%）　用甲醇稀释 4mL 氨溶液（相对密度 0.88）至 100mL。

④ 盐酸克伦特罗储备液　精确称取适量的盐酸克伦特罗标准品，用甲醇配成浓度约 1mg/mL 的标准储备液。

⑤ 盐酸克伦特罗标准工作液　将储备液用甲醇稀释为 0.05～2.0μg/mL，存放在冰箱中备用。

⑥ 乙酸乙酯-异丙醇（6＋4）。

⑦ 其他　盐酸；双三甲基硅基三氟乙酰胺（BSTFA）；甲苯。

（四）操作步骤

1. 提取

移取 5mL 尿样于 50mL 具塞的离心管中，用乙酸调 pH 至 5.2，加入 1mL 20mmol/L 的乙酸铵缓冲溶液，再加 10mL 乙酸乙酯-异丙醇（6＋4）混合液，振荡 15min，用滴管收集有机相。用 10mL 乙酸乙酯-异丙醇（6＋4）混合液重复提取一次，合并两次提取的溶液于一玻璃试管中，用氮气吹干后再用 1mL 20mol/L 乙酸铵缓冲溶液溶解。

2. 净化

装好真空泵和接管，将 C_{18} 和 SCX 固相萃取柱按从上到下的顺序安装，依次用 5mL 甲醇、5mL 水和 30mmol/L 盐酸活化。移取上述所得 1mL 溶液至 C_{18} 柱中，用 1mL 20mmol/L乙酸铵缓冲溶液冲洗试管并一起转移至 C_{18} 柱中。依次用 5mL 水、5mL 甲醇淋洗柱子，在溶剂流过固相萃取柱后，保持抽气 5min，使柱中的液体逐渐枯竭，取下 C_{18} 柱，用 5mL 4%氨化甲醇淋洗 SCX 柱，并收集流出液于具塞玻璃试管中。

3. 衍生化、检测

（1）衍生化　用氮气吹干上述流出液，加入 100μL 甲苯和 100μL BSTFA，加盖并于涡旋混合器上震荡，在 80℃ 的烘箱中加热 1h（盖住盖子），冷却后加入 0.30mL 甲苯震荡溶解，转入 2mL 小瓶中。取适量的盐酸克伦特罗标准工作液，同时衍生化。用气质联用仪选择离子监测方式检测。

（2）检测

① GC-MS 条件

色谱柱：HP-5MS 苯基甲基聚硅氧烷，30m×0.25nm（内径），0.25μm（膜厚）。

进样口：220℃。

进样方式：不分流。

进样体积：2μL。

柱温：70℃（保持 0.6min），以 25℃/min 升温至 200℃（保持 6min），以 25℃/min 升温至 280℃（保持 5min）。

载气：氮气。

流速：0.9mL/min（恒流）。

GC-MS 传输线温度：280℃。

溶剂延迟：8min。

EM电压：高于调谐电压200V。

分析器温度：230℃。

四级杆温度：106℃。

选择离子监测：（m/z）86，243，262，277。

② 测定　根据样品中盐酸克伦特罗含量情况，选定峰面积相近的标准工作溶液。标准工作溶液和样品液中盐酸克伦特罗响应值均应在仪器检测线性范围内。对标准工作溶液和样品液等体积参插进样测定。

③ 定性　样品峰与标样的保留时间差不多于2s，匹配度值应大于800，当匹配度值小于800时，应通过人工比较选择离子的丰度，以基峰百分数表示。

（五）计算

$$X = \frac{h \times c_s \times V}{h_s \times m} \tag{4-2-1}$$

式中　X——试样中克伦特罗残留含量，mg/kg；

　　　h——样液中经衍生化盐酸克伦特罗的峰高，mm；

　　　h_s——标准工作液中经衍生化盐酸克伦特罗的峰高，mm；

　　　c_s——标准工作液中盐酸克伦特罗的浓度，μg/mL；

　　　V——样液最终定容体积，mL；

　　　m——最终样液所代表的试样量，g。

注：计算结果需将空白值扣除。

任务二　食品中 N-亚硝基胺类化合物残留量的测定——气相色谱-热能分析仪法（GB/T 5009.26—2003）

试样中 N-亚硝胺经硅藻土吸附或真空低温蒸馏，用二氯甲烷提取、分离。自气相色谱仪分离后的亚硝胺在热解室中经特异性催化裂解产生 NO 基团，后者与臭氧反应生成激发态 NO^*。当激发态 NO^* 返回基态时发射出近红外区光线（600～2800nm）光线。产生的近红外区被光电倍增管检测（600～800nm）。由于特异性催化裂解与冷阱或 CTR 过滤器除去杂质，使热能分析仪仅仅检测 NO 基团，而成为亚硝胺特异性检测器。

（一）实训目的

掌握气相色谱-热能分析仪法检测食品中 N-亚硝基胺类化合物残留量方法。

（二）实训器材及工具

气相色谱仪；热能分析仪；玻璃色谱柱；减压蒸馏装置；K-D 浓缩器；恒温水浴锅。

（三）试剂和溶液

① 二氯甲烷　每批取 100mL 在水浴上用 K-D 浓缩器浓缩至 1mL，在热能分析仪上无阳性响应。如有阳性响应，则需经全玻璃装置重蒸后再试，直至阳性。

② 氢氧化钠溶液（1mol/L）　称取 40g 氢氧化钠（NaOH），用水浴解后定容至 1L。

③ N-亚硝胺标准储备液（200mg/L）　吸取 N-亚硝胺标准品 10μL 置于已加入 5mL 无水乙醇并称重的 50mL 棕色容量瓶中，称重。用无水乙醇稀释定容混匀，分别得到 N-亚硝基二甲胺、N-亚硝基二丙胺、N-亚硝基吗啉的储备液。此溶液用安瓿密封后避光冷藏（−30℃）保存，2 年有效。

④ N-亚硝胺标准使用液　吸取上述 N-亚硝胺标准储备液 100μL，置于 100mL 棕色容

量瓶中，用无水乙醇稀释定容，混匀。此溶液用安瓿密封分装后避光冷藏（4℃）保存，3个月有效。

⑤ 其他 硅藻土；氮气；盐酸；无水硫酸钠等。

（四）分析步骤

1. 提取

（1）甲法：硅藻土吸附 称取 20.00g 预先脱二氧化碳气的试样于 50mL 烧杯中，加 1mL 氢氧化钠溶液和 1mL N-亚硝基二甲胺内标工作液，混匀后备用。将 12g ExtreLut 干法填于色谱柱中，用手敲实。将啤酒试样装于柱顶，平衡 10～15min 后，用 6×5mL 二氯甲烷直接洗脱提取。

（2）乙法：真空低温蒸馏 在双颈蒸馏瓶中加入 50.00g 预先脱二氧化碳气的试样和玻璃珠、4mL 氢氧化钠溶液。混匀后连接好蒸馏装置，在 53.3kPa 真空度低温蒸馏，待试样剩余 10mL 左右时，把真空度调节至 93.3kPa，直至试样蒸馏近干为止。

把蒸馏液移入 250mL 分液漏斗，加 4mL 盐酸（0.1mol/L）用 20mL 二氯甲烷提取三次，每次 3min，合并提取液。用 10g 无水硫酸钠脱水。

2. 浓缩

将二氯甲烷提取液转移至 KD 浓缩器中，于 55℃ 水浴上浓缩至 10mL，再以缓慢的氮气吹至 0.1～1.0mL，备用。

3. 试样测定

（1）气相色谱条件

汽化室温度：220℃。

色谱柱温度：175℃，或从 75℃ 以 5℃/min 速度升至 175℃ 后维持。

色谱柱：内径 2～3mm，长 2～3m 玻璃柱或不锈钢柱，内装涂以固体液 10%（质量分数）聚乙二醇 20M 和氢氧化钾 [10g/L 或 13%（质量分数）]。

（2）热能分析仪条件

接口温度：250℃。

热解室温度：500℃。

真空度：133～266Pa。

冷阱：用液氮调至 −150℃。

4. 测定

分别注入试样浓缩液和 N-亚硝胺标准使用液 5～10μL，利用保留时间定性，峰高或峰面积定量。

（五）计算

$$X = \frac{h_1 \times V_2 \times c \times V}{h_2 \times V_1 \times m} \tag{4-2-2}$$

式中 X——试样中 N-亚硝基二甲胺的含量，μg/kg；

h_1——试样浓缩液中 N-亚硝基二甲胺的峰高（mm）或峰面积值；

h_2——标准使用液中 N-亚硝基二甲胺的峰高（mm）或峰面积值；

c——标准使用液中 N-亚硝基二甲胺的浓度，μg/L；

V_1——试样浓缩液的进行体积，μL；

V_2——标准使用液的进行体积，μL；

V——试样浓缩液的浓缩体积，mL；

m——试样的质量，g。

结果表述：报告结果的算术平均值，保留两位有效数字。

（六）说明与注意事项

（1）适用范围：标准规定了用气相色谱-热能分析仪测定啤酒中挥发性 N-亚硝胺的测定方法。

本法适用于啤酒中 N-亚硝基二甲胺含量的测定。

（2）仪器的最低检出量为 0.1ng，在试样取样量为 50g，浓缩体积为 0.5mL，进样体积为 10μL 时，本方法的最低检出浓度为 1.0μg/kg；在取样量为 20g，浓缩体积为 1.0mL，进行体积为 5μL 时，本方法的最低检出浓度为 0.1μg/kg。

（3）蒸馏接受时，用两次冷凝代替液氮或干冰，现用冷凝水冷却蒸汽，再用冷盐水（－20℃）冷却接收瓶。

（4）允许差：相对误差＜16％。

任务三 原料乳与乳制品中三聚氰胺的测定（GB/T 22388—2008）——液相色谱-质谱/质谱法（LC-MS/MS 法）

三聚氰胺（melamine），又名密胺、氰尿三酰胺。分子式 $C_3H_6N_6$，相对分子质量 126.15，无色至白色晶体，不可燃。少量溶于水、乙二醇、甘油及吡啶，微溶于乙醇，不溶于乙醚、苯、四氯化碳。密度（16℃时）1.573g/cm^3，熔点 354℃（分解）。受热或燃烧时，分解生成含氢化氰、氮氧化物和氨等有毒和刺激性烟雾。三聚氰胺作为化工原料，主要用于生成三聚氰胺-甲醛树脂，同时还广泛用于涂料、塑料、黏合剂、纺织、造纸等工业生产中。三聚氰胺属于低毒急性毒类，动物长期摄入三聚氰胺会造成生殖、泌尿系统的损害，膀胱、肾部结石，并可进一步诱发膀胱癌。三聚氰胺常混合有结构类似的氰尿酸，在摄入人体进入肾细胞后，三聚氰胺会与氰尿酸结合形成结晶沉积，从而造成肾结石并堵塞肾小管，并有可能导致肾衰竭。本任务中将试样用三氯乙酸溶液提取，经阳离子交换固相萃取柱净化后，用液相色谱-质谱/质谱法测定和确证，外标法定量。

（一）实训目的

掌握液相色谱-质谱/质谱法（LC-MS/MS 法）测定原料乳与乳制品中三聚氰胺的方法。

（二）实训器材及工具

液相色谱-质谱/质谱（LC-MS/MS）仪［配有电喷雾离子源（ESI）］；分析天平；离心机；超声波水浴；固相萃取装置；氮气吹干仪；涡旋混合器；具塞塑料离心管；研钵。

（三）试剂和溶液

见表 4-2-1。

表 4-2-1 实训试剂和溶液

试剂/溶液名称	备　注
甲醇	色谱纯
乙腈	色谱纯
氨水	含量为 25％～23％
三氯乙酸	
柠檬酸	
辛烷磺酸钠	色谱纯
甲醇水溶液	准确量取 50mL 甲醇和 50mL 水，混匀后备用
三氯乙酸溶液（1％）	准确称取 10g 三氯乙酸于 1L 容量瓶中，用水溶解并定容至刻度，混匀后备用

试剂/溶液名称	备　　注
氨化甲醇溶液(5%)	准确量取 5mL 氨水和 95mL 甲醇,混匀后备用
离子对试剂缓冲液	准确称取 2.10g 柠檬酸和 2.16g 辛烷磺酸钠,加入约 980mL 水溶解,调节 pH 至 3.0 后,定容至 1L 备用
三聚氰胺标准品	CAS108-78-01,纯度大于 99.0%
三聚氰胺标准储备液	准确称取 100mg(精确到 0.1mg)三聚氰胺标准品于 100mL 容量瓶中,用甲醇水溶液溶解并定容至刻度,配制成浓度为 1mg/mL 的标准储备液,于 4℃避光保存
阳离子交换固相萃取柱	混合型阳离子交换固相萃取柱,基质为苯磺酸化的聚苯乙烯-二乙烯基苯高聚物,填料质量为 60mg,体积为 3mL,或与之相当者。使用前依次用 3mL 甲醇、5mL 水活化
定性滤纸	
海砂	化学纯,粒度 0.65～0.85mm,二氧化硅(SiO_2)含量为 99%
微孔滤膜	0.2μm,有机相
氮气	纯度≥99.999%

注:除非另有说明,所有试剂均为分析纯,水为 GB/T 6682 规定的一级水。

(四) 操作步骤

1. 样品处理

(1) 提取

① 液态奶、奶粉、酸奶、冰淇淋和奶糖等　称取 1g(精确至 0.01g)试样于 50mL 具塞塑料离心管中,加入 8mL 三氯乙酸溶液和 2mL 乙腈,超声提取 10min,再震荡提取 10min 后,以不低于 4000r/min 离心 10min。上清液经三氯乙酸溶液润湿的滤纸后,作待净化液。

② 奶酪、奶油和巧克力等　称取 1g(精确至 0.01g)试样于研钵中,加入适量海砂(试样质量的 4～6 倍)研磨成干粉状,转移至 50mL 具塞塑料离心管中,加入 8mL 三氯乙酸溶液分数次清洗研钵,清洗液转入离心管中,再加入 2mL 乙醇,余下操作与①液态奶、奶粉、酸奶、冰淇淋和奶糖等中自"超声提取 10min……"起相同。

注:若样品中脂肪含量较高,可以用三氯乙酸溶液饱和的正己烷液-液分配除脂后再用 SPE 柱净化。

(2) 净化　将提取步骤中的待净化液转移至固相萃取柱中。依次用 3mL 水和 3mL 甲醇洗涤,抽至近干后,用 6mL 氨化甲醇溶液洗脱。整个固相萃取过程流速不超过 1mL/min。洗脱液于 50℃下用氮气吹干,残留物(相当于 1g 试样)用 1mL 流动相定容,涡旋混合 1min,过微孔滤膜后,供 LC-MS/MS 测定。

2. 液相色谱-质谱/质谱测定

(1) LC 参考条件

色谱柱:强阳离子交换与反相 C_{18} 混合填料,混合比例 (1:4),150mm×2.0mm (i.d.),5μm,或与之相当者。

流动相:等体积的乙酸铵溶液和乙腈充分混合,用乙酸调节至 pH 3.0 后备用。

进样量:10μL。

柱温:40℃。

流速:0.2mL/min。

(2) MS/MS 参考条件

① 电离方式:电喷雾电离,正离子。

② 离子喷雾电压:4kV。

③ 雾化气:氮气,流速 10L/min,温度 350℃。

④ 碰撞气:氮气。

⑤ 分辨率：Q1（单位）Q3（单位）。

⑥ 扫描模式：多反应监测（MRM），母离子 m/z 127，定量子离子 m/z 85，定性子离子 m/z 68。

⑦ 停留时间：0.3s。

⑧ 裂解电压：100V。

⑨ 碰撞能量：m/z 127＞85 为 20V，m/z 127＞68 为 35V。

（3）标准曲线的绘制　取空白样品同法进行样品处理。用所得的样品溶液将三聚氰胺标准储备液逐级稀释得到的浓度为 0.01μg/mL、0.05μg/mL、0.1μg/mL、0.2μg/mL、0.5μg/mL 的标准工作液，按浓度由低到高进样检测，以定量子离子峰面积-浓度作图，得到标准曲线回归方程。基质匹配加标三聚氰胺的样品 LC-MS/MS 多反应检测质量色谱图参见图 4-2-1。

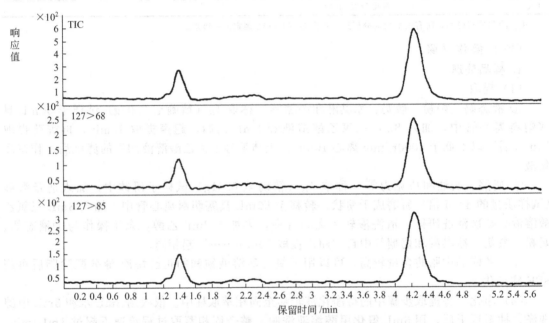

图 4-2-1　基质匹配加标三聚氰胺的样品 LC-MS/MS 多反应检测质量色谱图
保留时间 4.2min，定性离子 m/z 127＞85 和 m/z 127＞68

（4）定量测定　待测样液中三聚氰胺的响应值应在标准曲线性范围内，超过线性范围则应稀释后再进样分析。

（5）定性判定　按照上述条件测定试样和标准工作溶液，如果试样中的质量色谱峰保留时间与标准工作溶液一致（变化范围在±2.5％之内），样品中目标中目标化合物的两个子离子的相对丰度与浓度相当标准溶液的相对丰度一致，相对丰度偏差不超过表 4-2-2 的测定，则可判断样品中存在三聚氰胺。

表 4-2-2　定性离子相对丰度的最大允许偏差

相对离子丰度	允许的相对偏差	相对离子丰度	允许的相对偏差
＞50％	±20％	＞10％至 20％	±30％
＞20％至 50％	±25％	≤10％	±50％

（五）结果计算

试样中三聚氰胺的含量由色谱数据处理软件或按式计算获得：

$$X = \frac{A \times c \times V}{A_s \times m} \times F \qquad (4\text{-}2\text{-}3)$$

式中　X ——试样中三聚氰胺的含量，mg/kg；

　　　c ——标准溶液中三聚氰胺的浓度，μg/mL；

　　　V ——样液最终定容体积，mL；

　　　A ——试样中三聚氰胺的峰面积；

　　　A_s ——标准溶液中三聚氰胺的峰面积；

　　　m ——试样的质量，g；

　　　F ——稀释倍数。

空白试验：除不可取样品外，均按上述测定条件和步骤进行。

方法定量限：本方法的定量限为 0.01mg/kg。

回收率：在添加浓度 0.01～0.5mg/kg 浓度范围内，回收率在 80％～110％之间，相对标准偏差小于 10％。

允许差：在重复性条件下获得的两次独立测定结果的绝对差值不得超过算数平均值的 15％。

班级：＿＿＿＿＿＿　组别：＿＿＿＿＿＿　姓名：＿＿＿＿＿＿

项目考核		评价内涵与标准	项目内权重/%	学生自评 20%	学生互评 30%	教师评价 50%
考核内容	指标分解					
知识内容	色谱的定义、色谱的分类、色谱和质谱的原理、色谱定性定量方法以及常见联用技术方法原理、常用联用检测技术方法	结合学生自查资料，熟练识读色谱的定义、色谱的分类、色谱和质谱的原理、色谱定性定量方法以及常见联用技术方法原理、常用联用检测技术方法，使学生对色谱联用技术的基础知识有良好的认识	20			
项目完成度	联用技术的任务、联用技术的要素	实训前物质、设备准备、预备情况，正确分析过程各要素	10			
	实训过程	实训操作的标准化、规范化程度	20			
		知识应用能力，应变能力，能正确地分析和解决遇到的问题	10			
	检测结果分析及优化	检测结果分析的表达与展示，能准确表达结果，准确回答师生提出的疑问	20			
表现	配合默契的伙伴	能正确、全面获取信息并进行有效的归纳	5			
		能积极参与合成方案的制定，进行小组讨论，提出自己的建议和意见	5			
	团队协作	善于沟通，积极与他人合作完成任务，能正确分析和解决遇到的问题	5			
		遵守纪律、着装与总体表现	5			
综合评分						
综合评语						

思考题

1. 色谱定性、定量方法是怎样的？
2. 简述常见联用技术方法原理，介绍几种常用联用检测技术方法。
3. 规范化操作并完成典型联用检测项目。

项目小结

色谱法对于混合物的分离是非常有效的手段，但受检测器限制，难以进行明确的定性和结构鉴定。而光谱分析技术对被测物的纯度要求较高，不适于混合物的分析，但却可以给出纯化合物的分子结构信息。采用色谱法和光谱法的联用，不仅能发挥各自的优点，而且可以弥补相互的不足。色谱联用技术主要包括气相色谱-质谱联用技术、液相色谱-质谱联用技术、液相色谱-气相色谱联用技术、色谱-固相微萃取联用技术、色谱-核磁共振联用技术、色谱-红外光谱联用技术等。食品检测中常用的联用技术主要是气相色谱-质谱联用技术、液相色谱-质谱联用技术。

色谱法根据不同的标准可以分为多种类型：根据固定相基质的形式分类，可以分为纸色谱、薄层色谱和柱色谱；根据流动相的形式分类，可以分为液相色谱和气相色谱；根据分离的原理不同分类，主要可以分为吸附色谱、分配色谱、凝胶过滤色谱、离子交换色谱、亲和色谱等。

各种色谱定性定量方法一致。色谱定性方法主要有五种：保留时间定性、利用不同检测方法定性、保留指数定性、柱前或柱后化学反应定性、与其他仪器联用定性。色谱定量分析方法有五种：校正因子定量、归一化法定量、外标法定量、内标法定量、标准加入法定量。

质谱分析是一种测量离子荷质比（电荷-质量比）的分析方法，其基本原理是使试样中各组分在离子源中发生电离，生成不同荷质比的带正电荷的离子，经加速电场的作用，形成离子束，进入质量分析器。在质量分析器中，再利用电场和磁场使发生相反的速度色散，将它们分别聚焦而得到质谱图，从而确定其质量。

根据现代食品检验工、化学分析工的职业要求，检测分析人员应在掌握这些快速检测方法原理基础上，能够规范化地操作相关仪器设备，使用试剂材料，正确进行检测过程，准确分析计算表达检测结果。

附录一　观测锤度温度校正表

（标准温度 20℃）

温度/℃	观测锤度 温度低于20℃时读数应减之数																										
	0	1	2	3	4	5	6	7	8	9	10	11	12	13	14	15	16	17	18	19	20	21	22	23	24	25	30
0	0.30	0.34	0.36	0.41	0.45	0.49	0.52	0.55	0.59	0.62	0.65	0.67	0.70	0.72	0.75	0.77	0.79	0.82	0.84	0.87	0.89	0.91	0.93	0.95	0.97	0.99	1.08
5	0.36	0.38	0.40	0.43	0.45	0.47	0.49	0.51	0.52	0.54	0.56	0.58	0.50	0.61	0.63	0.65	0.67	0.68	0.7	0.71	0.73	0.74	0.75	0.76	0.77	0.80	0.86
10	0.32	0.33	0.34	0.36	0.37	0.38	0.39	0.40	0.41	0.42	0.43	0.44	0.15	0.46	0.47	0.48	0.49	0.50	0.50	0.51	0.52	0.53	0.54	0.55	0.56	0.57	0.60
1/2	0.31	0.32	0.33	0.34	0.35	0.36	0.37	0.38	0.39	0.40	0.41	0.42	0.13	0.44	0.45	0.46	0.47	0.48	0.48	0.49	0.50	0.51	0.52	0.52	0.53	0.54	0.57
11	0.31	0.32	0.33	0.33	0.34	0.35	0.36	0.37	0.38	0.39	0.40	0.41	0.12	0.42	0.43	0.44	0.45	0.46	0.46	0.47	0.48	0.49	0.49	0.50	0.50	0.51	0.55
1/2	0.30	0.31	0.31	0.32	0.32	0.33	0.34	0.35	0.36	0.37	0.38	0.39	0.10	0.40	0.41	0.42	0.43	0.43	0.44	0.44	0.45	0.46	0.46	0.47	0.47	0.48	0.52
12	0.29	0.30	0.30	0.31	0.31	0.32	0.33	0.34	0.34	0.35	0.36	0.37	0.38	0.38	0.39	0.40	0.41	0.41	0.42	0.42	0.43	0.44	0.44	0.45	0.45	0.46	0.50
1/2	0.27	0.28	0.28	0.29	0.29	0.3	0.31	0.32	0.32	0.33	0.34	0.35	0.35	0.36	0.36	0.37	0.38	0.38	0.39	0.39	0.40	0.41	0.41	0.42	0.42	0.43	0.47
13	0.26	0.27	0.28	0.28	0.28	0.29	0.30	0.30	0.31	0.31	0.32	0.33	0.33	0.34	0.34	0.35	0.36	0.36	0.37	0.37	0.38	0.39	0.39	0.40	0.40	0.41	0.44
1/2	0.25	0.25	0.27	0.26	0.26	0.27	0.28	0.28	0.29	0.29	0.30	0.31	0.31	0.32	0.32	0.33	0.34	0.34	0.35	0.35	0.36	0.36	0.37	0.37	0.38	0.38	0.41
14	0.24	0.24	0.24	0.25	0.25	0.26	0.27	0.27	0.28	0.28	0.29	0.29	0.30	0.30	0.31	0.31	0.32	0.32	0.33	0.33	0.34	0.34	0.35	0.35	0.36	0.36	0.38
1/2	0.22	0.22	0.22	0.23	0.23	0.24	0.24	0.25	0.25	0.26	0.26	0.26	0.27	0.27	0.28	0.28	0.29	0.29	0.30	0.30	0.31	0.31	0.32	0.32	0.33	0.33	0.35
15	0.20	0.20	0.20	0.20	0.21	0.22	0.22	0.23	0.23	0.24	0.24	0.24	0.25	0.25	0.26	0.26	0.26	0.27	0.27	0.28	0.28	0.28	0.29	0.29	0.30	0.30	0.32

观测锤度

温度低于20℃时读数应减之数 / 温度高于20℃时读数应加之数

温度/°C	0	1	2	3	4	5	6	7	8	9	10	11	12	13	14	15	16	17	18	19	20	21	22	23	24	25	30
1/2	0.18	0.18	0.18	0.18	0.19	0.20	0.20	0.21	0.21	0.22	0.22	0.22	0.23	0.23	0.24	0.24	0.24	0.24	0.25	0.25	0.25	0.25	0.26	0.26	0.27	0.27	0.29
16	0.17	0.17	0.17	0.18	0.18	0.18	0.18	0.19	0.19	0.20	0.20	0.20	0.21	0.21	0.22	0.22	0.22	0.22	0.23	0.23	0.23	0.23	0.24	0.24	0.25	0.25	0.26
1/2	0.15	0.15	0.15	0.16	0.16	0.16	0.16	0.16	0.17	0.17	0.17	0.17	0.18	0.18	0.19	0.19	0.19	0.19	0.20	0.20	0.20	0.20	0.21	0.21	0.22	0.22	0.23
17	0.13	0.13	0.13	0.14	0.14	0.14	0.14	0.14	0.15	0.15	0.15	0.15	0.16	0.16	0.16	0.16	0.16	0.16	0.17	0.17	0.18	0.18	0.18	0.18	0.19	0.19	0.20
1/2	0.11	0.11	0.11	0.12	0.12	0.12	0.12	0.12	0.12	0.12	0.12	0.12	0.12	0.13	0.13	0.13	0.13	0.13	0.14	0.14	0.14	0.14	0.15	0.16	0.16	0.16	0.16
18	0.09	0.09	0.09	0.10	0.10	0.10	0.10	0.10	0.10	0.10	0.10	0.10	0.10	0.11	0.11	0.11	0.11	0.11	0.12	0.12	0.12	0.12	0.12	0.13	0.13	0.13	0.13
1/2	0.07	0.07	0.07	0.07	0.07	0.07	0.07	0.07	0.07	0.07	0.07	0.07	0.07	0.08	0.08	0.08	0.08	0.08	0.09	0.09	0.09	0.09	0.09	0.09	0.09	0.09	0.1
19	0.05	0.05	0.05	0.05	0.05	0.05	0.05	0.05	0.05	0.05	0.05	0.05	0.05	0.06	0.06	0.06	0.06	0.06	0.06	0.06	0.06	0.06	0.06	0.06	0.06	0.06	0.07
1/2	0.03	0.03	0.03	0.03	0.03	0.03	0.03	0.04	0.04	0.04	0.04	0.04	0.05	0.05	0.06	0.06	0.06	0.06	0.06	0.06	0.06	0.06	0.06	0.06	0.06	0.06	0.07
20	0	0	0	0	0	0	0	0	0	0	0	0	0	0	0	0	0	0	0	0	0	0	0	0	0	0	0
1/2	0.02	0.02	0.02	0.03	0.03	0.03	0.03	0.04	0.04	0.04	0.03	0.03	0.03	0.03	0.03	0.03	0.03	0.03	0.03	0.03	0.03	0.03	0.03	0.03	0.04	0.04	0.04
21	0.04	0.04	0.04	0.05	0.05	0.05	0.05	0.05	0.06	0.06	0.06	0.06	0.06	0.06	0.06	0.06	0.06	0.06	0.06	0.06	0.06	0.06	0.06	0.07	0.07	0.07	0.07
1/2	0.07	0.07	0.07	0.08	0.08	0.08	0.08	0.08	0.09	0.09	0.09	0.09	0.09	0.09	0.09	0.09	0.09	0.09	0.09	0.09	0.09	0.09	0.09	0.10	0.10	0.10	0.11
22	0.10	0.10	0.10	0.10	0.10	0.10	0.10	0.10	0.11	0.11	0.11	0.11	0.11	0.12	0.12	0.12	0.12	0.12	0.12	0.12	0.12	0.12	0.12	0.13	0.13	0.13	0.14
1/2	0.13	0.13	0.13	0.13	0.13	0.13	0.13	0.13	0.14	0.14	0.14	0.14	0.14	0.15	0.15	0.15	0.15	0.15	0.16	0.16	0.16	0.16	0.16	0.17	0.17	0.17	0.18
23	0.16	0.16	0.16	0.16	0.16	0.16	0.16	0.16	0.17	0.17	0.17	0.17	0.17	0.18	0.17	0.17	0.17	0.18	0.18	0.19	0.19	0.19	0.19	0.20	0.20	0.20	0.21
1/2	0.19	0.19	0.19	0.19	0.19	0.19	0.19	0.19	0.20	0.20	0.20	0.20	0.20	0.21	0.21	0.21	0.21	0.22	0.22	0.23	0.23	0.23	0.23	0.24	0.24	0.24	0.25
24	0.21	0.21	0.21	0.22	0.22	0.22	0.22	0.22	0.23	0.23	0.23	0.23	0.23	0.24	0.24	0.24	0.24	0.25	0.25	0.26	0.26	0.26	0.26	0.27	0.27	0.27	0.28
1/2	0.24	0.24	0.24	0.25	0.25	0.25	0.26	0.26	0.26	0.27	0.27	0.27	0.27	0.28	0.28	0.28	0.28	0.28	0.29	0.29	0.29	0.29	0.30	0.30	0.31	0.31	0.32
25	0.27	0.27	0.27	0.28	0.28	0.28	0.28	0.29	0.29	0.30	0.30	0.30	0.30	0.31	0.31	0.31	0.31	0.31	0.32	0.32	0.32	0.32	0.33	0.33	0.34	0.34	0.35
1/2	0.30	0.30	0.30	0.31	0.31	0.31	0.31	0.32	0.32	0.33	0.33	0.33	0.33	0.34	0.34	0.34	0.34	0.35	0.35	0.36	0.36	0.36	0.36	0.37	0.37	0.37	0.39

温度/℃	观测锤度																										
	0	1	2	3	4	5	6	7	8	9	10	11	12	13	14	15	16	17	18	19	20	21	22	23	24	25	30
	温度高于20℃时读数应加之数																										
26	0.33	0.33	0.33	0.34	0.34	0.34	0.34	0.35	0.35	0.36	0.36	0.36	0.36	0.37	0.37	0.37	0.33	0.38	0.39	0.39	0.39	0.40	0.40	0.40	0.40	0.40	0.42
1/2	0.37	0.37	0.37	0.38	0.38	0.38	0.38	0.38	0.39	0.39	0.39	0.39	0.40	0.40	0.41	0.41	0.41	0.42	0.42	0.43	0.43	0.43	0.43	0.44	0.44	0.44	0.46
27	0.40	0.40	0.41	0.41	0.41	0.41	0.41	0.41	0.42	0.42	0.42	0.42	0.43	0.43	0.44	0.44	0.41	0.45	0.45	0.46	0.46	0.47	0.47	0.48	0.48	0.48	0.50
1/2	0.43	0.43	0.44	0.44	0.44	0.44	0.44	0.45	0.45	0.46	0.46	0.46	0.47	0.47	0.48	0.48	0.43	0.49	0.49	0.50	0.50	0.51	0.51	0.52	0.52	0.52	0.54
28	0.46	0.46	0.47	0.47	0.47	0.47	0.47	0.48	0.48	0.49	0.49	0.49	0.50	0.50	0.51	0.51	0.52	0.52	0.53	0.53	0.54	0.55	0.55	0.55	0.56	0.56	0.58
1/2	0.50	0.50	0.51	0.51	0.51	0.51	0.51	0.52	0.52	0.53	0.53	0.53	0.54	0.54	0.55	0.55	0.55	0.56	0.57	0.57	0.58	0.59	0.59	0.59	0.60	0.60	0.62
29	0.54	0.54	0.55	0.55	0.55	0.55	0.55	0.56	0.56	0.56	0.56	0.57	0.57	0.58	0.58	0.59	0.53	0.60	0.60	0.61	0.61	0.62	0.62	0.62	0.63	0.63	0.66
1/2	0.58	0.58	0.59	0.59	0.59	0.59	0.59	0.59	0.60	0.60	0.60	0.61	0.62	0.62	0.62	0.63	0.63	0.64	0.64	0.65	0.65	0.66	0.66	0.66	0.67	0.67	0.70
30	0.61	0.61	0.62	0.62	0.62	0.62	0.62	0.63	0.63	0.63	0.63	0.64	0.64	0.65	0.65	0.66	0.63	0.67	0.67	0.68	0.68	0.69	0.69	0.69	0.70	0.70	0.73
1/2	0.65	0.65	0.66	0.66	0.66	0.66	0.66	0.67	0.67	0.67	0.67	0.68	0.68	0.69	0.69	0.70	0.70	0.71	0.71	0.72	0.72	0.73	0.73	0.74	0.74	0.75	0.78
31	0.69	0.69	0.70	0.70	0.70	0.70	0.70	0.70	0.71	0.71	0.71	0.72	0.72	0.73	0.73	0.74	0.74	0.75	0.75	0.76	0.76	0.77	0.77	0.78	0.78	0.79	0.82
1/2	0.73	0.73	0.74	0.74	0.74	0.74	0.74	0.74	0.75	0.75	0.75	0.76	0.76	0.77	0.77	0.78	0.79	0.79	0.80	0.80	0.81	0.81	0.82	0.82	0.83	0.83	0.86
32	0.76	0.76	0.77	0.78	0.78	0.78	0.78	0.78	0.79	0.79	0.79	0.80	0.80	0.81	0.81	0.82	0.83	0.83	0.84	0.84	0.85	0.85	0.86	0.86	0.87	0.87	0.90
1/2	0.80	0.80	0.81	0.82	0.82	0.82	0.82	0.83	0.83	0.83	0.83	0.84	0.84	0.85	0.85	0.86	0.87	0.87	0.88	0.88	0.89	0.89	0.90	0.90	0.91	0.92	0.95
33	0.84	0.84	0.85	0.85	0.85	0.85	0.85	0.86	0.86	0.86	0.86	0.87	0.88	0.88	0.89	0.90	0.91	0.91	0.92	0.92	0.93	0.94	0.94	0.95	0.95	0.96	0.99
1/2	0.88	0.88	0.89	0.89	0.89	0.89	0.89	0.89	0.90	0.90	0.90	0.91	0.92	0.92	0.93	0.94	0.95	0.95	0.96	0.97	0.98	0.98	0.99	0.99	1.00	1.00	1.03
34	0.91	0.91	0.92	0.93	0.93	0.93	0.93	0.93	0.94	0.94	0.94	0.95	0.96	0.96	0.97	0.98	0.99	1.00	1.00	1.01	1.02	1.02	1.03	1.03	1.04	1.04	1.07
1/2	0.95	0.95	0.96	0.97	0.97	0.97	0.97	0.98	0.98	0.98	0.98	0.99	0.99	1.00	1.01	1.02	1.03	1.04	1.04	1.05	1.06	1.07	1.07	1.08	1.08	1.09	1.12
35	0.99	0.99	1.00	1.01	1.01	1.01	1.01	1.01	1.02	1.02	1.02	1.03	1.04	1.05	1.00	1.06	1.07	1.08	1.08	1.09	1.10	1.11	1.11	1.12	1.12	1.13	1.16
40	1.42	1.43	1.44	1.44	1.44	1.45	1.45	1.46	1.47	1.47	1.47	1.48	1.49	1.50	1.50	1.51	1.52	1.53	1.53	1.54	1.54	1.55	1.55	1.56	1.56	1.57	1.62

附录一　观测锤度温度校正表

附录二 乳稠计读数换算为 15℃时的度数对照表

乳稠计读数	鲜乳温度/℃													
	8	9	10	11	12	13	14	15	16	17	18	19	20	21
15	14.2	14.3	14.4	14.5	14.6	14.7	14.8	15	15.1	15.2	15.4	15.6	15.8	16
16	15.2	15.3	15.4	15.5	15.6	15.7	15.8	16	16.1	16.3	16.5	16.7	16.9	17.1
17	16.2	16.3	16.4	16.5	16.6	16.7	16.8	17	17.1	17.3	17.5	17.7	17.9	18.1
18	17.2	17.3	17.4	17.5	17.6	17.7	17.8	18	18.1	18.3	18.5	18.7	18.9	19.1
19	18.2	18.3	18.4	18.5	18.6	18.7	18.8	19	19	19.3	19.5	19.7	19.9	20.1
20	19.1	19.2	19.3	19.4	19.5	19.6	19.8	20	20.1	20.3	20.5	20.7	20.9	21.1
21	20.1	20.2	20.3	20.4	20.5	20.6	20.8	21	21.2	21.4	21.6	21.8	22	22.2
22	21.1	21.2	21.3	21.4	21.5	21.6	21.8	22	22.2	22.4	22.6	22.8	23	23.4
23	22.1	22.2	22.3	22.4	22.5	22.6	22.8	23	23.2	23.4	23.6	23.8	24	24.2
24	23.1	23.2	23.3	23.4	23.5	23.6	23.8	24	24.2	24.4	24.6	24.8	25	25.2
25	24	24.1	24.2	24.3	24.5	24.6	24.8	25	25.2	25.4	25.6	25.8	26	26.2
26	25	25.1	25.2	25.3	25.5	25.6	25.8	26	26.2	26.4	26.6	26.9	27.1	27.3
27	26	26.1	26.2	26.3	26.4	26.6	26.8	27	27.2	27.4	27.6	27.9	28.1	28.4
28	26.9	27	27.1	27.2	27.4	27.6	27.8	28	28.2	28.4	28.6	28.9	29.2	29.4
29	27.8	27.9	28.1	28.2	28.4	28.6	28.8	29	29.2	29.4	29.6	29.9	30.2	30.4
30	28.7	28.9	29	29.2	29.4	29.6	29.8	30	30.2	30.4	30.6	30.9	31.2	31.4
31	29.7	29.8	30	30.2	30.4	30.6	30.8	31	31.2	31.4	31.6	32	32.2	32.5
32	30.6	20.8	31	31.2	31.4	31.6	31.8	32	32.2	32.4	32.7	33	33.3	33.6
33	31.6	31.8	32	32.2	32.4	32.6	32.8	33	33.2	33.4	33.7	34	34.3	34.7
34	32.6	32.8	32.8	33.1	33.3	33.6	33.8	34	34.2	34.4	34.7	35	35.3	35.6
35	33.6	33.7	33.8	34	34.2	34.4	34.8	35	35.2	35.4	35.7	36	36.3	36.6

附录三 相当于氧化亚铜质量的葡萄糖、果糖、乳糖、转化糖质量表

单位：mg

氧化亚铜	葡萄糖	果糖	乳糖	转化糖	氧化亚铜	葡萄糖	果糖	乳糖	转化糖
11.3	4.6	5.1	7.7	5.2	59.7	25.6	28.2	40.6	27.0
12.4	5.1	5.6	8.5	5.7	60.8	26.1	28.7	41.4	27.6
13.5	5.6	6.1	9.3	6.2	61.9	26.5	29.2	42.1	28.1
14.6	6.0	6.7	10.0	6.7	63.0	27.0	29.8	42.9	28.6
15.8	6.5	7.2	10.8	7.2	64.2	27.5	30.3	43.7	29.1
16.9	7.0	7.7	11.5	7.7	65.3	28.0	30.9	44.4	29.6
18.0	7.5	8.3	12.3	8.2	66.4	28.5	31.4	45.2	30.1
19.1	8.0	8.8	13.1	8.7	67.6	29.0	31.9	46.0	30.6
20.3	8.5	9.3	13.8	9.2	68.7	29.5	32.5	46.7	31.2
21.4	8.9	9.9	14.6	9.7	69.8	30.0	33.0	47.5	31.7
22.5	9.4	10.4	15.4	10.2	70.9	30.5	33.6	48.3	32.2
23.6	9.9	10.9	16.1	10.7	72.1	31.0	34.1	49.0	32.7
24.8	10.4	11.5	16.9	11.2	73.2	31.5	34.7	49.8	33.2
25.9	10.9	12.0	17.7	11.7	74.3	32.0	35.2	50.6	33.7
27.0	11.4	12.5	18.4	12.3	75.4	32.5	35.8	51.3	34.3
28.1	11.9	13.1	19.2	12.8	76.6	33.0	36.3	52.1	34.8
29.3	12.3	13.6	19.9	13.3	77.7	33.5	36.8	52.9	35.3
30.4	12.8	14.2	20.7	13.8	78.8	34.0	37.4	53.6	35.8
31.5	13.3	14.7	21.5	14.3	79.9	34.5	37.9	54.4	36.3
32.6	13.8	15.2	22.2	14.8	81.1	35.0	38.5	55.2	36.8
33.8	14.3	15.8	23.0	15.3	82.2	35.5	39.0	55.9	37.4
34.9	14.8	16.0	23.8	15.8	83.3	36.0	39.6	56.7	37.9
36.0	15.3	16.8	24.5	16.3	84.4	36.5	40.1	57.5	38.4
37.2	15.7	17.4	25.3	16.8	85.6	37.0	40.7	58.2	38.9
38.3	16.2	17.9	26.1	17.3	86.7	37.5	41.2	59.0	39.4
39.4	16.7	18.4	26.8	17.8	87.8	38.0	41.7	59.8	40.0
40.5	17.2	19.0	27.6	18.3	88.9	38.5	42.3	60.5	40.5
41.7	17.7	19.5	28.4	18.9	90.1	39.0	42.8	61.3	41.0
42.8	18.2	20.1	29.1	19.4	91.2	39.5	43.4	62.1	41.5
43.9	18.7	20.6	29.9	19.9	92.3	40.0	43.9	62.8	42.0
45.0	19.2	21.1	30.6	20.4	93.4	40.5	44.5	63.6	42.6
46.2	19.7	21.7	31.4	20.9	94.6	41.0	45.0	64.4	43.1
47.3	20.1	22.2	32.2	21.4	95.7	41.5	45.6	65.1	43.6
48.4	20.6	22.8	32.9	21.9	96.8	42.0	46.1	65.9	44.1
49.5	21.1	23.3	33.7	22.4	97.9	42.5	46.7	66.7	44.7
50.7	21.6	23.8	34.5	22.9	99.1	43.0	47.2	67.4	45.2
51.8	22.1	24.4	35.2	23.5	100.2	43.5	47.8	68.2	45.7
52.9	22.6	24.9	36.0	24.0	100.3	44.0	48.3	69.0	46.2
54.0	23.1	25.4	36.8	24.5	100.5	44.5	48.9	69.7	46.7
55.2	23.6	26.0	37.5	25.0	100.6	45.0	49.4	70.5	47.3
56.3	24.1	26.5	38.3	25.5	100.7	45.5	50.0	71.3	47.8
57.4	24.6	27.1	39.1	26.0	105.8	46.0	50.5	72.1	48.3
58.5	25.1	27.6	39.8	26.5	107.0	46.5	51.1	72.8	48.8

氧化亚铜	葡萄糖	果糖	乳糖	转化糖	氧化亚铜	葡萄糖	果糖	乳糖	转化糖
108.1	47.0	51.6	73.6	49.4	157.6	69.5	107.5	107.5	72.7
109.2	47.5	52.2	74.4	49.9	158.7	70.0	108.3	108.3	73.2
110.3	48.0	52.7	75.1	50.4	159.9	70.5	109.0	109.0	73.8
111.5	48.5	53.3	75.9	50.9	161.0	71.1	109.8	109.8	74.3
112.6	49.0	53.8	76.7	51.5	162.1	71.6	110.6	110.6	74.9
113.7	49.5	54.4	77.4	52.0	163.2	72.1	111.4	111.4	75.4
114.8	50.0	54.9	78.2	52.5	164.4	72.6	112.1	112.1	75.9
116.0	50.6	55.5	79.0	53.0	165.5	73.1	112.9	112.9	76.5
117.1	51.1	56.0	79.7	53.6	166.6	73.3	113.7	113.7	77.0
118.2	51.6	56.6	80.5	54.1	167.8	74.2	114.4	114.4	77.6
119.3	52.1	57.1	81.3	54.6	168.9	74.7	115.2	115.2	78.1
120.5	52.6	57.7	82.1	55.2	170.0	75.2	116.0	116.0	78.6
121.6	53.1	58.2	82.8	55.7	171.1	75.7	116.8	116.8	79.2
122.7	53.6	58.8	83.6	56.2	172.3	76.3	117.5	117.5	79.7
123.8	54.1	84.4	84.4	56.7	173.4	76.8	118.3	118.3	80.3
125.0	54.6	85.1	85.1	57.3	174.5	77.3	119.1	119.1	80.8
126.1	55.1	85.9	85.9	57.8	175.6	77.8	119.9	119.9	81.3
127.2	55.6	86.7	86.7	58.3	176.8	78.3	120.6	120.6	81.9
128.3	56.1	87.4	87.4	58.9	177.9	78.9	121.4	121.4	82.4
129.5	56.7	88.2	88.2	59.4	179.0	79.4	122.2	122.2	83.0
130.6	57.2	89.0	89.0	59.9	180.1	79.9	122.9	122.9	83.5
131.7	57.7	89.8	89.8	60.4	181.3	80.4	123.7	123.7	84.0
132.8	58.2	90.5	90.5	61.0	182.4	81.0	124.5	124.5	84.6
134.0	58.7	1.3	91.3	61.5	183.5	81.5	125.3	125.3	85.1
135.1	59.2	92.1	92.1	62.0	184.5	82.0	126.0	126.0	85.7
136.2	59.7	92.8	92.8	62.6	185.8	82.5	126.8	126.8	86.2
137.4	60.2	93.6	93.6	63.1	186.9	83.1	127.6	127.6	86.8
138.5	60.7	94.4	94.4	63.6	188.0	83.6	128.4	128.4	87.3
139.6	61.3	95.2	95.2	64.2	189.1	84.1	91.8	129.1	87.8
140.7	61.8	95.9	95.9	64.7	190.3	84.6	92.3	129.9	88.4
141.9	62.3	96.7	96.7	65.2	191.4	85.2	92.9	130.7	88.9
143.0	62.8	97.5	97.5	65.8	192.5	85.7	93.5	131.5	89.5
144.1	63.3	98.2	98.2	66.3	193.6	86.2	94.0	132.2	90.0
145.2	63.8	99.0	99.0	66.8	194.8	86.7	94.6	133.0	90.6
146.4	64.3	99.8	99.8	67.4	195.9	87.3	95.2	133.8	91.1
147.5	64.9	100.6	100.6	67.9	197.0	87.8	95.7	134.6	91.7
148.6	65.4	101.3	101.3	68.4	198.1	88.3	96.3	135.3	92.2
149.7	65.9	102.1	102.1	69.0	199.3	88.9	96.9	136.1	92.8
150.9	66.4	102.9	102.9	69.5	200.4	89.4	97.4	136.9	93.3
152.0	66.9	103.6	103.6	70.0	201.5	89.9	98.0	137.7	93.8
153.1	67.4	104.4	104.4	70.6	202.7	90.4	98.6	138.4	94.4
154.2	68.0	105.2	105.2	71.1	233.8	91.0	99.2	139.2	94.9
155.4	68.5	106.0	106.0	71.6	204.9	91.5	99.7	140.0	95.5
156.5	69.0	106.7	106.7	72.2	206.0	92.0	100.3	140.8	96.0

氧化亚铜	葡萄糖	果糖	乳糖	转化糖	氧化亚铜	葡萄糖	果糖	乳糖	转化糖
207.2	92.6	100.9	141.5	96.6	256.7	116.2	126.1	175.7	121.0
208.3	93.1	101.4	142.3	97.1	257.8	116.7	126.7	176.5	121.6
209.4	93.6	102.0	143.1	97.7	258.9	117.3	127.3	177.3	122.1
210.5	94.2	102.6	143.9	98.2	260.1	117.8	127.9	178.1	122.7
211.7	94.7	103.1	144.6	98.8	261.2	118.4	128.4	178.8	123.3
212.8	95.2	103.7	145.4	99.3	262.3	118.9	129.0	179.6	123.8
213.9	95.7	104.3	146.2	99.9	263.4	119.5	129.6	180.4	124.4
215.0	96.3	104.8	147.0	100.4	264.6	120.0	130.2	181.2	124.9
216.2	96.8	105.4	147.7	101.0	265.7	120.6	130.8	181.9	125.5
217.3	97.3	106.0	148.5	101.5	266.8	121.1	131.3	182.7	126.1
218.4	97.9	106.6	149.3	102.1	268.0	121.7	131.9	183.5	126.6
219.5	98.4	107.1	150.1	102.6	269.1	122.2	132.5	184.3	127.2
220.7	98.9	107.7	150.8	103.2	270.2	122.7	133.1	185.1	127.8
221.8	99.5	108.3	151.6	103.7	271.3	123.3	133.7	185.8	128.3
222.9	100.0	108.8	152.4	104.3	272.5	123.8	134.2	186.6	128.9
224.0	100.5	109.4	153.2	104.8	273.6	124.4	134.8	187.4	129.5
225.2	101.1	110.0	153.9	105.4	274.7	124.9	135.4	188.2	130.0
226.3	101.6	110.6	154.7	106.0	275.8	125.5	136.0	189.0	130.6
227.4	102.2	111.1	155.5	106.5	277.0	126.0	136.6	189.7	131.2
228.5	102.7	111.7	156.3	107.1	278.1	126.6	137.2	190.5	131.7
229.7	103.2	112.3	157.0	107.6	279.2	127.1	137.7	191.3	132.3
230.8	103.8	112.9	157.8	108.2	280.3	127.7	138.3	192.1	132.9
231.9	104.3	113.4	158.6	108.7	281.5	128.2	138.9	192.9	133.4
233.1	104.8	114.0	159.4	109.3	282.6	128.8	139.5	193.6	134.0
234.2	105.4	114.6	160.2	109.8	283.7	129.3	140.1	194.4	134.6
235.3	105.9	115.2	160.9	110.4	284.8	129.9	140.7	195.2	135.1
236.4	106.5	115.7	161.7	110.9	286.0	130.4	141.3	196.0	135.7
237.6	107.0	116.3	162.5	111.5	287.1	131.0	141.8	196.8	136.3
238.7	107.5	116.9	163.3	112.1	288.2	131.6	142.4	197.5	136.8
239.8	108.1	117.5	164.0	112.6	289.3	132.1	143.0	198.3	137.4
240.9	108.6	118.0	164.8	113.2	290.5	132.7	143.6	199.1	138.0
242.1	109.2	118.6	165.6	113.7	291.6	133.2	144.2	199.9	138.6
243.1	109.7	119.2	166.4	114.3	292.7	133.8	144.8	200.7	139.1
244.3	110.2	119.8	167.1	114.9	293.8	134.3	145.4	201.4	139.7
245.4	110.8	120.3	167.9	115.4	295.0	134.9	145.9	202.2	140.3
246.6	111.3	120.9	168.7	116.0	296.1	135.4	146.5	203.0	140.8
247.7	111.9	121.5	169.5	116.5	297.2	136.0	147.1	203.8	141.4
248.8	112.4	122.1	170.3	117.1	298.3	136.5	147.7	204.6	142.0
249.9	112.9	122.6	171.0	117.6	299.5	137.1	148.3	205.3	142.6
251.1	113.5	123.2	171.8	118.2	300.6	137.7	148.9	206.1	143.1
252.2	114.0	123.8	172.6	118.8	301.7	138.2	149.5	206.9	143.7
253.3	114.6	124.4	173.4	119.3	302.9	138.8	150.1	207.7	144.3
254.4	115.1	125.0	174.2	119.9	304.0	139.3	150.6	208.5	144.8
255.6	115.7	125.5	174.9	120.4	305.1	139.9	151.2	209.2	145.4

附录三　相当于氧化亚铜质量的葡萄糖、果糖、乳糖、转化糖质量表

氧化亚铜	葡萄糖	果糖	乳糖	转化糖	氧化亚铜	葡萄糖	果糖	乳糖	转化糖
306.2	140.4	151.8	210.0	146.0	355.8	165.3	178.0	244.5	171.6
307.4	141.0	152.4	210.8	146.6	356.9	165.9	178.6	245.3	172.2
308.5	141.6	153.0	211.6	147.1	358.0	166.5	179.2	246.1	172.8
309.6	142.1	153.6	212.4	147.7	359.1	167.0	179.8	246.9	173.3
310.7	142.7	154.2	213.2	148.3	360.3	167.6	180.4	247.7	173.9
311.9	143.2	154.8	214.0	148.9	361.4	168.2	181.0	248.5	174.5
313.0	143.8	155.4	214.7	149.4	362.5	168.8	181.6	249.2	175.1
314.1	144.4	156.0	215.5	150.0	363.6	169.3	182.2	250.0	175.7
315.2	144.9	156.5	216.3	150.6	364.8	169.9	182.8	250.8	176.3
316.4	145.5	157.1	217.1	151.2	365.9	170.5	183.4	251.6	176.9
317.5	146.0	157.7	217.9	151.8	367.0	171.1	184.0	252.4	177.5
318.6	146.6	158.3	218.7	152.3	368.2	171.6	184.6	253.2	178.1
319.7	147.2	158.9	219.4	152.9	369.3	172.2	185.2	253.9	178.7
320.9	147.7	159.5	220.2	153.5	370.4	172.8	185.8	254.7	179.3
322.0	148.3	160.1	221.0	154.1	371.5	173.4	186.4	255.5	179.8
323.1	148.8	160.7	221.8	154.6	372.7	173.9	187.0	256.3	180.4
324.2	149.4	161.3	222.6	155.2	373.8	174.5	187.6	257.1	181.0
325.4	150.0	161.9	223.3	155.8	374.9	175.1	188.2	257.9	181.6
326.5	150.5	162.5	224.1	156.4	376.0	175.7	188.8	258.7	182.2
327.6	151.1	163.1	224.9	157.0	377.2	176.3	189.4	259.4	182.8
328.7	151.7	163.7	225.7	157.5	378.3	176.8	190.1	260.2	183.4
329.9	152.2	164.3	226.5	158.1	379.4	177.4	190.7	261.0	184.0
331.0	152.8	164.9	227.3	158.7	380.5	178.0	191.3	261.8	184.6
332.1	153.4	165.4	228.0	159.3	381.7	178.6	191.9	262.6	185.2
333.3	153.9	166.0	228.8	159.9	382.8	179.2	192.5	263.4	185.8
334.4	154.5	166.6	229.6	160.5	383.9	179.7	193.1	264.2	186.4
335.5	155.1	167.2	230.4	161.0	385.0	180.3	193.7	265.0	187.0
336.6	155.6	167.8	231.2	161.6	386.2	180.9	194.3	265.8	187.6
337.8	156.2	168.4	232.0	162.2	387.3	181.5	194.9	266.6	188.2
338.9	156.8	169.0	232.7	162.8	388.4	182.1	195.5	267.4	188.8
340.0	157.3	169.6	233.5	163.4	389.5	182.7	196.1	268.1	189.4
341.1	157.9	170.2	234.3	164.0	390.7	183.2	196.7	268.9	190.0
342.3	158.5	170.8	235.1	164.5	391.8	183.8	197.3	269.7	190.6
343.4	159.0	171.4	235.9	165.1	392.9	184.4	197.9	270.5	191.2
344.5	159.6	172.0	236.7	165.7	394.0	185.0	198.5	271.3	191.8
345.6	160.2	172.6	237.4	166.3	395.2	185.6	199.2	272.1	192.4
346.8	160.7	173.2	238.2	166.9	396.3	186.2	199.8	272.9	193.0
347.9	161.3	173.8	239.0	167.5	397.4	186.8	200.4	273.7	193.6
349.0	161.9	174.4	239.8	168.0	398.5	187.3	201.0	274.4	194.2
350.1	162.5	175.0	240.6	168.6	399.7	187.9	211.6	275.2	194.8
351.3	163.0	175.6	241.4	169.2	400.8	188.5	202.2	276.0	195.4
352.4	163.6	176.2	242.2	169.8	401.9	189.1	202.8	276.8	196.0
353.5	164.2	176.8	243.0	170.4	403.1	189.7	203.4	277.6	196.6
354.6	164.7	177.4	243.7	171.0	404.2	190.3	204.0	278.4	197.2

氧化亚铜	葡萄糖	果糖	乳糖	转化糖	氧化亚铜	葡萄糖	果糖	乳糖	转化糖
405.3	190.9	204.7	279.2	197.8	444.7	211.7	226.3	307.0	219.1
406.4	191.5	205.3	280.0	198.4	445.8	212.3	226.9	307.8	219.8
407.6	192.0	205.9	280.8	199.0	447.0	212.9	227.6	308.6	220.4
408.7	192.6	206.5	281.6	199.6	448.1	213.5	228.2	309.4	221.0
409.8	193.2	207.1	282.4	200.2	449.2	214.1	228.8	310.2	221.6
410.9	193.8	207.7	283.2	200.8	450.3	214.7	229.4	311.0	222.2
412.1	194.4	208.3	284.0	201.4	451.5	215.3	230.1	311.8	222.9
413.2	195.0	209.0	284.8	202.0	452.6	215.9	230.7	312.6	223.5
414.3	195.6	209.6	285.6	202.6	453.7	216.5	231.3	313.4	224.1
415.4	196.2	210.2	286.3	203.2	454.8	217.1	232.0	314.2	224.7
416.6	196.8	210.8	287.1	203.8	456.0	217.8	232.6	315.0	225.4
417.7	197.4	211.4	287.9	204.4	457.1	218.4	233.2	315.9	226.0
418.8	198.0	212.0	288.7	205.5	458.2	219.0	233.9	316.7	226.6
419.9	198.5	212.6	289.5	205.7	459.3	219.6	234.5	317.5	227.2
421.1	199.1	213.3	290.3	206.3	460.5	220.2	235.1	318.8	227.9
422.2	199.7	213.9	291.1	206.9	461.6	220.8	235.8	319.1	228.5
423.3	200.3	214.5	291.9	207.5	462.7	221.1	236.4	319.9	229.1
424.4	200.9	215.1	292.7	208.1	462.8	222.0	237.1	320.7	229.7
425.6	201.5	215.7	293.5	208.7	465.0	222.6	237.7	321.6	230.4
426.7	202.1	216.3	294.3	209.3	466.1	223.3	238.1	322.4	231.0
427.8	202.7	217.0	295.0	209.9	467.2	223.9	239.0	323.2	231.7
428.9	203.3	217.6	295.8	210.5	468.4	224.5	239.7	324.0	232.3
430.1	203.9	218.2	296.6	211.1	469.5	225.1	240.3	324.9	232.9
431.2	204.5	218.8	297.4	211.8	470.6	225.7	241.0	325.7	233.6
432.3	205.1	219.5	298.2	212.4	471.7	226.3	241.6	326.5	234.2
433.5	205.1	220.1	299.0	213.0	472.9	227.0	242.2	327.4	234.8
434.6	206.3	220.7	299.8	213.7	474.0	227.6	242.9	328.2	235.5
435.7	206.9	221.3	300.6	214.2	475.1	228.2	243.6	329.1	236.1
436.8	207.5	221.9	301.4	214.8	476.2	228.8	244.3	329.9	236.8
438.0	208.1	222.6	302.2	215.4	477.4	229.5	244.9	330.8	237.5
439.1	208.7	223.2	303.0	216.0	478.5	230.1	245.6	331.7	238.1
440.2	209.3	223.8	303.8	216.7	479.6	230.7	246.3	332.6	238.8
441.3	209.9	224.4	304.6	217.3	480.7	231.4	247.0	333.5	239.5
442.5	210.5	225.1	305.4	217.9	481.9	232.0	247.8	334.4	240.2
443.6	211.1	225.7	306.2	218.5	483.0	232.7	248.5	335.3	240.8

附录三　相当于氧化亚铜质量的葡萄糖、果糖、乳糖、转化糖质量表

参 考 文 献

[1] 王燕. 食品检验技术（理化部分）. 北京：中国轻工业出版社，2008.
[2] 朱克永. 食品检测技术. 北京：科学出版社，2011.
[3] 程云燕，李双石. 食品分析与检验. 北京：化学工业出版社，2007.
[4] 尹凯丹，张奇志. 食品理化分析. 北京：化学工业出版社，2008.
[5] 吴永宁. 现代食品安全科学. 北京：化学工业出版社，2003.
[6] 张水华. 食品分析. 北京：中国轻工业出版社，2004.
[7] 吴晓彤. 食品检测技术. 北京：化学工业出版社，2008.
[8] 周光理. 食品分析与检验技术. 北京：化学工业出版社，2006.
[9] 姜黎. 食品理化检验与分析. 天津：天津大学出版社，2010.
[10] 林继元，边亚娟. 食品理化检验技术. 武汉：武汉理工大学出版社，2011.
[11] 刘兴友. 食品理化检验学（第2版）. 北京：中国农业大学出版社，2008.
[12] 陈晓平，黄广民. 食品理化检验. 北京：中国计量出版社，2008.
[13] 郑建仙. 功能性食品. 北京：中国轻工出版社，2006.
[14] 陈仁墩. 营养保健食品. 北京：中国轻工出版社，2011.
[15] 钟耀广. 功能性食品. 北京：化学工业出版社，2004.
[16] 国家质量监督检验检疫总局产品质量监督司编. 食品质量安全市场准入审查指南（乳制品、饮料、冷冻饮品分册）. 北京：中国标准出版社，2003.
[17] 国家质量监督检验检疫总局产品质量监督司编. 食品质量安全市场准入审查指南（肉制品、罐头食品分册）. 北京：中国标准出版社，2003.
[18] 李凤玉，梁文珍. 食品分析与检验. 北京：中国农业大学出版社，2008.
[19] 王一凡. 食品检验综合技能实训. 北京：化学工业出版社，2009.
[20] 师邱毅，纪其雄，须莉勇. 食品安全快速检测技术及应用. 北京：化学工业出版社，2010.
[21] 盛龙生，汤坚. 液相色谱质谱联用技术在食品和药品分析中的应用. 北京：化学工业出版社，2008.
[22] 赵杰文，孙永海. 现代食品检测技术. 北京：中国轻工业出版社，2008.
[23] 杨祖英. 食品安全检验手册. 北京：化学工业出版社，2009.
[24] 陈颖，葛毅强. 现代食品分子检测鉴别技术. 北京：中国轻工业出版社，2008.
[25] 安徽省渔业环境监测中心. DB34/T 1421—2011，水产品中孔雀石绿及其代谢物残留量的快速筛选测定-酶联免疫吸附法. 合肥：安徽省质量技术监督局，2011.
[26] 中国检验检疫科学研究院. GB/T 22388—2008，原料乳与乳制品中三聚氰胺检测方法. 北京：中国标准出版社，2008.
[27] 国家农副加工食品质量监督检验中心. DB34/T 1108—2009，米线中甲醛次硫酸氢钠（吊白块）的测定. 合肥：安徽省质量技术监督局，2009.
[28] 国家农业标准化检测与研究中心. GB/T 22325—2008，小麦粉中过氧化苯甲酰的测定-高效液相色谱法. 北京：中国标准出版社，2008.
[29] 中华人民共和国卫生部. GB 5009.24—2010，食品安全国家标准食品中黄曲霉毒素 M_1 和 B_1 的测定. 北京：中国标准出版社，2010.